ALEXANDRA WISCHALL-WAGNER

NIE MEHR STRESS MIT MEINEM JAGENDEN HUND

So lenken Sie das Jagdverhalten des Hundes in die richtigen Bahnen

ALEXANDRA WISCHALL-WAGNER

Für euch, mein Leben:
Cleo, Linus, Newton & Zoe

NIE MEHR STRESS MIT MEINEM JAGENDEN HUND

So lenken Sie das Jagdverhalten des Hundes in die richtigen Bahnen

Inhalt

ERZIEHUNG UND TRAINING *Grundlagen*

STRESSFREI DURCH DIE *Welpenzeit*

STRESSFREI DURCH DIE
wilde Jugend

STRESSFREI DURCHS *Erwachsenenalter*

SORGLOS DURCH DEN *Lebensabend*

VORWORT

Jagdaffine Hunde spielen schon seit langer Zeit eine wichtige Rolle in meinem Leben. Was vor gut fünfzehn Jahren mit meiner »wadelschnappenden« Hütehündin Cleo begann und mich danach zur apportierbegeisterten Labrador-Hündin Zoe führte, fand in meinen Langhaar-Weimaranern Linus und Newton seine Vollendung. Ich war einfach hin und weg von der Willenskraft, Schönheit und Arbeitsfreude dieser Jagdhunde! Sie waren es letztlich, die meine Leidenschaft für die Jagd so richtig entfachten, und bis heute begleiten mich die beiden in Wald und Flur.

Jagdhunde, meine große Liebe!

Was Jagdhunde mit Körper und Geist zu leisten vermögen, ist für uns Menschen oft schier unvorstellbar. Frei nach dem Motto »Jagd ohne Hund ist Schund« liegt mir die moderne Ausbildung der Hunde für die Jagd ebenso am Herzen wie die Auslastung der Talente jener, die sich nicht in Jägerhand befinden.

In Deutschland und Österreich sind vor allem Vorstehhunde wie der Deutsch Kurzhaar, Vizsla oder Weimaraner populär. Im Durchschnitt besitzen rund elf Prozent aller deutschen Jäger einen Hund, wobei dies in jedem vierten Jägerhaushalt ein Vorstehhund ist, dicht gefolgt von Teckeln (zwölf Prozent), Retrievern (zehn Prozent) und Terriern (acht Prozent). Die entsprechenden österreichischen Verbände konnten mir dazu leider keine Zahlen bereitstellen. Und wie viele Jäger gibt es in Europa? Laut einer Statistik des Deutschen Jagdverbandes (DJV) ist ihre Anzahl in Frankreich am höchsten, gefolgt von Spanien und Italien. Kein Wunder also, dass sich auch französische, spanische und italienische Jagdhunde großer Beliebtheit erfreuen.

Talente mit Schattenseiten

Die besondere Ausstrahlung und Geschichte dieser Rassen fasziniert natürlich auch Hundefreunde, die mit der Jagd nichts oder nur wenig am Hut haben. Häufig wird dann aber verdrängt, dass herausragende Jagdtalente – zu ihnen zählen unter Umständen auch Hüte- und Herdenschutzhunde und deren Mischlinge – eben auch ihre Schattenseiten haben: Der gemeine Jagdhund, der seine Rassebeschreibung akribisch genau gelesen hat, wird in der Stadt Tauben verfolgen, Omas Blumenbeete umgraben oder Onkel Ottos preisgekröntem Kaninchen hinterherhetzen – und dadurch unangenehm auffallen. Damit das Jagdverhalten Ihres Tieres nicht zur Dauerbelastung für Beruf und Familie wird, sind daher vor allem drei Dinge unverzichtbar: Verständnis bzw. Bildung, Management und Umorientierung. Aber dazu später mehr.

Der Mittelweg als Königsweg

Wie viel Erziehung, Training und Auslastung ein Hund wirklich braucht, ist heutzutage ein oft emotional und kontrovers diskutiertes Thema: Während manche so lange warten, bis ihr Vierbeiner freiwillig vom Bein eines Rehs ablässt, erlauben andere ihrem Hund nicht einmal den kleinsten scheuen Seitenblick Richtung Wildnis. Für mich persönlich ist der Mittelweg der Königsweg, und der muss vor allem zum jeweiligen Mensch-Hund-Team passen. Auch wenn die persönlichen Charakterzüge unserer Hunde wahrgenommen und gefördert werden sollten, gibt es einen Aspekt, für den ein guter und spielerisch eingeübter Gehorsam unerlässlich ist, und das ist der Faktor Sicherheit! Und damit meine ich nicht nur Ihre und die Sicherheit Ihres Hundes, sondern auch die aller anderen Lebewesen – egal, ob es sich dabei um Radfahrer im Wald, rennende Kinder oder spielende Rehkitze handelt.

»Ich war einfach hin und weg von der Willenskraft, Schönheit und Arbeitsfreude dieser Tiere.«

»Sie werden feststellen, wie viel Freude gutes Training macht und wie viel Selbstwirksamkeit Sie dabei erfahren können.«

Natürlich könnte man jetzt wieder stundenlang diskutieren, wo Training beginnt und wo es endet. Auch die Art und Weise, wie man Hunden etwas beibringt, und ob man es »üben«, »tun« oder besser »trainieren« nennen sollte, könnte akribisch auseinandergenommen werden. Ist es aus ethischer Sicht überhaupt vertretbar, ein anderes Lebewesen zu erziehen bzw. zu »verziehen«? Auch hier gibt es unterschiedliche Standpunkte.

Wie Sie diesen Ratgeber nutzen

Während im Internet und in unzähligen Online-Hundeforen lang und breit (und meist ergebnislos bzw. in die falsche Richtung) über diese Themen debattiert wird, soll in diesem Buch deutlich werden, dass im Zusammenleben mit Ihrem Hund vor allem eines zählt: Sicherheit und Respekt im Umgang miteinander. Niemand möchte einen Vierbeiner vor ein Auto laufen sehen oder tagelang hoffen und bangen, dass das entlaufene Tier endlich wieder nach Hause kommt. Wildtiere schätzen es nicht, wenn ihnen ein aus dem Maul schäumender Hund am Hintern klebt, und auch Jäger freuen sich nicht über den Anblick eines zu Tode gehetzten Wildtieres.

Vor allem in der zweiten Hälfte des Buches werden Sie feststellen, wie viel Freude gutes Training macht und wie viel Selbstwirksamkeit Sie dabei erfahren können. Vorab will ich Ihnen aber einiges über die Geschichte der Jagdhunde und die Entwicklung der wichtigsten Rassen erzählen und Ihnen zudem ein paar Grundlagen der Lerntheorie vermitteln. Im Anschluss folgt dann eine Vielzahl an weiterführenden Übungen und Anleitungen, die ich an die jeweiligen Lebensabschnitte Ihres jagdbegeisterten Vierbeiners angepasst und entsprechend gegliedert habe.

Ein Buch, zwei Leidenschaften

Profitieren können Sie dabei hoffentlich auch von meinem Know-how aus der Humanpsychologie und den psychologischen Kniffen, die ich Ihnen immer wieder an die Hand geben möchte. Verweise werden Ihnen dabei helfen, quer zu lesen, so Sie Ihren Hund nicht schon im Welpenalter adoptiert haben.

Zudem präsentieren Ihnen die zahlreichen Tipp- und Infokästen sowie die Rubrik »Frage & Antwort« interessante Fakten, Hintergründe und praktische Beispiele aus meinem Trainingsalltag, die Ihnen weiterhelfen oder

Sie hoffentlich zumindest ein wenig amüsieren werden. Nicht zuletzt richtet sich dieses Buch auch an Profis und Jäger – oder alle, die es werden wollen. Auch für sie habe ich etliche Tipps zusammengestellt.

Abschließend noch ein wichtiger Hinweis: Aus Gründen der besseren Lesbarkeit wird in diesem Buch – ganz bewusst und ohne Wertung – auf den Gebrauch geschlechtergerechter Formulierungen verzichtet. Es gibt also keine Gendersternchen, Schrägstriche oder dergleichen im Schriftbild, denn das sorgt vor allem in Sachbüchern oft für Verwirrung. Selbstverständlich richten sich aber sämtliche Personenbezeichnungen und personenbezogenen Wörter in den nachfolgenden Texten gleichermaßen an Frauen, Männer und alle, die sich keinem dieser Geschlechter zuordnen.

Jetzt wünsche ich viel Freude beim Lesen und Ihrem jagdlich begeisterten Hund wie auch Ihnen viel Erfolg und ein lachendes Gesicht während des Trainings.

Viel Spaß mit Ihrem Liebling
Mag. Alexandra Wischall-Wagner

ERZIEHUNG UND TRAINING *Grundlagen*

Wunderbar, Sie haben sich also für einen Jagdhund entschieden! Bevor Sie mit ihm trainieren, spielen und durch die Natur streifen, sollten Sie einige Dinge wissen und beachten.

FASZINATION JAGDHUND

Darwins kaiserliche Jäger

Die Fähigkeiten und die Eleganz von Jagdhunden faszinieren uns Menschen seit jeher. In modernen Zeiten bringt diese Begeisterung aber auch Herausforderungen mit sich.

»Schau dir den Blick deines Hundes an: Kannst du immer noch behaupten, er hätte keine Seele?«

VICTOR HUGO

Kein anderes Lebewesen begleitet den Menschen nun schon so lange und so intensiv wie der Hund. Wie und warum er sich vom Wildtier zum Haushund entwickelt hat, dazu gibt es viele unterschiedliche Theorien, die als Erklärung vor allem die Grundbedürfnisse nach Schutz, Nahrung und sozialem Kontakt heranziehen. Diese Bedürfnisse existierten auf beiden Seiten, also bei Mensch und Hund, und spielten bei dieser Evolution mutmaßlich eine wichtige Rolle.

Von der Vorstellung, dass frühe, weibliche Menschen verwaiste Wolfswelpen aus Mitleid adoptiert haben könnten, um sie dann – wie ihre eigenen Kinder – zu säugen und großzuziehen, ist man heute aber abgerückt. Unumstritten ist jedoch die Tatsache, dass der moderne Hund ursprünglich vom Wolf abstammt, genauso wie der Mensch im Affen seinen Urvater findet. Darüber hinaus gibt es eine Theorie, die besagt, dass Wolf und Hund einen gemeinsamen, allerdings längst ausgestorbenen Ahnen haben.

WIE HUND UND MENSCH ZUM TEAM WURDEN

Bei archäologischen Arbeiten in Kasachstan wurde 1975 in einer Höhle ein Schädel ausgegraben, der hundetypische Merkmale (unter anderem eine kürzere Schnauze als die des Wolfs) aufweist. Experten schätzen, dass die Skelettreste 33 000 Jahre alt sind. Der Fund gilt somit als ein sehr sicherer Beweis dafür, dass die Domestikation des Hundes – also seine Entwicklung vom Wildtier zum Haustier – damals schon begonnen hatte. In einer Höhle in Südfrankreich wiederum haben Wissenschaftler die rund 25 000 Jahre alten Abdrücke von Hundepfoten und gleich daneben die Fußabdrücke eines etwa zehnjährigen Jungen entdeckt. Die Pfotenabdrücke des Tieres ähneln dabei denen eines heutigen Schäferhundes.

Bekannt ist auch, dass die Evolution des Hundes Hunderttausende Jahre gedauert hat und dass die meisten der Vierbeiner, die wir heute halten, mit Wölfen genauso viel oder

Wann und warum wurden wilde Hunde zu Haustieren? Forscher gehen davon aus, dass Zwei- und Vierbeiner schon zu Urzeiten gemeinsam jagen gingen und so die Domestizierung des Hundes vorangetrieben wurde.

wenig gemeinsam haben wie wir mit den Urmenschen der Steinzeit. Rein evolutionstheoretisch betrachtet, wäre es denkbar, dass unsere Vorfahren die in ihren Augen hübschesten und zahmsten Exemplare früher Hunde bevorzugt gefüttert, verpaart und somit schlussendlich bereits gezüchtet haben. Weniger interessierte oder gar aggressive Tiere profitierten wohl eher nicht von dieser Sonderbehandlung, und so kam es bereits zur Selektion.

Warum sich Mensch und Hund überhaupt annäherten, bleibt aber ein Rätsel, das man auch nur schwer lösen kann, wenn man nicht selbst dabei gewesen ist. Selbstverständlich konnten auch die frühen Hunde diese Entwicklung mit beeinflussen, denn nicht alle waren zutraulich oder wagten sich überhaupt ins Blickfeld des Menschen.

Kooperation bei der Jagd – lernen durch Beobachtung

Unstrittig ist, dass beide Spezies später eine ganz besondere Bindung eingegangen sind. Mensch und Hund studieren sich seit Jahrtausenden gegenseitig, und das vor allem in einem, nämlich ihrem Jagdverhalten. Einige Wissenschaftler pochen darauf, dass der frühe Mensch Wölfe beobachtet hat, um seine eigenen Jagdstrategien zu perfektionieren. Was unseren Vorfahren dabei besonders aufgefallen sein soll, war die Kooperation, also die Strategien, mit denen sich die Wölfe im Rudel gegenseitig ihre Beute freispielten und diese am Ende auch gemeinsam erlegten. Wer jetzt allerdings denkt, nur der Urmensch habe den Wolf beobachtet, irrt: Archäologische Aufzeichnungen – zu ihnen zählt auch der bereits erwähnte Schädel, der im kasachischen Altai gefunden wurde – legen nahe, dass vor gut 30 000 Jahren sogenannte »Protodogs« auftauchten, die es damals schon verstanden, ihr Jagdverhalten durch die Beobachtung des Homo sapiens zu verbessern.

Als recht unwahrscheinlich gilt hingegen, dass unsere Vorfahren gemeinsam mit Wölfen auf die Jagd gingen. Denn anders als Hunde, wie man heute weiß, bauen Wölfe keine engere Bindung zum Menschen auf. Wer jemals ein Wolfsrudel bei der Jagd beobachtet hat, kann erahnen, wie unwahrscheinlich es ist, nach erfolgtem Schlagen der Beute ein Stückchen Wild von einem Wolf geschenkt zu bekommen. Kaum jemand, der sein Leben schätzt, würde sich in die Nähe so eines Rudels wagen – geschweige denn einen der Wölfe bitten, ihm einen Happen abzugeben.

Auf Beutezug mit Raben und Falken

Mit anderen Tierarten kooperieren Wölfe interessanterweise sehr wohl bei der Jagd: 2010 beobachteten Forscher, dass etwa Raben und Wölfe echte Teamplayer sind und sich sogar gegenseitig in der Nähe ihres Nachwuchses dulden. Machen sich die Wölfe mit tiefem Magenknurren auf die Beine, schwingen sich auch die Raben in die Lüfte und rufen den Vierbeinern gekonnt zu, wo sich gerade Wild aufhält. Als Dank für ihre Dienste dürfen sich die Vögel über Reste der erlegten Beute freuen. Studien in Südamerika ergaben, dass sich auch die dort lebenden Aplomadofalken mit den Mähnenwölfen zusammentun: Vom Wildhund aufgescheuchte Hühnervögel werden so etwa von den Falken im Flug abgefangen.

Nachdem sich der Mensch aber eher selten mit Knochen und anderen Resten von Wildtieren zufriedengibt, ist er für den Wolf in der Nahrungskette wohl eher ein Konkurrent als ein Partner. Und trotzdem: Das Interesse von Kaniden, mit anderen Individuen auf Beutezug zu gehen, könnte ein weiteres Indiz dafür sein, dass sich auch frühe Hunde dem Menschen auf der Jagd angeschlossen haben.

Gut zu wissen

Mehr Jagderfolg mit Hunden

Frühe Hunde werden oft auch »Protodogs« genannt und unterscheiden sich in Schädelform und Zahnstruktur vom Wolf. Wissenschaftler schätzen, dass ihre Geschichte zwischen 15 000 und 40 000 in die Vergangenheit zurückreicht. Eine Studie aus dem Jahr 2004 unterstützt zudem die Annahme, dass die gemeinsame Jagd von Menschen und Protodogs die Evolution des Hundes vom Wild- zum Haustier vorangetrieben hat: In Finnland wurden Gruppen beobachtet, die mit und ohne ursprüngliche und nicht gesondert ausgebildete Hunde auf Elchjagd gingen. Die Jagd mit den Vierbeinern brachte schlussendlich fast 60 Prozent mehr Erfolg als ohne diese.

DER JAGDHUND IM SPIEGEL DER GESCHICHTE

Erste zuverlässige Darstellungen von Hunden, die bei der Jagd zum Einsatz kamen, findet man bereits in den Hochkulturen der Antike. Im Nibelungenlied werden Jagdhunde literarisch erwähnt, ja sogar die Ausdrücke »Spürhund«, »Leithund« und »Bracke« fallen hier bereits. Bracken sind seit jeher für ihre besonders feinen Nasen und ihre ausgezeichnete Fährtenarbeit bekannt. Sie orientieren sich sehr sicher im Gelände und sind auch mutig, wenn es darum geht, das Wild in die Enge bzw. in eine für den Jäger günstige Position zu treiben. Bekannte heutige Vertreter sind die Brandlbracke, die Tiroler Bracke, die Deutsche Bracke und noch viele mehr. Bracken sollen »spurlaut« Geruch aufnehmen, also nur dann bellen, wenn sie eine Fährte aufgenommen haben. Danach wird das Wild gehetzt und schließlich gestellt.

Einige der Wasserspeier am Wiener Stephansdom sind in Form von Jagdhunden gestaltet. Karl der Große und später Kaiser Maximilian I. von Österreich – um hier nur zwei Namen historischer Berühmtheiten zu nennen – waren bereits im frühen und späten Mittelalter als Liebhaber von Jagdhunden bekannt, und im 16. Jahrhundert finden sich zunehmend Maler und Bildhauer, die Jagdszenen mit Hunden auf das Kunstvollste verewigen. Seinerzeit wurden in ganz Europa sogenannte »Rüdenhäuser« errichtet, herrschaftliche Schlösser, in denen die Hunde des Adels untergebracht und versorgt wurden. Die Wiener Rüdengasse und der sogenannte »Hundsturm« sind nur Beispiele von Orten, an denen diese Häuser standen. Ob auch der Name der bayerischen Marktgemeinde Rüdenhausen im Landkreis Kitzingen ursprünglich auf so ein fürstliches Domizil für Jagdhunde zurückgeht, ist nicht gesichert.

Feinsinnige Spezialisten

Erste Darstellungen eines Hühnerhundes – heute unter dem Namen »Pointer« bekannt – gibt es im 17. Jahrhundert. Auch Frankreich und England entdeckten in dieser Zeit ihre Liebe zur Zucht. Vorstehhunde wurden seit jeher gerne auf der Jagd nach Vögeln eingesetzt, häufig gemeinsam mit Falken. Diese Hunde

> »Im Barock jagte man nicht nur, man zelebrierte das Aufspüren, Verfolgen und Erlegen von Wild voller Überschwang.« ALEXANDRA WISCHALL-WAGNER

wollen Wild mit ihren Augen und Nasen orten: Erschnuppertes Wild wird dem Jäger durch das Heben eines Laufes (Vorstehen) angezeigt. Dabei verharrt der Hund so lange regungslos in Position, bis es zur Schussabgabe kommt. Im Idealfall wird das erlegte Wild zügig apportiert, also zum Jäger zurückgebracht; angeschossene Tiere sollen schnell und verlässlich nachgesucht werden. Unter den Vorstehhunden sind gegenwärtig vor allem der Magyar Vizsla, Setter, Weimaraner und der Deutsch Kurzhaar weit verbreitet. Aber auch italienische oder französische Vorstehhunde wie der Spinone Italiano oder der Braque Français erfreuen sich großer Beliebtheit.

Vorstehhunde wie der ungarische Magyar Vizsla sind bis heute sehr beliebt. Früher wurde diese Rasse vor allem für die Jagd auf Vögel eingesetzt.

Schweißtreibende Fährtenarbeit

Mit Erfindung der oft noch sehr ungenau treffenden Schusswaffen im 18. Jahrhundert wurde der Einsatz brauchbarer Schweißhunde immer wichtiger. Zu ihnen zählen etwa der Gebirgsschweißhund oder der italienische Segugio. Als »Schweiß« bezeichnet man in der Jägersprache das Blut gejagter Tiere, das natürlich in vielen Fällen auch dann zu Boden tropft, wenn diese nur einen Streifschuss abbekommen haben. Bei geschulten Schweißhunden sind Geruchssinn, Willenskraft und Ausdauer so stark ausgeprägt, dass sie angeschossenes Wild auch noch viele Stunden nach einer Verletzung und über große Distanzen hinweg aufspüren und stellen können.

Im Barock jagte man nicht nur, man zelebrierte das Aufspüren, Verfolgen und Erlegen von Wild – wie eben typisch für diese Zeit – voller Überschwang. Die Jagd wandelte sich immer mehr von einer Notwendigkeit hin zum gesellschaftlichen Event privilegierter Eliten, bei dem man zeigte, was man hatte. Und dazu zählten eben nicht nur Ausrüstung und Kleidung, sondern auch die Begleithunde. Neben dem eingangs erwähnten Schweißhund

Gut zu wissen

Darwin, Aristoteles und die Zucht

Jagdhunde sind talentierte Jäger, keine Frage. Die anmutigen Tiere standen in den Adelshäusern aber auch als Prestigeobjekte hoch im Kurs und wurden durch die Zucht immer weiter optimiert. Befeuert wurde diese Entwicklung vom britischen Naturwissenschaftler Charles Darwin (1809–1882) und seiner Erkenntnis, dass sich die Eigenschaften biologischer Arten durch gezielte Auswahl und Vermehrung über Generationen hinweg verbessern können.

Darwin wurde vor allem durch seine Theorie der »natürlichen Selektion« bekannt, dennoch erwies sich seine Idee, die fittesten Individuen bewusst zu verpaaren, zugleich als nützlicher Ansatz für die Zucht. Auch wenn bereits Aristoteles in der Antike über 500 Tierarten in acht Klassen einteilte, so war es doch Darwin, der die Kynologie – also die Lehre von der Zucht, Dressur und Krankheit der Hunde – in Europa entscheidend beeinflusst hat. Er war es, der die intellektuellen und emotionalen Fähigkeiten von Hunden als Erster mit denen des Menschen verglich.

spielten in dieser Zeit auch sogenannte Bauhunde eine immer wichtigere Rolle, denn die in Erdhöhlen lebenden Dachse und Füchse wurden im 18. Jahrhundert bevorzugt bejagt. Begehrt war neben dem Fleisch und Körperfett vor allem das prächtige Fell dieser Tiere.

Zu den bekanntesten Bauhunden zählt der Dackel, auch Dachshund oder Teckel genannt, der bis heute als hervorragender Jagdbegleiter gilt. Er möchte nach Wild stöbern, es zur Flucht oder zum Anhalten bringen und es gegebenenfalls nach dem Schuss auf der Fährte suchen. Diese Leidenschaft teilen auch seine Kollegen, etwa der Foxterrier, der Deutsche Jagdterrier oder der Parson Russell Terrier. Obwohl Bauhunde gerne stöbern, zählen sie nicht offiziell zur Gruppe der Stöberhunde. Hier findet man heute unter anderem den Deutschen Wachtelhund, den Springer Spaniel oder den Cocker Spaniel. Diese Vierbeiner durchforsten mit Inbrunst das Dickicht, gehen Fährten und apportieren kleineres Wild.

Retriever, Beagle und andere Jagdprofis

Im 19. Jahrhundert wurde die Kunst des Apportierens immer mehr geschätzt. Bis heute sind vor allem in Spanien, Frankreich und Portugal sogenannte Wasserhunde populär. Zu dieser Gruppe von Jagdhunden zählt auch der italienische Lagotto Romagnolo, der in Norditalien immer noch gern zur Trüffelsuche eingesetzt wird. In vielen anderen Ländern wurden Wasserhunde aber mittlerweile durch Apportierhunde wie den Labrador Retriever oder

Bauhunde wie der kleine Dackel sind so kräftig und gleichzeitig schlank und wendig, dass sie in die unterirdischen Höhlen von Dachsen und Füchsen eindringen können.

den Nova Scotia Duck Tolling Retriever verdrängt. Als Vorfahre der heutigen Retriever – aber auch des Neufundländers – gilt übrigens der bereits ausgestorbene St. John's Hund. Er wurde ab dem 16. Jahrhundert in Neufundland dazu eingesetzt, Fische zu fangen und Netze wieder einzubringen. Ab dem 19. Jahrhundert wurde die Rasse nach England exportiert und dort für den Adel und seine Jagdveranstaltungen weiter gezüchtet.

Laufhunde sind imstande, Wild über weite Strecken zu verfolgen, und werden vor allem bei Meutejagden, also der Jagd mit vielen Hunden, eingesetzt. Während beispielsweise der Beagle ein Vertreter der kleinen Laufhunde ist, wird der Griffon den großen zugerechnet. Bracken sind den Laufhunden im Wesentlichen sehr ähnlich.

Auch Hunde vom Doggentyp – die heute übrigens vor allem aufgrund ihrer Größe nicht mehr zu den gemeinen Jagdhunden zählen – erfreuten sich im 19. Jahrhundert großer Beliebtheit und wurden zuhauf auf Bären losgelassen. Otto von Bismarck, der erste Kanzler des Deutschen Kaiserreichs, war dieser Rasse sein Leben lang verfallen. Die Methoden, mit denen diese Hunde damals ausgebildet wurden, waren jedoch barbarisch: Trainiert wurde mit jungen, eingefangenen Bären, und um die Hunde vor den gewaltigen Hieben ihrer Tatzen zu bewahren, mussten sie schwere, stachelige Schutzhalsungen tragen. Zudem kamen

Border Collies sind stressanfällig und wollen beschäftigt werden. Mangelt es den Hütehunden an guter Führung und Impulskontrolle, können auch sie rasch die Stufen der Jagdverhaltenskette emporklettern.

sogenannte »Storchengabeln« zum Einsatz, die den Doggen ins Gesicht stachen, sobald sie den Kopf senkten, um mit tiefer Nase zu suchen. Zu allem Übel wurden besonders motivierte Hunde auch noch absichtlich geblendet, damit sie sich nicht zu sehr von optischen Reizen ablenken ließen. Vor diesem Hintergrund erscheint es geradezu grotesk, dass Hunde mit Sehbeeinträchtigung heute als Jagdgefährten oftmals nicht mehr infrage kommen und sofort ausgemustert werden.

Mit Wehmut ist an dieser Stelle anzumerken, dass einige Hundetrainer bis heute auf grausame Hilfsmittel wie Krallen- oder Elektroschockhalsbänder zurückgreifen. Das gilt insbesondere für die Ausbildung von Jagdhunden, denn sie gelten immer noch als sehr temperamentvoll und schwer erziehbar. Dabei gibt es mittlerweile eine Vielzahl tierschutzkonformer Methoden, die gewaltfrei sind und gleichzeitig zu besseren Lernerfolgen führen. Warum die sogenannte »Abrichtung mit Härte und Zwang« endlich einer Herangehensweise mit Verstand, Gefühl und Konsequenz weichen muss, wird in einem späteren Kapitel (→ Seite 42) noch genauer beleuchtet.

Vierbeiner und ihre Sprachbegabung

Nicht nur in Wald und Flur machte der frühe Hund eine gute Figur. Auch seine Fähigkeiten, Hab und Gut zu bewachen und zu beschützen, wurden nach und nach entdeckt, geschätzt und dann gefördert. Kein Wunder also, dass so die Bedeutung des Bellens immer wichtiger wurde. Weil es zur Gefahrenabwehr, aber natürlich auch zum Aufstöbern von Wild sinnvoll war, wurde dieses Merkmal – beim Hund, nicht jedoch beim Wolf – in der Evolution verankert. Jede und jeder, der heute über die beharrlichen Gesangsübungen seines Vierbeiners stöhnt, sollte sich also für die Sprachbegabung seines Tieres bei unseren Vorfahren, den frühen Menschen, bedanken.

Auffällig ist, dass nicht alle Hunde gleich stark und häufig bellen. Je ursprünglicher die Rasse geblieben ist, desto weniger sprechfreudig scheint sie zu sein. Während etwa der Weimaraner gut 35 verschiedene Laute von sich geben und ganze Arien tönen kann, ist der aus Zentralafrika stammende Basenji ein sehr verschwiegener Hundetyp. Ähnlich wie beim Bellen wurde auch der unterschiedliche Körperbau der frühen Hunde berücksichtigt, wenn es darum ging, den idealen Wegbegleiter zu finden. Schon damals benötigte man für die Hatz auf kleines Getier ebenso zarte, wendige Jagdpartner. Großes, schweres Wild wiederum wurde mit ebenso massigen Hunden erlegt. Es ist also gut erkennbar, dass die Auswahl von Hunden an ganz besondere Anforderungen gekoppelt war und die frühe Zucht dadurch bereits voll in die Gänge kam.

Der Hund in der Familie – weniger bekannte Rassen

Besonders Kinder sind oftmals begeistert vom knuffigen Erscheinungsbild eines Hüte- oder Herdenschutzhundes. Bei den Kleinen sehr beliebt sind aber auch große, doggenartige Hunderassen wie etwa der Landseer: Vom eng umschlungenen Kuscheln bis hin zur Idee, eine Runde auf ihnen zu reiten, wecken diese imposanten Vierbeiner so manchen Herzenswunsch. Doch was sagt der Hund dazu?

Als zukünftige Halter sind Sie gut beraten, wenn Sie sich bereits vor Anschaffung eines Vierbeiners über die jeweiligen Anforderungen der Rasse und vor allem auch über ihre Körpersprache informieren. Hunde sind mit den Liebesbekundungen der Kinder jedenfalls oft überfordert und senden bereits lange vor einem Beißversuch deutliche Signale, mit denen sie ihr Bedürfnis nach mehr Abstand und Zurückhaltung signalisieren. Als Elternteil liegt es in Ihrer Verantwortung, vorab zu prüfen, ob ein neuer Hund zu Ihnen, Ihrer Familienkonstellation und nicht zuletzt auch zu Ihren Lebensumständen passt.

Bei Mischlingen lohnt es sich, sich nach potenziellen Kreuzungen zu erkundigen, denn das kann im Hinblick auf erwünschte und unerwünschte Verhaltensweisen ihres zukünftigen Lieblings von Bedeutung sein. Natürlich ist es reine Definitionssache, welche dieser Eigenschaften in die Kategorie Jagdverhalten fallen bzw. eher als Hüte- bzw. Schutzverhalten oder dergleichen zu deuten sind. Im Großen und Ganzen kann man aber annehmen, dass es um jede Reaktion des Hundes geht, die in Zusammenhang mit der Jagd steht. Auch hier hat der Mensch eben weiter gezüchtet, was er für seine Belange benötigt hat.

Border Collies & Co.

Leben Sie gesellig, und klopft bei Ihnen häufiger spontan Besuch an die Tür? Dann wird Sie ein Herdenschutzhund herausfordern. Ebenso wird das Stresslevel eines Hütehundes, wie etwa dem rührigen Border Collie, regelmäßig in die Höhe schnellen, wenn er in einem Haushalt mit vielen quirligen Kindern lebt.

Schnell und ausdauernd: Windhunde wie der Galgo Español jagen auf Sicht und erreichen dabei Spitzengeschwindigkeiten von bis zu 80 Kilometern pro Stunde.

Hütehunde wie Border Collies und Australian Shepherds sind heute sehr beliebt – vor allem wegen ihres Aussehens. Vergessen wird dabei oft, dass auch sie hervorragende Anschleicher, Hetzer und manchmal sogar »Wadelzwicker« sind, so sie nicht richtig geführt werden. Auch wenn professionelle Hütehunde den Schafen eigentlich nicht in die Unterbeine fassen sollen, kann dieses Verhalten unangenehm zum Vorschein kommen, wenn es den Tieren an Impulskontrolle mangelt und sie noch dazu in der Jagdverhaltenskette vorankommen.

Jagdverhalten ausgeschlossen?

Generell kann man sagen, dass fast alle Hunderassen – in welcher Weise auch immer – Jagdverhalten (→ Seite 30) an den Tag legen. So mancher Hundehalter wundert sich über das Fixieren und Anschleichen des Border Collies oder staunt über die Neigung von Herdenschutzhunden, die Arme ihrer Menschen beharrlich mit dem Maul festzuhalten.

Während die bereits erwähnten klassischen Jagdhunde stöbern, nachlaufen, fixieren und packen sollen, arbeitet ein Herdenschutzhund gänzlich anders: Im Unterschied zu seinen Artgenossen stacheln ihn wild umherrennende Tiere – etwa aufgescheuchtes Federvieh in einem Hühnerstall – nicht noch zusätzlich an. Denn dieses Verhalten wäre in einer Schafherde kontraproduktiv und würde angreifenden Räubern nur die Gelegenheit geben, noch mehr Tiere zu reißen. Herdenschutzhunde bleiben in solchen Situationen gelassen und sorgen zunächst für die Sicherheit und den Zusammenhalt der Herde. Nur im äußersten Notfall treten sie dann allein den Kampf gegen Wölfe, Bären und andere potenzielle Bedrohungen an, folgen dabei aber eben auch dem typischen Schema der Jagdsequenz: Hetzen – Packen – Töten. Zudem bellen Herdenschutzhunde gern und häufig, denn auch das gehört zu ihrem Beruf. Möchte man so einen Hund bei sich aufnehmen, sollte man sich zuvor überlegen, welche Auslastungsangebote man ihm als Alternative anbieten kann. Andernfalls kann es passieren, dass der Hund jeden harmlosen Besucher, der sich Haus und Hof nähert, laut bellend in die Flucht schlägt.

Schnell wie der Wind!

Wer sich bewusst für einen Windhund wie den Irischen Wolfshund, den Saluki oder den Galgo Español entscheidet, ist meist sehr gut über die ausgeprägte, tief veranlagte Jagdmotivation dieser Rassen informiert. Allein ihre windschlüpfrige Statur ermöglicht den Tieren Spitzengeschwindigkeiten von bis zu 80 Kilometern pro Stunde. Der Greyhound – auch ein Windhund – ist beispielsweise der schnellste Hetzjäger gleich nach den Geparden. Der Afghanische Windhund wiederum zählt zu den ältesten Hunderassen der Welt. In Afghanistan, Pakistan und Indien waren diese Hunde geschätzte Jagdgefährten und begehrte Statussymbole der Herrscher. Dass Windhunde viel Auslauf benötigen, liegt auf der Hand, und dieses Bedürfnis sollte unbedingt befriedigt werden. Und auch ihre Freude am Hetzen sollte man Windhunden – wenn es in die richtigen Bahnen gelenkt wird – zugestehen.

Besser Vorsicht als Nachsicht

Ich hoffe, in diesem Abschnitt wurde deutlich, dass es neben den herkömmlichen Jagdhunden noch viele weitere Rassen (und natürlich auch deren Mischlinge) gibt, die gerne jagen. Ein süßes Welpenfoto gerät schnell in Vergessenheit, wenn der 35 Kilogramm schwere Weimaraner später die Couch verteidigt und niemand außer ihm mehr darauf sitzen darf. Sein Bedürfnis nach Auslastung kann Ihren Terminkalender sprengen und ein zuvor harmonisches Familienleben auf den Kopf stellen.

»Ein süßes Welpenfoto gerät schnell in Vergessenheit, wenn der 35 Kilogramm schwere Weimaraner später die Couch verteidigt.« ALEXANDRA WISCHALL-WAGNER

Auch die Begeisterung für einen hübschen Australian Shepherd wird schnell in Entsetzen umschlagen, sobald er spielenden Kindern in die Waden zwickt und jedem Radfahrer am Pedal klebt. Es ist schön, sich in eine Rasse, einen Welpen oder einen bereits erwachsenen Hund aus dem Tierschutz zu verlieben. Bitte berücksichtigen Sie jedoch bei Ihrer Entscheidung immer auch die genetischen Anlagen des Tieres: Welche Eigenschaften bietet dieser Hund – und was braucht er, um glücklich zu werden? Sie können sich und Ihrer Familie jedenfalls eine Menge Frust ersparen, wenn Sie sich vorab ausgiebig mit den Rassemerkmalen ihres neuen Familienmitglieds beschäftigen. Lassen Sie den Familienrat tagen und ziehen Sie gern auch schon im Vorfeld Ihrer Entscheidung einen kompetenten Hundetrainer hinzu. Besprechen Sie zudem, wie Sie zukünftig den Alltag mit Ihrem neuen Liebling gestalten und Zuständigkeiten aufteilen wollen, und achten Sie dabei auch auf die Bedürfnisse anderer Tiere, die in Ihrem Haushalt leben.

Und noch eine wichtige Sache: Seien Sie sich bitte bewusst, dass Kinder und Jugendliche unter 16 Jahren keine alleinigen Bezugspersonen für einen Hund sein können, sondern dass immer Sie als Erwachsene die Sorgfaltspflicht für beide Individuen haben.

Jagdhunde in der Stadt

Nicht jeder Jagdhund benötigt sein eigenes Revier oder Wild vor der Haustüre, das er suchen und aufspüren darf. Nicht jeder Herdenschutzhund oder Hütehund benötigt seine eigene Schafherde. Eine Vielzahl der jagdlich motivierten Hunde lebt heute im städtischen Bereich. Sowohl ihre Geschichte als auch ihre Eleganz bestechen häufig bei der Rassewahl. Obwohl ich der Meinung bin, dass ein Jagdhund im Wald am glücklichsten ist und viel Beschäftigung benötigt, finde ich es nicht aus-

Der besondere Tipp

Ihr Hund hat einen »Bodyguard«

Die ersten Wochen sind für ein Hundebaby von großer Bedeutung, und wer sich vorab die Familie des Kleinen ansehen kann, ist klar im Vorteil. Lassen Sie die Finger vom Welpenkauf, wenn Sie feststellen, dass der Wurf in den ersten Lebenswochen nur den Zwinger kennengelernt hat oder die Mutter unsicher oder sogar ängstlich wirkt. Zudem sollten Welpen mindestens bis zur achten Woche bei der Mutter bleiben dürfen.
Auch was und wen das Kleine in den ersten Wochen kennenlernt, wird es maßgeblich prägen. Seien Sie daher von Anfang an der »Bodyguard« Ihres Hundes, und sorgen Sie dafür, dass er mit Menschen und Artgenossen so viele liebevolle und stressfreie Begegnungen wie möglich haben kann.

geschlossen, dass dieser auch im städtischen Familienverband glücklich werden kann. Wichtig ist jedoch, dass Sie Alternativen anbieten können, die die jeweilige Motivation (vormals auch »Trieb« genannt) Ihres Vierbeiners befriedigen, und viel Zeit für seine körperliche Ertüchtigung aufbringen können.

Falls Sie dieses Buch erst nach Anschaffung Ihres Hundes lesen, müssen Sie aber nicht in Panik verfallen. Und seien Sie bitte auch nicht entsetzt, wenn in Ihrer Stadtwohnung gerade ein entzückender Mischlingshund zu Ihren Füßen liegt, der Jagdhund, Hütehund und Herdenschutzhund vereint. In puncto Anlagen und Fähigkeiten bieten solche Hunde einfach noch mehr Abwechslung – und dieser Mix wird sich bestimmt in Form der einen oder anderen Verhaltensweise bei Ihnen melden. Sie dürfen darauf gespannt sein!

Wer Jagdtalente wie den Deutsch Kurzhaar in der Stadt oder als Familienhund halten möchte, sollte über die Eigenschaften der Rasse Bescheid wissen.

Mögliche Konflikte

Die Begriffe »Mannschärfe« und »Ressourcenverteidigung« hört man im Zusammenhang mit Jagdhunden recht häufig. Der Weimaraner und der Deutsch Kurzhaar sind beispielsweise dafür bekannt, dass sie sich einem einzigen Menschen hingebungsvoll anschließen, aber andere Menschen nicht unbedingt brauchen. Bei diesen Rassen kann durchaus vorkommen, dass Liebgewonnenes heftig verteidigt wird. Möchten Sie so einen Hund im städtischen Umfeld halten, sind Sie gut beraten, wenn Sie so früh wie möglich das Konzept des Tauschens (→ Seite 87) üben und das Tier sobald wie möglich ruhig und liebevoll an andere Lebewesen heranführen. Das Signal »Nimm es dir« (→ Seite 95) kann Ihnen hier ebenfalls helfen. Auch wenn diese Tiere früher häufig im Schutzhundesport verwendet wurden und ein hoher Anteil ihrer Gene dementsprechend geprägt ist, sollten Sie nur fördern, was Sie im Alltag dann auch wirklich haben wollen.

WENIGER STRESS DURCH SICHERE BINDUNG

Die Gene sind die eine Sache. Damit sich Ihr Hund gut entwickelt, ist aber auch die Bindung zu Ihnen ein wichtiger Faktor. Hier sind laut Wissenschaft die ersten zwei Lebensjahre entscheidend: Ist Ihr Hund sicher an Sie gebunden, wirkt das von Beginn an problematischen Verhaltensweisen wie Trennungsstress oder übermotiviertem Jagen entgegen.

Möglichst viele positive Emotionen sind wichtig, um die Bindung zwischen Hund und Mensch zu fördern und immer weiter zu festigen.

Gegenseitiges Vertrauen

Anders als wir Menschen glauben, ist ein sicher gebundener Hund nicht ständig hinter uns her oder wartet sehnsüchtig heulend vor der Tür, wenn wir nicht zu Hause sind. Diese und ähnliche Verhaltensweisen wären sogar Indizien für eine unsichere Form der Bindung, und sie bewirken bei Mensch und Tier die Entstehung von Stress. Ein sicher gebundener Hund ist in der Lage, sich interessiert mit der Umwelt auseinanderzusetzen, und weiß zu jeder Zeit, dass seine Bezugspersonen für ihn da sind, wenn er sie braucht.

Wissenschaftlerinnen wie Mary Ainsworth (1913–1999), die als Psychologin die Bindung zwischen Müttern und ihren Kleinkindern untersuchte, betonen in ihren Arbeiten die Wichtigkeit der Emotionen für die Entstehung von Bindung. Heute weiß man, dass Kontaktangebote, körperliche Nähe, gutes gemeinsames Spiel (→ Seite 82) und ein »sicherer Hafen« (→ Seite 78) als Zuhause positive Emotionen und somit eine sichere Bindung fördern.

Wie Studien belegen, suchen stabil gebundene Hunde bei Bedarf Schutz oder Halt und Geborgenheit bei ihren Menschen und begrüßen sie nach längerer Abwesenheit – aber nicht zu überschwänglich. Auch die Besitzer dieser Vierbeiner berichten übrigens, dass der Hund für sie ein Sicherheitsspender ist.

FRAGE & ANTWORT

Der Ball des Hütehundes – Fluch oder Segen?

Das Ballspiel macht meinem Border Collie so große Freude, dass ich mit ihm täglich mindestens eine Stunde Bälle werfe. Er bellt dann immer vor Begeisterung und bekommt einfach nicht genug. In letzter Zeit rennt er vermehrt auch Radfahrern und Autos hinterher. Muss ich mir Sorgen machen?

Ausgiebiges und weites Bälleschleudern kann buchstäblich süchtig machen! Ihr Border Collie berauscht sich scheinbar am »Hetzen« und (wenn er den Ball im Flug erobert) sogar am »Zupacken« – beides sind Elemente der Jagdverhaltenskette (→ Seite 35). Dabei wird sein ganzer Organismus in einen Stresszustand versetzt und ist nicht mehr in der Lage, sich hinreichend zu erholen. Wenn Raubtiere in freier Wildbahn jagen, liegen sie nach diesem nervenaufreibenden Kraftakt meist tagelang vollgefressen an ihrem Ruheort. Modernen Hunden ist das so nicht mehr möglich. Es ist daher nur eine Frage der Zeit, bis sich das Hetzen und Packen auch gegen andere Dinge oder sogar Personen richtet. Anstelle des Balles treten dann laufende Kinder, Radfahrer und andere Objekte, die sich bewegen.

Verzichten Sie daher auf das Ballspiel – oder gehen Sie zur kontrollierteren Übung »Bällezauber« über (→ Seite 126). Noch besser ist es, wenn das Bälleschleudern durch eine geeignete alternative Auslastungsmöglichkeit wie etwa das Apportieren ersetzt wird.

Hilfe, mein Hund mag mich nicht!

Ich habe viel darüber gelesen, wie wichtig es ist, dass mich mein Hund mag. Oft scheint aber alles andere um ihn herum wichtiger zu sein als ich. Was kann ich tun, damit mich mein Hund lieber hat?

Schöne Unternehmungen und Spiele, viele Kontaktangebote oder tolle Leckereien – all das sind bewährte »Beziehungskitter«. Aber Liebe muss in Ruhe wachsen, geben Sie sich und Ihrem Hund daher Zeit! Ganz wichtig ist: Das beschriebene »Desinteresse« Ihres Vierbeiners muss nicht zwingend bedeuten, dass er Sie nicht mag. Ursache könnte auch ein zu hoher Stresspegel sein. Wenn Ihr Hund nicht mehr hört, keine Belohnungen annimmt und häufig bellt oder fiept, sollten Sie versuchen, sein Stresslevel zu senken (→ Seite 147).

SUCHTFAKTOR JAGD

Nervenkitzel für Vier- und Zweibeiner

Die Jagd liegt Hund und Mensch im Blut. In diesem Kapitel sehen wir uns an, warum das so ist – und wie Sie die Jagdbegeisterung Ihres Vierbeiners in richtige Bahnen lenken.

> »Der Hund ist das Symbol der Treue,
> aber wir halten ihn lieber an der Leine.«
>
> MARIE TUSSAUD

Mensch und Hund teilen ihre Vorliebe für die Jagd: Das Suchen, Aufspüren, Nachlaufen und die Inbesitznahme begehrter Beute liegt beiden Spezies im Blut, das wurde bereits hinreichend erwähnt. Diese veranlagte Leidenschaft kann man nicht abtrainieren, auch wenn sich das fast jeder Hundehalter eines jagdlich motivierten Tieres – vorausgesetzt, er ist selbst kein Jäger – wünscht. Entscheidend ist also die Frage: Wie kann das Tier seine Motivation, zu stöbern, zu hetzen und etwas zu erobern, ausleben, ohne dass dabei andere Tiere und Menschen zu Schaden kommen?

Warum das Jagdverhalten für Hunde und Menschen überhaupt so reizvoll ist, lässt sich gut anhand eines Konzepts aus der Verhaltensbiologie erklären, auf das ich später noch ausführlicher zu sprechen komme, nämlich der sogenannten »variablen Verstärkung« (→ Seite 51): Bereits das Suchen, Stöbern und Hetzen wirkt selbstbelohnend und beschert dem Organismus einen ganzen Cocktail an Glückshormonen. Es macht also vereinfacht ausgedrückt Spaß! Kommt es dann auch noch überraschend zum Jagderfolg, wird die gejagte Beute also tatsächlich erlegt und zur Strecke gebracht, kann dieses triumphale Erlebnis buchstäblich süchtig machen.

DER JAGDKICK – DIE PURE LUST AUF SCHNELLE BEUTE

Wer behauptet, die Jagd oder ihr ähnliche Verhaltensweisen spielen im Alltag moderner Menschen keine Rolle mehr, irrt. Auch wenn wir heute eher selten mit selbst geschmiedeten Äxten oder Pfeil und Bogen durch die Wälder streifen und erlegten Kaninchen das Fell über die Ohren ziehen, um uns daraus Schuhe zu basteln, so jagen wir doch: etwa wenn wir gemeinsam zum Kühlschrank hetzen, im freudigen Wettstreit um die letzte noch verbliebene Dessertportion. Oder wenn der Nachbar Aktien kaufen will und dabei im

Minutentakt gierig die Kurse verfolgt, um möglichst günstig einzusteigen. Währenddessen streift seine Freundin vielleicht gerade durchs Shoppingcenter, auf der Suche nach dem ultimativen Schnäppchen. Ein Bekannter jagt eventuell einer Frau hinterher, die er sowieso nicht haben kann, und ein anderer postet Foto um Foto in den sozialen Medien, auf der Jagd nach den meisten Klicks und Likes.

Auch im 21. Jahrhundert sind wir Menschen also noch ständig auf der Jagd und auf der Suche. Vor allem nach einem – nach guten Gefühlen: Spiel, Freude, Spannung und Nervenkitzel. Es überrascht daher nicht, dass hier eine weitere Parallele zu den Hunden gezogen werden kann und dass unser kurioses Verhalten bei unseren Vierbeinern manchmal für Verwirrung sorgt: *Warum freut sich Frauchen nicht, wenn ich den Garten umgrabe? Wieso schimpft mein Herrchen, wenn ich Nachbars Katze erlege? Warum schreit die ganze Familie angeekelt auf, wenn ich versuche, im Wald nicht aufzufallen, und mich zur Tarnung in Rehurin wälze? Wieso darf ich nicht bellen, wenn vor meinen Augen ein Eichhörnchen von Baum zu Baum springt?*

Auf der Suche nach guten Gefühlen

Kaum ein Hund hat heute die Möglichkeit, sich seine Nahrung selbst zu erlegen und sie an Ort und Stelle zu fressen. Und das ist auch gar nicht nötig. Die Futternäpfe sind meist gut gefüllt, und wenn nicht, hilft ein effektiv eingesetzter Bettelblick in Richtung Frauchen oder Herrchen. Warum Hunde trotzdem Lust aufs Jagen haben, habe ich bereits erwähnt: aus spielerischer Freude an der Sache, wegen der Spannung und des Nervenkitzels – und

Der besondere Tipp

Schulen Sie Ihr Auge!

Wie geht es Ihrem Hund gerade? Viele Halter tun sich schwer, genau das festzustellen. Nicht selten werden dann wildes Herumrennen oder andere Stressreaktionen fälschlicherweise als »Freude« interpretiert.

Sie kennen Ihren Hund am besten, denn Sie verbringen die meiste Zeit mit ihm. Beobachten Sie Ihren Vierbeiner daher genau: Wie wirken Gesichtsausdruck und Rutenhaltung, wenn er entspannt ist? Und wie sieht er aus, wenn er sich aufregt? Das Ausdrucksverhalten kann zwar individuell stark variieren, aber Hunde, denen es gut geht, haben meist eine entspannte Körperhaltung, einen ruhigen Blick und ein »sanftes« Maul, das nicht zusammengekniffen wird und an den Backen keine Falten zeigt.

Studieren Sie die unterschiedlichen Gesichtsausdrücke Ihres Gefährten und versuchen Sie, seine Stimmungslage zu erahnen. Die Emotionen des eigenen Hundes lesen zu lernen, ist in jedem Fall Gold wert!

FRAGE & ANTWORT

Nur gejagt und nicht erlegt?

Mein Hund jagt eigentlich nicht. Im Wald läuft er immer frei, also ohne Leine, und ungefähr einmal pro Monat rennt er einem Reh oder Hasen hinterher und ist dann nur etwa 20 Minuten weg. Solange das nicht öfter passiert, ist das doch nicht so schlimm, oder?

Leider doch. Denn ihr Vierbeiner übt und perfektioniert so sein Jagdverhalten und klettert in der Jagdverhaltenskette (→ Seite 35) Stufe für Stufe immer weiter nach oben. Je häufiger er Hasen oder Rehen hinterherrennt und sie hetzt, desto größer wird die Wahrscheinlichkeit, dass seine Jagd eines Tages erfolgreich ist und mit dem Zupacken und vielleicht sogar Töten und Fressen eines Wildtieres endet. Das sollten Sie unbedingt verhindern, indem Sie das Anleinen Ihres Lieblings üben und zudem ein verlässliches Rückrufsignal trainieren.

Stürmische Begegnungen

Mein Hund möchte immer zu anderen Hunden hin. Er stellt dann ganz aufgeregt seinen Schweif auf, wedelt wie verrückt und ist kaum mehr zu halten. Ich lasse ihn dann immer, denn wenn der andere Hund das nicht möchte, wird er es meinem schon zu verstehen geben. Davon sind die anderen Hundehalter aber oft nicht so begeistert. Was meinen Sie dazu?

Wedeln gehört zur Körpersprache des Hundes eindeutig dazu, bedeutet aber nicht automatisch, dass sich Ihr Vierbeiner freut. Er könnte auch einfach sehr aufgeregt sein oder versuchen, seinen Artgenossen zu beschwichtigen.

Ich bin generell keine Freundin von Hundebegrüßungen im Alltag. Mag sein, dass Ihr Hund ein sogenannter »Tutnix« ist – sein Gegenüber können Sie trotzdem nie verlässlich einschätzen. Kommt es zur Begegnung an einer Hausecke, die sich nicht vermeiden lässt, sollten Sie nicht hektisch werden, sondern dem Hund Ruhe vermitteln und so zügig wie möglich weitergehen.

Begegnungen an der Leine befürworte ich nur, wenn beide Hunde sichtlich interessiert sind. Das ist aber meiner Einschätzung nach fast nie der Fall, und deshalb bin ich für zügiges Weitergehen nach einer »Beschnüffelungszeit« von maximal zwei Sekunden.

Gut zu wissen

Selbstwirksamkeit: Probleme aus eigener Kraft meistern

Das Gegenteil von »Selbstwirksamkeit« ist die sogenannte »Erlernte Hilflosigkeit«. Sie entsteht, wenn ein Individuum mehrmals die Erfahrung macht, seinen äußeren Umständen ausgeliefert zu sein und unangenehme Situationen oder Probleme nicht aus eigener Kraft überwinden und meistern zu können.

Das Phänomen wurde in unzähligen barbarischen Experimenten erforscht. Dabei hat man Tieren Schmerzen zugefügt und ihnen gleichzeitig die Möglichkeit zur Flucht genommen. Die Tiere lernten daraufhin, dass sie keine Chance haben, ihre Situation aktiv zu verbessern. Als Folge stellten sie alle Bemühungen ein und ergaben sich schließlich niedergeschlagen ihrem Schicksal.

Für Sie als Hundehalter bedeutet das, dass es richtig und wichtig ist, Ihrem Vierbeiner Erfolgserlebnisse und Selbstwirksamkeit zu vermitteln. Wird ein Lebewesen immer nur abgestraft, ohne erkennen zu können, was es eigentlich tun soll, ist das ein sicherer Weg in ein unglückliches Dasein.

nicht zuletzt eben auch, weil es genetisch so vorgegeben ist.

Theorien, warum der Mensch jagt, gibt es viele. Der frühe Zweibeiner wollte vor allem eines: Nahrung und Kleidung. Nachdem heute in der Regel Supermärkte die Bäuche der Bevölkerung füllen und es sich auch nicht mehr schickt, im Lendenschurz aus Wildschweinhaar bei einer Cocktailparty aufzutauchen, greifen andere Erklärungsmodelle. So hat man herausgefunden, dass der sogenannte »Jagdkick« pränatal – also bereits im Bauch der Mutter – an Babys weitergegeben werden kann. Hormone, die während der Jagd ausgeschüttet werden, sorgen für Euphorie und senken die Schmerzempfindung. Klar, dass diese Gefühle auch schon in jungen Jahren als sehr angenehm empfunden werden und Kinder dahingehend prägen, dass sie im Laufe ihres Lebens häufiger nach »sensationellen Erlebnissen« Ausschau halten. In der Psychologie spricht man hier vom »Sensation Seeking«, mit dem jeder Mensch aktiv nach Abwechslung und neuen Eindrücken und Erlebnissen sucht – so lange, bis das für seine Bedürfnisse optimale Level erreicht ist.

Jagdverhalten als Antidepressivum

Als ebenso motivierend gilt die sogenannte »Selbstwirksamkeit«, die bei der Jagd erlebt wird. Auch das ist ein Begriff aus der Psychologie, der das gute Gefühl beschreibt, das man nach Erfolgen verspürt, die man aus eigener Kraft erreicht hat. Man könnte also auch sa-

Wenn Ihr Hund in der Ferne ein Reh sichtet oder dem verlockenden Duft von Wildtieren folgen möchte, setzt er bereits sein Bein auf die erste Stufe der Jagdverhaltenskette.

gen, Jagdverhalten hat antidepressive Effekte, denn es wirkt Angst und Todesbewusstsein entgegen und vermittelt so ein Gefühl von Macht und Stärke. Ein umsichtiger Hundehalter, der nicht möchte, dass sein Vierbeiner jagt, muss also vermeiden, dass sein Tier langsam und unbeabsichtigt die Stufen der Jagdverhaltenskette hinaufklettert und vor allem, dass es dabei sogar unerwünschte Jagderfolge erzielt.

Die Stufen der Jagdverhaltenskette – vom Anfänger zum Profi

Die sogenannte »Jagdverhaltenskette« besteht aus mehreren aufeinanderfolgenden Elementen. Wer sie kennt und seinen Hund darin einordnen kann, kann auch das gezeigte Verhalten seines Vierbeiners besser verstehen. Üblicherweise gliedert sich eine Jagdsequenz in folgende Elemente bzw. Phasen:

1. Orientieren bzw. Ausschau halten
2. Fixieren, lauern, vorstehen
3. Anschleichen
4. Hetzen, packen, halten, schütteln
5. Töten, fressen

Ist ein Hund auf einer Stufe dieser Handlungskette bereits vorangekommen, steigt die Wahrscheinlichkeit, dass auch die nächsthöhere Stufe erklommen wird. Bekommt Ihr Hund also immer und immer wieder Gelegenheit, Wildtiere zu hetzen, wird umso wahrscheinlicher, dass er demnächst auch einmal zupacken und vielleicht sogar ein Tier töten wird.

JAGDVERHALTEN ABSTELLEN: VERTRAUEN ODER KONTROLLE?

Die meisten Hundehalter haben so eine Szenerie schon einmal erlebt: Eigentlich möchte man einen entspannenden Spaziergang im Wald unternehmen. Die Sonne scheint, der Rucksack ist gepackt, alle Familienmitglieder sind gut ausgeruht und freuen sich auf den gemeinsamen Tag mit dem Vierbeiner. Nicht selten endet ein so harmonisch geplanter Ausflug aber mit Kreuzschmerzen und einer ausgerenkten Schulter, weil der Hund permanent schreiend in der Leine hängt: Vom Schmetterling bis zum Rehbock, alles wird erspäht, kommentiert und verfolgt. Kein Eichhörnchen, keine Meise ist mehr sicher, weil sich der mäuselspringende Weggefährte immer wieder hechelnd und mit voller Wucht ins Unterholz schlägt. Die Hundeohren sind auf Durchzug gestellt, und der gesamte Körper des Vierbeiners zeigt zeitgleich Begeisterung, Frust und Erschöpfung. Leid könnte er einem tun, hätte man nicht so eine Wut im Bauch.

Stress statt Entspannung: Mangelt es Vierbeinern an Ruhe und Impulskontrolle, wird der Spaziergang in freier Natur für Hund und Halter anstrengend.

Je häufiger man solche Situationen als Halter erlebt, desto anstrengender wird das Zusammenleben mit dem geliebten Tier. Hilflos muss man zusehen, wie sich der Hund immer mehr in Panik und Hysterie verstrickt. Gelingt es dem mit Adrenalin vollgepumpten Vierbeiner dann doch einmal, sich von der Leine zu reißen und im Wald zu verschwinden, folgen bange Minuten oder vielleicht sogar Stunden: Hoffentlich kommt das Tier wieder zurück und begegnet auf seiner Strecke keinem Jäger! Gedanken, die zermürbend, aber auch vermeidbar sind. Denn jagenden Hunden fehlt es vor allem an folgenden Eigenschaften:

- Impulskontrolle
- Ruhe
- Auslastung
- Bindung zum Halter

Dass Hunde in puncto Jagdverhalten unterschiedliche Begabungen haben, wurde bereits beleuchtet. Und wie sie ihre Sinne einsetzen, wurde ihnen buchstäblich in die Welpenkiste gelegt. Beim erwähnten Mäuselsprung werden diese Fähigkeiten sogar kombiniert! Andere Hunde sind vorwiegend Sicht- oder Geruchsjäger. Durch gezielte Zucht hat der Mensch über Jahrhunderte hinweg eben genau die Eigenschaften verstärkt, die ihm den meisten Nutzen versprachen: Während der Windhund seine Beute eher mit den Augen erspäht, holen sich Stöberhunde meist mit der Nase ihre Idee vom fetten Jagderfolg.

Instinkt-Management: Weil Training allein nicht alles ist

Früher war man der Meinung, dass große Firmen vor allem durch Fakten und kühle Führung zu wirtschaftlichem Erfolg gebracht werden müssen. Heute weiß man, dass auch Instinkt und Intuition wichtige Fähigkeiten sind, auf die man an der Unternehmensspitze nicht mehr verzichten kann. Untermauert wird diese Feststellung von einer aktuellen europäischen Studie, in der man herausfand, dass Manager vor allem in Situationen höchster Unsicherheit besser ihrem Instinkt und ihrer langjährigen Expertise vertrauen sollten – anstatt auf rein analytische Methoden und Werkzeuge zu setzen.

Der Begriff »Instinkt« wurde einst von Charles Darwin geprägt und meint Verhaltensweisen, die ohne Zuhilfenahme der Intelligenz ablaufen. Viele Lebewesen treffen intuitiv Entscheidungen. Das liegt vor allem daran, dass unser Gehirn weitaus mehr Reize verarbeitet, als uns tatsächlich bewusst ist. Diese Fähigkeit kann auch im Zusammenleben mit unseren Hunden wahre Wunder bewirken.

Gut zu wissen

Der Mäuselsprung

Der sogenannte »Mäuselsprung« ist ein Verhaltensrelikt, das noch von einigen Kaniden bei der Jagd zum Einsatz kommt. Besonders Füchse sind wahre Meister des Mäuselsprungs. Sie können die Nager sogar durch eine geschlossene Schneedecke hindurch wittern. Zunächst halten sie nach Bewegungen Ausschau und lauschen, wo genau sich die Maus befinden könnte. Zudem sind sie in der Lage, feinste Erschütterungen des Bodens wahrzunehmen – eine beachtliche Kombinationsleistung aller Sinne! Schließlich machen sie einen schnellen Satz, springen in hohem Bogen in die Luft und landen mit ihren Vorderpfoten auf der Maus, um ihre Beute zu erlegen.

Vielleicht hatten auch Sie beim Spaziergang im Wald schon einmal das Gefühl, dass es besser wäre, jetzt wieder den Heimweg anzutreten? Und vielleicht folgten Sie dieser Eingebung nicht, marschierten weiter, und kurze Zeit später sprang ein Reh Ihrem quietschenden Vierbeiner direkt vor die Füße. Für eine gute Mensch-Hund-Beziehung ist es besonders im Hinblick auf das Jagdverhalten unabdingbar, auf sein Bauchgefühl zu hören und die eigenen Instinkte zu schulen.

Instinkt-Training – Faktor Mensch

Um jagende Hunde verstehen zu können, sollten Sie versuchen, sich mit allen Sinnen in Ihr Tier hineinzuversetzen. Die meisten Menschen bringen sich erst (und meist schimpfend) in die Kommunikation ein, wenn der eigene Hund schon sabbernd und Staub aufwirbelnd einem Reh, Hasen oder Eichhörnchen hinterhersaust. Falls sich Ihr Hund bereits entschieden hat, dass er das Wild unbedingt fangen möchte, können Sie vermutlich so laut und verzweifelt schreien, wie sie wollen. Keines Ihrer Signale wird jetzt noch zu ihm durchdringen. Bestenfalls befindet sich Ihr Hund für einen kurzen Moment in einem sogenannten »Appetenz-Konflikt«, ist also hin- und hergerissen: *Entweder ich jage das lustige Tier, oder ich nehme das trockene Leckerli meines keifenden Herrchens.* Was glauben Sie, wie wird er sich wohl entscheiden?

Die eigenen Sinne schulen

Um unerwünschtes Jagdverhalten frühzeitig einzudämmen oder in die richtigen Bahnen zu lenken, sollten Sie Reize, die Ihrem Hund ins Auge springen oder ihn zum Schnüffeln verleiten könnten, im Idealfall noch vor Ihrem Vierbeiner bemerken. Lernen Sie daher selbst, wie man Fährten liest, erkennen Sie Wildwechsel, die Ihnen Ihr Hund anzeigt, und loben Sie ihn für seine gute Arbeit. Meist sind diese Wildwechsel gut ausgetretene, kleine Pfade mit auffindbaren Trittsiegeln, denen Ihr Hund von einer Seite zur anderen folgt. Trittsiegel sind Spuren, die Wild im Waldboden hinterlässt. Sehen Sie gerne mal genauer hin, woran Ihr Begleiter so großes Interesse hat. Setzen Sie dann den erlaubten Weg zügig fort, und belohnen Sie ihn erneut für seine Entscheidung, sich Ihnen anzuschließen. Wenn

»Um jagende Hunde verstehen zu können, sollten Sie versuchen, sich mit allen Sinnen in Ihr Tier hineinzuversetzen.« ALEXANDRA WISCHALL-WAGNER

Hunde haben weder Handy noch Terminkalender – sie leben Tag für Tag im Hier und Jetzt. An dieser Achtsamkeit sollten auch wir Menschen uns häufiger ein Beispiel nehmen.

dann mal wieder ein aufgeschrecktes Rebhuhn über den Feldweg flattert, sollten Sie sich aktiv in die Situation einbringen – am besten mit zuvor erlernten Signalen. Geben Sie Ihrem Hund also immer die Möglichkeit, sich richtig zu entscheiden. Und machen Sie vor allem eines: Vertrauen Sie Ihrem Bauchgefühl – und schulen Sie es immer weiter.

Achtsamkeitsübung für Hundehalter

In unseren schnelllebigen, digitalen Zeiten ist es nicht unüblich, sich mit dem Handy in der Hand von einer Ablenkung zur nächsten durch den Tag zu hangeln. Und wenn der Mensch vom Hund eines lernen kann, so ist es Achtsamkeit, also das Sein im Hier und Jetzt. Hunde orten den Wind, der ihnen um die Ohren bläst, freuen sich über einen fantastischen Geruch, der in ihre Nasenlöcher strömt, und setzen die Pfoten bei wechselndem Untergrund bedächtig ein. Klingt doch großartig, oder? Und vielleicht können Sie sich ja an Ihrem Vierbeiner ein Vorbild nehmen.

Probieren Sie dazu auch gerne folgende Übung aus: Nehmen Sie sich während eines Spazierganges ein paar Minuten Zeit, um sich selbst zu beobachten. Wie sind Ihre Schritte? Schnell und klein oder kräftig und groß? Setzen Sie beim Gehen zuerst mit dem Ballen oder mit der Ferse auf? Baumeln Ihre Schultern ganz entspannt am Oberkörper, oder ziehen Sie sie verkniffen nach oben? Was riechen

Sie, was spüren Sie? Wo befindet sich Ihr Hund in diesem Moment, und was verrät seine Körpersprache über ihn? Versuchen Sie, so viele Sinneseindrücke wie möglich im gegenwärtigen Augenblick wahrzunehmen, ohne sie zu werten. Heben und senken Sie Ihre Beine beim Gehen ganz bewusst, entspannen Sie Ihre Schultern, Ihre Augen und Ihren Atem.

Ändert sich vielleicht auch etwas bei Ihrem Hund? Geht auch er gemütlicher und bewusster? Nimmt er öfter Blickkontakt zu Ihnen auf? Sie werden feststellen: Je entspannter Sie sind, desto ruhiger wird Ihr Vierbeiner. Lenken Sie Ihre Wahrnehmung anschließend wieder auf sich und dann auf Ihre Umgebung: Halten Sie nach Tierspuren Ausschau, beobachten Sie die verschiedenen Grüntöne der Blätter, und lauschen Sie dem Zwitschern der Vögel, während Sie für ein paar Minuten innehalten. Ihr Hund wird es Ihnen danken und sich vielleicht sogar interessiert zu Ihnen gesellen. Freuen Sie sich und genießen Sie.

Instinkt-Management – Faktor Hund

Um Entscheidungen zu treffen, die aus Menschensicht »vernünftig« sind, benötigt Ihr Vierbeiner einen imaginären Werkzeugkoffer mit erwünschten Verhaltensweisen. Den Einsatz dieser Tools muss man immer wieder üben und wiederholen, denn nur so können sie im Ernstfall zuverlässig angewendet werden. Kein Hund beherrscht von Geburt an die Signale »Sitz« oder »Stopp«. Daher müssen Sie dem kleinen Racker erst zeigen, was in Ihrer Welt überhaupt von ihm erwartet wird.

Es gibt aber auch Verhaltensweisen, die tief in den Genen unserer Hunde verwurzelt sind: So hat jedes Individuum, wenn es um be-

Der Jäger-Tipp

Alles unter Kontrolle?

Wenn Sie mit Ihrem Hund aktiv auf die Jagd gehen wollen, sollten Sie unbedingt in der Lage sein, ihn verlässlich mit Signalen zu kontrollieren. Ihr Hund sollte also immer nur auf Ihr ausdrückliches Signal hin in eine Jagdsequenz einsteigen – und das auch niemals in anderen Alltagssituationen (etwa in Nachbars Pferdekoppel) tun.

Oft wird behauptet, dass man mit Jagdhunden nicht trainieren müsse, da ihnen die notwendigen Fähigkeiten in die Wiege gelegt würden. Die bereits erwähnte Jagdverhaltenskette zeigt jedoch: Gelegenheit macht Diebe! Wollen Sie Ihren Hund also jagdlich führen, sollten Sie eifrig mit ihm üben und ein »bombenfestes« Halt-Signal trainieren, mit dem Sie das Hetzen sofort unterbinden können. Sicherheit geht vor!

stimmte Tätigkeiten geht, Präferenzen und Talente. Ähnlich wie Sie einem Kind, das gut und gerne singt, nicht ständig das Musizieren verbieten sollten, ist es wenig zielführend, Ihren Vorstehhund davon abzuhalten, interessante Dinge aufzustöbern und anzuzeigen. Vorlieben, die über Jahrzehnte hinweg (manchmal auch über Jahrhunderte oder Jahrtausende) gefordert und gefördert wurden, bahnen sich mit Sicherheit und von ganz allein ihren Weg an die Oberfläche. Was Ihr Tier also lernen darf, ist, seine Talente zu zeigen, und zwar in einem ethisch korrekten Rahmen. Wie dieser Rahmen aussieht, entscheiden Sie: Sind Sie selbst kein ambitionierter Jäger, ist es kaum sinnvoll, mit Ihrem Hund auf Mäusejagd zu gehen oder ihn aktiv andere Tiere hetzen, packen, töten oder gar fressen zu lassen.

Kleine, bewusst durchgeführte Körperübungen, etwa das Balancieren auf einem Baumstamm, verhelfen Ihrem Hund wieder zu mehr Aufmerksamkeit.

Achtsamkeitsübung für Vierbeiner

Nicht neu ist, dass Jagdverhalten meistens auch Stressreaktionen auslöst (→ Seite 36). Gönnen Sie Ihrem jagdlich motivierten Hund daher immer auch etwas Entschleunigung und Achtsamkeit, denn in der Regel steigert das auch die Aufmerksamkeit, die Ihr Weggefährte Ihnen entgegenbringt. Am besten klappt das, wenn Sie in Ihre Spaziergänge ab und an kleine Körperübungen integrieren: Lassen Sie Ihren Vierbeiner beispielsweise langsam über liegende Baumstämme balancieren, oder verstecken Sie weiche Leckerchen in der Baumrinde, die er dann aufspüren darf. Alternativ können Sie mit Ihrem Tier auch ganz bewusst und langsam auf unterschiedlichsten (ungefährlichen) Böden laufen, etwa auf Gras, Moos oder Kies. Oder Sie wechseln beim Spazierengehen vom schnellen Schritt in langsames Schleichen und bauen dabei auch Richtungswechsel ein. Sie werden sehen: All das steigert die Konzentration Ihres Lieblings und festigt zudem seine Bindung zu Ihnen!

POSITIVES TRAINING

Entspannte Hunde lernen schneller

Wenn Sie Ihrem Hund Neues beibringen möchten, müssen Sie auch seine Gefühle berücksichtigen. Dazu will ich Ihnen ein paar Grundlagen vermitteln und Tricks verraten.

> »Was man mit Gewalt gewinnt, kann man nur mit Gewalt behalten.«
>
> MAHATMA GANDHI

Hundetraining, das auf Belohnung und positiver Verstärkung basiert, ist heute in aller Munde. Nahezu jede Hundeschule wirbt damit, gewaltfrei zu arbeiten. Auf den zweiten Blick wird jedoch leider häufig klar, dass sich hier die Spreu vom Weizen trennt: Während manche Trainer oder Hundehalter bereits mahnend den Zeigefinger heben, wenn der Name eines vierbeinigen Schützlings mit etwas schrofferem Unterton ausgesprochen wird, sehen andere gelassen zu (oder weg), wenn sich am Halsband zerrende Hunde fast schon selbst erdrosseln oder bei Ungehorsam einen Fußtritt kassieren.

BEGRIFFE DER LERNTHEORIE EINFACH ERKLÄRT

Grundsätzlich kann gesagt werden, dass Säugetiere auf ganz unterschiedliche Art und Weise lernen. Einerseits gibt es die sogenannte »Konditionierung«, andererseits auch die Begriffe »Modelllernen« und das »kognitive Lernen«. Bei der Konditionierung geht man davon aus, dass das Erlernen von neuen Inhalten ohne Denkprozesse stattfindet. Bis Ende der 1980er-Jahre war man überzeugt, dass Säugetiere ausschließlich durch diese Methode lernen. Denken und Fühlen galten bis dahin als einzig dem Menschen vorbehaltene Fähigkeiten. Heute weiß man, dass auch Hunde ihr soziales Umfeld ganz genau beobachten und durch das sogenannte »Lernen am Modell« viele Verhaltensweisen ihrer Sozialpartner nachahmen und übernehmen. Dabei spielen auch komplexere Gefühle wie Neid und Eifersucht eine große Rolle. Auf diesem Gebiet erwarten uns aber zukünftig noch viele überraschende Erkenntnisse aus der Forschung.

Fest steht: Bei modernem Hundetraining sollten immer auch die Emotionen des Hundes berücksichtigt werden. Ein zorniges oder frustriertes Tier wird sich erheblich schlechter zu erwünschtem Verhalten überreden lassen als ein zufriedener und entspannter Hund.

Nicht Gewalt, Drill und Strafe, sondern Vertrauen und eine sichere, positive Bindung sind das Fundament für ein erfüllendes, reibungsloses Zusammenleben mit Ihrem Hund.

Es geht auch ohne Gewalt

Unterschiedliche Tierschutzgesetze in den verschiedenen Ländern – sofern überhaupt vorhanden – machen deutlich, wie schwierig es offenkundig ist, in eindeutige Worte zu fassen, wann ein Tier Schmerzen, Schreck oder Angst erleidet. Vermeintliche »Trainingshilfen«, die in manchen Teilen der Welt verboten sind, werden in anderen ganz selbstverständlich eingesetzt. Was ein Hund braucht, um glücklich zu sein, ob Glück und Selbstverwirklichung für Tiere überhaupt erfahrbar sind, wann Strafe beginnt und unangenehme Erfahrungen eintreten, sind nur einige der vielen ethischen Fragen, an denen sich die Geister scheiden. Und leider besteht hier noch kein allgemeingültiger Konsens. Daher ist es notwendig, sich als Hundehalter fortwährend und so gut wie möglich weiterzubilden, damit Gewalt nicht dort beginnt, wo Wissen endet.

Wo ziehen Sie Ihre rote Linie?

Legen Sie gerne gleich hier und heute fest, welche Trainingsmethoden in Ihren Augen noch vertretbar sind und wo Sie eine klare rote Linie ziehen möchten. Speichern Sie diese Standards dann als moralischen Kompass in Ihrem Kopf und Herzen ab, und vergleichen Sie im Laufe der Zeit immer wieder, ob der Kurs noch stimmt. Etwa wenn Sie gut gemeinte Ratschläge von anderen bekommen oder wenn Ihr Blut beim Training mal wieder in

Wallung gerät, weil Ihr Vierbeiner nicht das tut, was er eigentlich tun sollte. Versuchen Sie also, einen für Sie passenden, tierschutzkonformen Erziehungsstil zu finden und diesen so beizubehalten, dass Sie jeden Abend guten Gewissens in den Spiegel blicken können.

Drei tragende Säulen

Damit das Zusammenleben zwischen Mensch und Hund (als Duo oder auch in der Familie) langfristig erfüllend ist, sind drei tragende Säulen von großer Bedeutung:

- Management
- Lernerfolge
- Beziehung

Ähnlich einer medikamentösen Therapie bei psychischen Problemen, ist Management eine unerlässliche Methode, um einen Fuß in die Tür zu bekommen und Lernfortschritte überhaupt möglich zu machen. Haben Sie einen Hund, der ständig wie ein Berserker Hühnern, Hasen oder gar den Nachbarskindern auf ihren Skateboards hinterherjagt, müssen Sie Vorkehrungen treffen, die einen Jagderfolg verhindern. Hierzu zählt etwa, den motivierten Vierbeiner nicht mehr unkontrolliert frei laufen zu lassen oder Reize, die sein Jagdverhalten triggern und sein Stresslevel anheben könnten, ab sofort möglichst einzudämmen.

Um Lernerfolge zu erzielen, sollten Sie aber vor allem eines tun: mit dem Training beginnen! Sprüche wie »Kein Meister ist je vom Himmel gefallen« oder »Mühsam ernährt sich das Eichhörnchen« erscheinen bei genetisch fest verankertem Verhalten wie dem Jagen ziemlich passend. Mit den ersten positiven Ergebnissen wird sich jedoch auf beiden Seiten Freude einstellen. Das Training wird Ihnen und Ihrem Hund in Fleisch und Blut übergehen, und vermutlich werden Sie es bald schon gar nicht mehr als solches wahrnehmen.

Im Idealfall kommen Sie dann in den Genuss des sogenannten »Flow-Zustands« (englisch für »Fluss«). Der Begriff stammt aus der Psychologie und beschreibt das motivierende Glücksgefühl, völlig vertieft und ohne Widerstände in einer Tätigkeit aufzugehen. Laut der Flow-Theorie kann dieser Zustand beim Arbeiten oder Üben aber nur dann entstehen, wenn die mit der Aufgabenerfüllung verknüpften Anforderungen nicht zu weit von den eigenen Fähigkeiten abweichen. Diese Erkenntnis können Sie gezielt für sich und Ihren Hund beim Training nutzen – vor allem im Hinblick auf das gewählte Lerntempo.

Je mehr Ressourcen, desto besser

Bleibt noch die dritte wichtige Säule: Positive Auswirkungen von Beziehungen werden auch gerne als »Ressourcen« bezeichnet. Je mehr dieser Ressourcen sich ein Individuum über die Jahre hinweg aneignen kann, desto besser wird es lernen, mit Stress umzugehen. Mensch und Hund haben die wunderbare Möglichkeit, im Laufe eines (viel zu kurzen) Hundelebens aneinander zu lernen und zu wachsen. Hierfür ist gutes Training genauso nötig wie emotionale und soziale Kompetenz: Empathisch

Das typischste Beispiel für die positive Belohnung: Ihr Liebling zeigt das gewünschte Verhalten und bekommt dafür einen leckeren Keks.

aufeinander einzugehen und Emotionen zu erkennen und ins Training einzubetten, ist heute wichtiger denn je.

Die Konsequenz von Lob und Strafe

Um Sie noch ein wenig mit Fakten zu füttern, möchte ich Ihnen nun in aller Kürze das sogenannte »Kontingenzschema der operanten Konditionierung« vorstellen. Keine Angst, das klingt komplizierter, als es ist. Vereinfacht ausgedrückt, beschreibt dieses in vier »Schubladen« unterteilte Schema, welche Konsequenzen es hat, wenn Sie Ihren Hund für sein Verhalten belohnen oder bestrafen.

Beides kann auf unterschiedliche Art und Weise geschehen und führt beim Tier zu unterschiedlichen Empfindungen und Reaktionen, die sich wiederum auf den Lernerfolg auswirken. Vielleicht fragen Sie sich jetzt: Was hat das alles mit meinem jagenden Hund zu tun? Ich werde versuchen, die Begriffe anschaulich anhand einiger praxisnaher Beispiele zu untermauern. Tatsächlich sehe ich es als unumgänglich zu wissen, wie und wann ein Hund lernt. Nur so kann ich ihm erwünschtes Verhalten beibringen und unerwünschte Handlungen gekonnt umlenken.

1) Positive Belohnung

Belohnen Sie positiv, fügen Sie einer Situation etwas Angenehmes hinzu. Das passiert beispielsweise, wenn Sie Ihrem Hund ein Leckerchen geben und diese Belohnung mit ein paar lieben Worten und Streicheleinheiten kombinieren. Er wird sich darüber freuen, und das gezeigte, in der Regel erwünschte Verhalten nimmt zu. Angenommen, Ihr Tier erblickt ein Reh am Waldrand, bleibt ruhig bei Ihnen und sieht Sie an. Das Einzige, was hier schreit, ist der Ruf nach einer tollen Belohnung. Solches Verhalten wollen wir unbedingt verstärken; wir wollen also, dass es häufiger auftritt.

2) Negative Strafe

Entziehen Sie dem Hund in einer bestimmten Situation Angenehmes, etwa Ihre Aufmerksamkeit, handelt es sich dabei um eine negative Strafe (→ Seite 52). Ihr Vierbeiner wird das unerwünschte Verhalten seltener zeigen, zusätzlich wird er aber auch frustriert sein, weil ihm positive Reize fehlen. Ihr Hund fängt beispielsweise zu hibbeln an, sobald er den Wald betritt; aufgeregt rennt er hin und her. Sie beschließen, wieder umzudrehen, und bringen den unruhigen Vierbeiner zurück ins Auto. Wenn es eine Wildspur war, die er unbedingt erschnüffeln wollte, so haben Sie ihm diese Freude nun genommen.

3) Positive Strafe

Von einer positiven Strafe spricht man wiederum, wenn unerwünschtes Verhalten mithilfe unangenehmer Reize sanktioniert werden soll. Das kann ein Leinenruck sein, wenn Ihr Hund beim Spazierengehen einem Hasen nachprescht. Auch laute Schimpftiraden fallen in diese Kategorie – oder schlimmstenfalls sogar Schläge. Ihr Hund wird sein Verhalten vermutlich (vor allem wenn er sofort und mit großer Intensität bestraft wurde) einstellen. Parallel dazu entstehen aber auch negative Emotionen wie Unsicherheit und Angst.

Wer sich für positive Strafen entscheidet, muss bedenken, dass diese im Laufe der Zeit immer drakonischer ausfallen müssen; andernfalls verlieren sie ihre Wirkung. Zudem muss ein Leben lang gestraft werden. Hundetrainer werden immer wieder gefragt, ob Gleiches auch für die positive Belohnung gilt: Muss also auch jahrelang mit Futter belohnt werden? Ich habe dazu eine klare Meinung, nämlich dass es für alle beteiligten Zwei- und Vierbeiner freudvoller ist, immer ein Tütchen Hundekekse oder andere Belohnungen griffbereit zu haben, als jahrzehntelang schreiend, drohend oder sogar mithilfe körperlicher Gewalt zu versuchen, seinem Vierbeiner gute Manieren beizubringen. Das muss fürchterlich anstrengend sein und tut auf Dauer bestimmt auch der menschlichen Psyche nicht gut.

4) Negative Belohnung

Als vierte Handlungsoption bzw. »Schublade« des Schemas fehlt schließlich noch die negative Belohnung. Bei dieser Methode wird der Hund von unangenehmen Reizen befreit; anschließend tritt Erleichterung ein, und das unerwünschte Verhalten nimmt ab, bzw. das erwünschte Verhalten wird häufiger gezeigt. Das geschieht beispielsweise, wenn das Tier beim Spazierengehen ständig Schmerzen verspürt, die erst nachlassen, wenn die Leine locker durchhängt. Oder die Leine hat sich um einen Baum gewickelt, und der Vierbeiner kann den schmerzhaften Druck, der dadurch an seinem Körper entsteht, nur durch Stehenbleiben oder Umkehren lösen. Auch von dieser Methode ist abzuraten, da dem Lerneffekt stets unangenehme Gefühle vorausgehen. Und wie bereits erwähnt, spielen Gefühle beim Lernen eine sehr wichtige Rolle.

Meiner Meinung nach sollten wir uns im modernen Hundetraining klar der positiven Belohnung verschreiben. In einigen seltenen Fällen arbeite ich auch mit negativer Strafe, hier müssen wir allerdings sehr genau auf den emotionalen Zustand des Hundes achten und damit keinesfalls übertreiben.

QUELLE DER FREUDE – DIE PERFEKTE BELOHNUNG

Wir sind uns bestimmt einig, dass die Belohnung die Methode der Wahl ist, wenn wir erreichen wollen, dass unser Hund erwünschtes Verhalten zeigt. Was als attraktive Belohnung gilt, entscheidet allerdings nur einer, nämlich Ihr Hund! Manche Tiere sabbern schon beim Anblick eines Gurkenstückchens, während andere für das ersehnte Planschen im See alles geben würden. Beobachten Sie Ihren Schützling daher ganz genau: Was ist für ihn der wertvollste Jackpot (→ Seite 208)? Wenn Sie diesen Trumpf gezielt ausspielen, können Sie Ihren Hund zu Höchstleistungen motivieren!

Gleich gibt's ein Leckerchen!

Als »Markerworte« oder »Belohnungsworte« werden in der Literatur häufig Ausrufe oder Signale bezeichnet, mit denen man seinem Vierbeiner zu verstehen gibt, dass gleich die leckere Belohnung folgt. Man kann sie sprechen oder rufen, oder man übermittelt sie in Form von akustischen Geräuschen. Ein beliebtes Hilfsmittel ist dabei der sogenannte »Klicker«. Das sind kleine Geräte, die man im Fachhandel bekommt und die wie ein Knackfrosch funktionieren – der ist Ihnen vielleicht noch aus Kindheitstagen vertraut: Man hält den Klicker einfach in der Hand, drückt auf einen kleinen Knopf, und dann macht es »Klick!« oder »Klack!«.

Klickern – geht auch mit dem Mund

Leider kursieren rund um dieses Gerät immer noch viele Gerüchte und Missverständnisse: Manche Hundetrainer setzen ihren Klicker sehr »kreativ« ein. Sie variieren die Anzahl und Intensität der Klicks, um ihrem Hund auf diese Weise unterschiedliche Arten der Belohnung anzukündigen. Weit verbreitet ist auch der Irrglaube, dass sich Hunde irgendwann mit dem Klickgeräusch als solches begnügen und man dann auf Leckerchen oder andere Belohnungen verzichten kann. Und so gibt es noch viele weitere, teilweise abenteuerliche Empfehlungen, die man zu diesem Thema hört oder liest. Fest steht hingegen, dass der Klicker ein gutes Hilfsmittel und »Management-Tool« ist, wenn man Verhaltensweisen formen oder seinem Tier ganz neue Fähigkeiten beibringen möchte. Nicht mehr, aber auch nicht weniger. Der Einfachheit halber möchte ich nachfolgend alle Signale, die als Belohnungsworte oder -geräusche eingesetzt werden, als Klicklaute bezeichnen.

Welchen Ton Sie als Klicklaut von sich geben möchten, sollten Sie sich vorab gut überlegen. Viele Halter wählen einen Schnalzlaut oder ein prägnantes Wort, das sie in anderen Alltagssituationen so gut wie nie anwenden, z. B. »Klick«, »Yipp« oder »Tack«. Genauso gut können Sie aber auf den eingangs erwähnten handelsüblichen Klicker zurückgreifen.

Der Vorteil des Klickers ist, dass er immer das gleiche, also für den Hund unverwechselbare Geräusch von sich gibt. Aber auch Klicklaute, die Sie mit Gaumen und Zunge erzeugen, haben einen unschlagbaren Pluspunkt: Ihren Mund können Sie nicht versehentlich zu Hause auf der Vitrine liegen lassen – und Sie müssen ihn auch nicht noch zusätzlich in Händen halten, die mit Leckerchen und Leine vermutlich schon genug ausgelastet sind.

Wie bereits erwähnt, soll der Klicklaut Ihrem Vierbeiner signalisieren, dass sein genau in diesem Moment gezeigtes Verhalten erwünscht war und er deshalb gleich im Anschluss mit einer Belohnung rechnen darf. Der Vorteil dieses Signals ist, dass es schnell und punktgenau eingesetzt werden kann und die Belohnung ankündigt. Meist ist man mit dem Kramen in der Leckerlitasche so lange beschäftigt, dass das Hundegehirn die Richtigkeit seines Verhaltens schon wieder vergessen hat. Möchte ich meinem Tier etwa ein rascheres »Sitz« beibringen, werde ich genau in jenem Moment, in dem seine beiden Pobacken den Boden berühren, den Klick abfeuern. Danach habe ich noch eine gute Sekunde Zeit, um die Belohnung hervorzuholen. Schließlich soll der Hund ja nicht nur mit Leckereien gelockt werden, sondern auch tatsächlich etwas lernen.

Aufgebaut wird das Signal durch simple Konditionierung: Befindet sich Ihr Hund in unmittelbarer Nähe, möglichst aufmerksam und entspannt, machen Sie den Klicklaut und geben ihm unmittelbar danach ein Leckerchen. Nach einigen Wiederholungen können Sie dann beginnen, den Klicklaut unter Realbedingungen einzusetzen.

Was genau soll Ihr Hund tun?

Um den Klicklaut effizient einzusetzen, ist es besonders wichtig, dass Sie bereits vor Trainingsbeginn wissen, was Ihre Belohnungskriterien sind: Welche Aufgabe soll Ihr Hund erledigen, bzw. welches Verhalten soll er zeigen? Zudem sollten Sie sich überlegen, welche Belohnung für ihn am attraktivsten ist.

»Was in seinen Augen eine wirklich attraktive Belohnung ist, entscheidet nur einer, nämlich Ihr Hund!« ALEXANDRA WISCHALL-WAGNER

Beim einfachen »Sitz« könnten die Belohnungskriterien wie folgt aussehen: Der Hund setzt sich sofort nach Signalgabe ab – beide Pobacken des Tieres berühren den Boden. Genauso gut könnten Sie aber auch noch von ihm wollen, dass er sich direkt vor Ihnen hinsetzt und diese Position für zwei Sekunden hält. Sobald die von Ihnen festgelegten Belohnungskriterien erfüllt sind, folgen der Klicklaut und gleich im Anschluss die Belohnung.

Sitzen oder doch lieber vorstehen? Was genau Ihr Hund tun soll, damit er dafür bestätigt wird, definieren Sie in den sogenannten »Belohnungskriterien«.

Wie eingangs erwähnt, bestimmen nicht Sie, sondern Ihr Hund, was für ihn eine Belohnung ist. Das kann sich im Laufe der Zeit ändern, und das sollten Sie herausfinden. Testen Sie daher ab und an, worauf Ihr Hund aktuell besonders große Lust hat: Vielleicht ist es die duftende Leberwurst, vielleicht aber auch ein Stückchen Wassermelone oder Karotte. Eventuell ist Ihr Hund aber auch gerade in einen bestimmten Ball oder ein anderes Spielzeug vernarrt. Dann können Sie ihn damit am effektivsten belohnen.

Kniffe aus der Psychologie

Als Bestätigung müssen übrigens nicht immer Nahrung oder Gegenstände zum Einsatz kommen. Auf besonders wirkungsvolle Weise können Sie Ihren Hund auch mit einer Methode belohnen, die man in der Lernpsychologie als »Premack-Prinzip« bezeichnet. Es besagt, dass auch geliebte Aktivitäten der perfekte Anreiz sein können, um zuvor Dinge zu erledigen, die man vielleicht nur ungern oder noch nicht so routiniert in Angriff nimmt.

Klar, diese Aktivitäten müssen natürlich mehr – oder bestenfalls deutlich mehr – Spaß machen als die Aufgaben, die ihnen vorausgehen sollen. Um von diesem Prinzip zu profitieren, müssen Sie also zunächst herausfinden, welche Verhaltensweise Ihr Hund in einem bestimmten Moment eigentlich am allerliebsten zeigen würde: Ist es das geliebte

Apportieren eines Balls – oder das intensive Schnüffeln am Wegesrand beim Gassigehen? Diese Lieblingsaktivitäten können Sie dann nutzen, um Ihren Hund zu belohnen, wenn er zuvor brav an der Leine gegangen oder ein vorbildliches »Platz« gezeigt hat.

Die variable Verstärkung

Ein ebenso kraftvolles Instrument ist die variable Verstärkung. Während es beim Einüben neuer Fähigkeiten sinnvoll ist, jeden noch so kleinen Lernfortschritt (möglichst häufig und gleich im Anschluss an das gewünschte Verhalten) zu bestätigen, eignet sich die variable Verstärkung vor allem für Aufgaben, die Ihr Vierbeiner bereits recht gut beherrscht. Dabei wird Ihr Hund aber erst nach jedem zweiten, dritten oder vierten Mal belohnt.

Nehmen wir als Beispiel das Apportieren: Erst nachdem der Hund eine ganze Abfolge von Übungseinheiten erfolgreich gemeistert und dann wieder ruhig neben Ihnen Platz genommen hat, gibt es die ersehnte Belohnung. Die sollte dafür dann aber umso königlicher ausfallen: Neben seiner Lieblingsleckerei oder anderen Dingen, die er richtig toll findet, bekommt er möglichst auch noch viele lobende Worte und Streicheleinheiten.

Warum beides? Nach neueren Erkenntnissen ist soziale Interaktion (etwa freudiges Lob, mit dem der Besitzer das Verhalten seines Hundes zusätzlich bestätigt) ein weiteres hervorragendes Belohnungsinstrument – vorausgesetzt, die Bindung zwischen Mensch und Tier stimmt. Das leuchtet ein, denn ein lieblos ins Maul geworfener Keks wird kein Hundeherz so richtig zum Hüpfen bringen. Oder wären Sie etwa begeistert, wenn man Ihnen Ihre nächste Geburtstagstorte einfach kommentarlos unter die Nase schiebt? Viel motivierender ist da schon eine Kombination aus Lob und Leckerchen: Positive Emotionen wie Freude, Dankbarkeit und Stolz sollten daher in keinem Trainingsprozess fehlen, und das gilt gleichermaßen für Mensch und Tier.

Auf das Timing kommt es an

Wichtig ist zudem, dass Sie den richtigen Belohnungspunkt wählen; wird mit Nahrung belohnt, bezeichnet man ihn auch als »Futterpunkt«. Gemeint ist damit, wann und wo Sie das gewünschte Verhalten Ihres Hundes mit einem Leckerchen oder Spielzeug bestätigen. Ort und Zeitpunkt müssen dabei zum Rest der Trainingskriterien passen, andernfalls können sich schnell Fehler einschleichen.

Wollen Sie z. B., dass Ihr Hund ein verlässliches »Bleib« (→ Seite 116) lernt, sollten Sie ihn nicht belohnen, wenn er schon wieder bei Ihnen ist. Denn so wird der Hund in einer Verhaltenskette bestärkt, die aus den Elementen a) bleiben und b) anschließend zu Frauchen oder Herrchen kommen besteht. Besser ist es, wenn Sie zu Ihrem Vierbeiner zurückgehen, ihn also an Ort und Stelle belohnen, und das Signal erst dann wieder auflösen. Gleiches gilt, wenn Ihr Schützling lernen soll, an Ihrer linken Seite »bei Fuß« zu gehen. Auch in diesem

FRAGE & ANTWORT

Schade, es hat nicht geklappt!

Mein Hund führt Signale nicht zuverlässig aus: Manchmal legt er sich hin, wenn ich »Sitz« sage. Häufig folgt er aber auch gar nicht oder wartet ab, bis ich ein Signal mehrmals wiederhole. Alles Schimpfen und Ermahnen hat ihn bisher nicht sonderlich beeindruckt. Wie soll ich mich verhalten?

Ich empfehle Ihnen, Ihre Herangehensweise zu ändern. Generell sollten Signale so gut sitzen, dass Sie sie nur ein einziges Mal aussprechen müssen, um das gewünschte Verhalten abzurufen. Je häufiger Sie diskutieren – also Signale wieder und wieder geben –, desto mehr glaubt Ihr Tier, dass das so sein soll.

Honorieren Sie daher von Anfang an das rasche Ausführen Ihres Vorschlags, und zwar mit einer möglichst attraktiven Belohnung. Überlegt der Hund länger als zwei Sekunden, brechen Sie die Übung unspektakulär ab, etwa mit einem gesprochenen »Schade«. Atmen Sie anschließend selbst kurz durch und versuchen Sie es einfach noch einmal. Sollte Ihr Vierbeiner das Signal in letzter Sekunde doch noch ausführen, loben Sie ihn dafür, aber nicht zu überschwänglich: Worte wie »Schön, aber das kannst du besser« sind hier angebracht. Die Leckerchen bleiben jedoch in Ihrer Tasche und werden erst ausgepackt, wenn die Übung etwas flotter funktioniert. Wenn Sie sparsamer und klarer mit Ihren Worten umgehen und gewünschtes Verhalten Ihres Hundes eindeutiger bestätigen, werden Sie beide als Team schon bald erfolgreich sein.

Ärger vor dem Training

Sobald ich Leckerchen einpacke und mit meinem Hund trainieren möchte, springt er ständig an mir hoch. Wie kann ich dieses Verhalten abstellen?

Versuchen Sie, in solchen Situationen selbst Ruhe zu bewahren. Setzen Sie sich nochmals hin oder schauen Sie auf Ihr Handy. Mit dem Training wird erst begonnen, wenn auch Ihr Tier wieder entspannter ist. Schimpfen Sie jetzt auch nicht, denn jedes Wort zu viel wäre wieder Aufmerksamkeit und für den Hund eine willkommene Bestätigung. Generell empfehle ich, Leckerchen und andere Belohnungen so unauffällig wie möglich einzupacken. Die Belohnung sollte für Hunde eine freudige Überraschung und kein Lockmittel sein.

Fall sollten Sie ihn nur belohnen, wenn er tatsächlich links läuft – also nicht etwa vor oder hinter Ihnen. Hier ist aufmerksames Beobachten und gutes Timing gefragt.

Unerwünschte Verhaltensketten

Im vorherigen Absatz ist schon wieder ein Fachbegriff gefallen, den ich noch kurz erklären möchte: Unter einer Verhaltenskette versteht man eine Reihe unterschiedlicher Aktionen, die immer in gleicher Abfolge ausgeführt werden. Sind solche Verhaltensketten erwünscht, kann man sie mit Hunden gezielt einüben und dann per Signal abrufen. Sie können aber auch völlig unbeabsichtigt entstehen und dann zum Ärgernis werden.

Ein Klassiker ist beispielsweise, wenn sich Ihr Hund beim Anblick von Wild mit voller Wucht in die Leine wirft und Sie dieses Verhalten durch Ihre Gegenmaßnahmen unbewusst verstärken. Sehen wir uns diese Situation im Detail an: Ihr Vierbeiner erspäht ein Reh, er prescht nach vorne und wirft sich in die angespannte Leine. Sie rufen ihm zu, er dreht sich um und blickt Sie an. Anschließend loben und belohnen Sie ihn. Klingt doch ganz gut, oder? Da das Sehen, Losstürmen und Zurückkommen jedoch zeitlich so eng aufeinanderfolgen, verstärken Sie mit Ihrem Lob leider auch die Angewohnheit Ihres Hundes, sich in die Leine zu werfen. Und dabei entsteht dann eine typische Verhaltenskette.

Besser wäre es, die Aufmerksamkeit Ihres Hundes ein wenig früher einzufangen, also bevor dieser in die Leine springt. Reagiert er auf Ihr Eingreifen, wird er natürlich königlich belohnt! Nach besonders aufregenden Situationen sollten Sie allerdings mit der Belohnung etwas warten – und vielleicht noch eine kleine Geduldsübung einschieben. Anregungen zu diesem Thema finden Sie auch in den Übungen »Fünf-Leckerli-Spiel« (→ Seite 83) oder »Erdung« (→ Seite 114).

MIT KLAREN SIGNALEN ZUM ERFOLG

Nun aber zur Kommunikation zwischen Ihnen und Ihrem tierischen Begleiter. Das Internet und auch unzählige Bücher sind vollgepackt mit Ratschlägen zu diesem Thema. Im Mittelpunkt steht dabei häufig die Frage: Was können Hunde verstehen und was nicht?

Manche Hundeprofis empfehlen, so wenig wie möglich mit dem Tier zu sprechen, andere befürworten die kommunikative Dauerbeschallung des Hundes. Einige verteufeln die sogenannte Konditionierung und wollen Tieren keine Signale antrainieren, andere arbeiten ausschließlich mit Klicklauten und fangen jedes erwünschte Verhalten mit einem Belohnungskeks ein. Ich will hier gleich einhaken und betonen, dass die von Ihnen gewählte Methode in jedem Fall zu Ihrer Persönlichkeit passen und Ihnen im alltäglichen Umgang mit Ihrem Hund liegen sollte. Wenn Sie generell eher leiser und weniger sprechen, ist es Ihnen eventuell zuwider, ständig in quiekender Babysprache auf Ihren Hund einzureden. Sind Sie hingegen ein robusterer Sprecher, dem ab und an auch mal lautere Silben entweichen, passt wiederum die Rolle des »Hundeflüsterers« nicht wirklich zu Ihrem Typ. Es geht hier vor allem um eines: Authentizität!

Einfach kommunizieren

Viele Haustiere sind intelligent genug, um feststellen zu können, was ihre Menschen ernst meinen, wovon sie überzeugt sind – und was sie sich selbst nicht glauben oder zutrauen. Sie sollten sich daher im Austausch mit Ihrem Hund wohlfühlen und auch auf Ihr Bauchgefühl hören dürfen. Hunde sind sehr gute Beobachter und werden es Ihnen z. B. nicht abnehmen, wenn Sie mit ihnen ein Ruhesignal einüben wollen, dabei aber selbst angespannt und gestresst sind.

In diesem Buch werde ich Ihnen daher immer wieder empfehlen, im Training so klar und einfach wie nur möglich zu kommunizieren und zu handeln. Ihre Sprache sollte eindeutig und die Signale, die Sie geben, sollten beständig sein. Übung ist wichtig! Vor allem auch für den Menschen. Denn nur wer sein eigenes Gehirn geschult und Abläufe immer wieder erfolgreich durchgeführt hat, kann in Notsituationen richtig handeln. Springt etwa beim Spazierengehen plötzlich ein Hase vor Ihnen auf, müssen Sie sofort reagieren und wissen, wie Sie Ihren Vierbeiner verlässlich unter Kontrolle bringen können. Haben Sie das vorab nicht trainiert, machen sich wie der Blitz gleich zwei Tiere aus dem Staub: der Hase und Ihr Hund!

Motivation durch Körpersprache

Hunde sind wahre Meister in der Bewegungserkennung und können auch unsere Körpersprache sehr gut lesen und interpretieren. Wer seinen Vierbeiner mit schlaffen Schultern und hängenden Mundwinkeln motivieren möchte, wird daher vermutlich eher verwirrte oder ratlose Hundeblicke ernten.

Wenn Sie in Sachen Körpersprache noch kein Profi sind, verzweifeln Sie nicht. Körpersprache funktioniert ähnlich wie Fahrradfahren: Möchten Sie mit dem Rad eine Rechtskurve machen, muss sich auch Ihr Körper entsprechend mitbewegen, und Ihre Arme

»Wer seinen Vierbeiner mit hängenden Mundwinkeln motivieren möchte, wird vermutlich eher ratlose Hundeblicke ernten.« ALEXANDRA WISCHALL-WAGNER

Nicht nur was, sondern auch wie Sie mit Ihrem Vierbeiner sprechen, ist wichtig: Hunde können nämlich sehr gut unsere Körpersprache inklusive unserer Mimik deuten.

müssen den Lenker nach rechts drehen. Gleiches gilt, wenn Sie mit Ihrem Hund rechts abbiegen wollen: Sie sollten den Richtungswechsel zunächst mit einer Handbewegung einleiten, die nach rechts deutet, und Sie sollten Ihren ganzen Körper dabei ebenfalls schon in die gewünschte Richtung bewegen.

So mancher Feldhase oder Fasan wird sich freuen, wenn Ihr Hund nicht spontan ihm, sondern zuverlässig Ihnen folgt. Und auch für Sie als Hundehalter ist es wesentlich angenehmer, wenn Ihr Hund schon früh lernt, sich an seinem Menschen zu orientieren. Letztlich hat eine gute Körpersprache aber auch für den Hund Vorteile: Ist sie klar und eindeutig, muss das Tier nicht ständig überlegen, ob die Sätze, die Ihnen da gerade über die Lippen kommen, nur Inhalte eines Selbst- oder Telefongesprächs sind – oder tatsächlich ihm gelten.

Weniger ist mehr

Als Zwischenfazit kann also festgehalten werden: Sprechen Sie mit Ihrem Hund und bleiben Sie dabei freundlich! Selbstverständlich können Sie ihm auch die eine oder andere witzige Anekdote erzählen. Beim Training sollten Sie jedoch möglichst klar und eher sparsam kommunizieren. Verwenden Sie gern zusätzlich Ihren Körper, um dem Tier wertvolle Sichtsignale zu geben, aber verzichten Sie bitte auf den Einsatz von Händen, Füßen oder anderen Gegenständen wie Wasserflaschen,

Rütteldosen, Zeitungen und Wurfdiscs, um Ihrem Weggefährten zu drohen, ihn zu erschrecken oder ihn zu bestrafen (→ Seite 46).

Missverständnisse vermeiden

Kommunikation ist kompliziert, das wissen wir alle. Und das geht schon bei uns Menschen los: Viele tun sich schwer damit, Dinge so auszudrücken, wie sie sie eigentlich meinen und fühlen. Und dann gibt es ja noch die andere Seite, den Empfänger – die Botschaft muss bei ihm ankommen, und er muss sie richtig interpretieren. Dass es dabei schnell zu Missverständnissen kommt, liegt auf der Hand. Bevor ich daher weiter auf die Mensch-Hund-Kommunikation eingehe, möchte ich noch kurz betonen, wie wichtig auch die Verständigung zwischen den Menschen ist, die im Umfeld des Tieres leben. Am besten, Ihr Haushalt beruft bereits vor Einzug des neuen, vierbeinigen Mitbewohners den Familienrat ein. Auf der Agenda sollten dabei unbedingt folgende Punkte und Fragen stehen:

1) Welche Signale soll der Hund lernen?

Und wie wollen Sie im Alltag – auch wenn Sie unterwegs sind – mit ihm reden? Ein fleißig eingeübtes »Jupsidupsiwupsi« mag als Rückrufsignal vielleicht im Training einwandfrei funktionieren, aber möchten Sie dieses Wort auch laut über den Marktplatz schreien? Besonders verwirrend wird es, wenn alle Familienmitglieder unterschiedliche Signale verwenden, der Vater dem Hund also ein »Komm« als Rückruf beibringt, die Tante aber beharrlich an ihrem »Komm, geh weiter« festhält, um beim Gassigehen rascher voranzukommen. Der Hund steht dann bald im Konflikt, und langfristig wird weder das Signal »Komm« noch das Signal »Weiter« gut funktionieren. Alle Personen, die mit dem Hund interagieren wollen und werden, sollten daher genau wissen, was zu tun ist, um ein erwünschtes Verhalten des Tieres auszulösen.

2) Wer gibt welche Signale – und wann?

Wenn sich die Hundehalterin gerade abmüht, ihrem Vierbeiner ein verlässliches »Bleib« beizubringen, wird sie nicht begeistert sein, wenn

Der besondere Tipp

Signale umbenennen

Wenn Sie im Laufe eines Hundelebens ein bereits eingeübtes Signal umbenennen wollen, ist das in der Regel problemlos machbar: Setzen Sie das neu ausgedachte Sprachsignal einfach eine Zeit lang vor das altbekannte. Verwenden Sie dann ein paar Trainingsdurchgänge lang beide Signale gemeinsam, sagen Sie also beispielsweise »Stopp, Halt!« – und lassen Sie dann nach und nach das alte Signal weg.

Opa plötzlich Bälle durch die Gegend wirft oder mit der Kekstüte raschelt. Grundsätzlich sollte dem Training im Familienalltag genügend Ruhe eingeräumt werden: Es empfiehlt sich, bereits vor der Lerneinheit klar festzulegen, wer die entsprechende Übung vorbereiten, ausführen und belohnen darf. Bestenfalls ist das immer nur eine Person.

Komplexere Signale wie »Halt« oder »Lass es« sollten vorerst auch nur erwachsene Personen üben, die am meisten mit dem Hund interagieren. So wird sichergestellt, dass diese für das Jagdkontrolltraining wichtigen Signale mit der notwendigen Geduld und Konsequenz aufgebaut und ihre Umsetzung punktgenau belohnt werden. Kinder sind hier manchmal übereifrig. Es gibt aber durchaus ruhigere Übungen, die auch die Kleinen spielerisch mit dem Hund erarbeiten können, etwa »Sitz« und »Platz« oder auch ein kurzer, nicht zu hastiger Slalom durch die Beine. Achten Sie dabei aber bitte stets auf die Anwesenheit eines Erwachsenen, der sicherstellt, dass Freiwilligkeit und Freude beim Training erhalten bleiben.

Wann bekommt Ihr Vierbeiner sein Futter, und wann hat er seine Ruhezeiten? Auch diese Fragen sollten Sie mit Ihren Familienmitgliedern klären.

3) Fressens- und Ruhezeiten

Wann hat der Hund seine Fressens- und Ruhezeiten, wo und von wem wird er gefüttert, und an welchen Orten darf er schlafen? Welche Spielsachen sind nur für ihn bestimmt, und welche Unsitten sollte sich das Tier am besten gar nicht erst angewöhnen?

Sie können sich noch so sehr anstrengen, Ihrem Hund klarzumachen, dass Fleisch, Wurst und andere Lebensmittel für ihn tabu sind, wenn Tante Tilda ständig Schinkenröllchen von ihrem Teller Richtung Hundeschnauze schiebt. Dann wird es nämlich schwierig. Springt Ihr Hund schon im Welpenalter Familienmitglieder an oder rennt er ihnen bettelnd hinterher und wird dieses Verhalten stets aufs Neue mit Aufmerksamkeit –

in welcher Art auch immer – bestätigt, müssen Sie später mehr Zeit in gutes Training investieren, um ungeliebtes Verhalten wieder loszuwerden. All das sollten Sie schon im Vorfeld bedenken und mit der Familie besprechen.

4) Tierische Mitbewohner

Gibt es in Ihrem Haushalt weitere Haustiere? Ist eines dieser Tiere schon sehr alt oder hat besondere Bedürfnisse? Dann sollte Ihr neuer Hund von Anfang an lernen, diese Bedürfnisse zu respektieren. Helfen kann Ihnen dabei ein qualifizierter Trainer, der mit dem zukünftigen Familienmitglied ein paar vorbereitende Übungen absolviert. Falls Sie schon einen Hund haben, sollten Sie zudem darauf achten, dass sich Ihr Zweithund vom Ersthund keine Verhaltensweisen abguckt, die vielleicht (noch) nicht erwünscht sind. Junge Tiere lernen viel und schnell durch Beobachtung, sei es von Artgenossen oder von uns Menschen. Das betrifft vor allem auch das Jagdverhalten. Es wäre daher keine gute Idee, einen jagdaffinen Ersthund mit seinem neuen Mitbewohner ohne Leine in den Wald zu schicken.

Gut zu wissen

Kraftvolle Kombination?

Worte oder Gesten, was funktioniert besser? Wissenschaftler haben herausgefunden, dass man mit einer Kombination aus beidem am erfolgreichsten ist. Im Rahmen eines simplen Experiments sollten Hundebesitzer ihre Vierbeiner dazu ermuntern, Gegenstände zu apportieren. Das Ergebnis: Am schnellsten und zuverlässigsten klappte es bei den Tieren, die von Frauchen oder Herrchen mit einem Fingerzeig und zugleich mit einem motivierenden Wortsignal losgeschickt wurden.

5) Rassespezifische Bedürfnisse

Informieren und austauschen sollten Sie sich innerhalb Ihrer Familie auch über die Körpersprache und die rassespezifischen Bedürfnisse Ihres neuen Hundes: Wie viel Platz und Freiraum braucht ein junger Vierbeiner, damit er sich nicht bedrängt fühlt und ausweichen kann? Was bedeutet es, wenn er leise grummelt oder sich plötzlich sein ganzer Körper versteift – und wann wird's vielleicht sogar gefährlich? Vor allem auch für Kinder sind diese Fragen interessant und wichtig. Nur wenn sie lernen, die Signale des Hundes wahrzunehmen und richtig zu deuten, können sie seine Bedürfnisse erkennen und sich entsprechend verhalten. Hier sind Eltern in der Verantwortung, ihr Wissen weiterzugeben und immer ein Auge auf Kind und Hund zu haben, wenn diese miteinander interagieren.

POSITIVE LERNEFFEKTE DURCH FREUDE UND ENTSPANNUNG

Studien haben gezeigt, dass Hunde neues Wissen und neue Fähigkeiten schneller und nachhaltiger abspeichern, wenn sie emotional erregt sind. Je nach Situation kann es sich dabei natürlich um einen positiven oder negativen Erregungszustand handeln. Daher muss man sich hier unbedingt beide Seiten der Medaille ansehen: Einerseits, auch das haben Wissenschaftler herausgefunden, verfestigt sich Gelerntes schneller, wenn Hunde nach dem Training mit anderen Artgenossen fröhlich herumtollen dürfen. Gutes Spiel (→ Seite 82) unterstütz den Lernprozess also positiv. Andererseits kann es auch passieren, dass unschöne Erlebnisse den Lernprozess negativ beeinflussen: So kann etwa eine schlecht geführte Welpenspielgruppe für Hundekinder schnell zum Albtraumszenario werden.

Der Wohlfühlfaktor beim Training

Auch ausreichend Schlaf kann dabei helfen, neues Wissen zu verarbeiten und abzuspeichern. Ob Ruhe den Lernprozess noch besser unterstützt als das Spielen, konnte allerdings bislang nicht eindeutig geklärt werden.

Im Jahr 2017 wollte man dieser Frage mit gleich zwei unterschiedlichen Studien genauer auf den Grund gehen: Eine kam zu dem Ergebnis, dass Hunde, die sich nach dem Training ausruhten, besser und schneller lernten als ihre Artgenossen, die nach dem Üben herumtollen durften. Ein anderes Experiment wiederum ergab genau das Gegenteil: Hier hatten die spielenden Hunde in puncto Lernerfolg die Nase vorn. Naheliegend ist, dass es hier vorrangig um die Qualität des Spiels und nicht um wahlloses Umherrennen geht.

Ohne Ruhephasen geht es nicht

Und was bedeutet das für Hundehalter? Am besten bieten Sie Ihrem vierbeinigen Freund nach dem Training abwechselnd beides an – mal Erholung, mal Vergnügen. Ausschlaggebend ist nicht zuletzt (und wie bereits erwähnt), welche Qualität Spiel und Schlaf haben. Darüber hinaus spielt natürlich auch der generelle Wohlfühlfaktor während und nach dem Training eine wichtige Rolle.

Hunde lernen, wie auch wir Menschen, recht unterschiedlich. Fest steht jedoch, dass chronisch gestresste Säugetiere Neues schlechter erlernen und sogar bereits Erlerntes wieder vergessen können. Loben wir einmal ein Verhalten und strafen es im nächsten Moment ab, belohnen wir im falschen Zeitpunkt, oder sind wir nicht eindeutig in unserer Kommunikation, führt das beim Vierbeiner zu Stress und folglich zu schlechteren Lernerfolgen.

Wichtig ist, dass Sie Ihren vierbeinigen Liebling bei der Ausbildung und beim Training nicht überfordern. Die jeweiligen Übungseinheiten sollten daher nicht zu lang oder anstrengend sein. Zudem sollte sich Ihr Hund im Anschluss immer wieder ausreichend und gut erholen können.

STRESSFREI DURCH DIE *Welpenzeit*

Endlich ist es so weit, Ihr neuer Hund zieht bei Ihnen ein! Auf Sie und Ihren kleinen Vierbeiner warten jetzt Wochen und Monate voller Freude, aber auch voller Herausforderungen.

WELPEN IM JAGDFIEBER

Heute schon an morgen denken!

Die ersten Wochen im neuen Zuhause sind für Hundebabys prägend. Jetzt werden wichtige Weichen gestellt, um unerwünschtes Verhalten im Erwachsenenalter zu verhindern.

> »Ich sehe einen Hund graben,
> das muss doch einen Grund haben.«
>
> GRAFFITO

Wie lange gelten junge Hunde eigentlich als Welpen? An dieser Frage scheiden sich die Geister. Meist kommt man überein, dass das Welpenalter mit dem Einsetzen der Pubertät zu Ende geht. Ähnlich wie beim Menschen, kommt aber nicht jedes Tier zur gleichen Zeit in die »Adoleszenz«, also in die Lebensphase zwischen Jugend und Erwachsenenalter. Als Mittelmaß wird hier gerne der sechste Monat genannt. Sobald dieses Alter erreicht ist, sind die meisten Hunde keine Babys mehr.

VOM BAUCH DER MAMA BIS ZUR ERSTEN WOCHE ZU HAUSE

Wenn Sie einen Hund ausgewählt haben, dessen Elterntiere bekannt sind, oder diesen vom professionellen Züchter holen, haben Sie einen entscheidenden Vorteil: Sie können vom ersten Tag an auf die jagdliche Entwicklung Ihres neuen Vierbeiners Einfluss nehmen. Sind Sie sicher, dass Sie den Hund später nicht jagdlich führen wollen? Dann sollten Sie das den Besitzern der Mutterhündin bereits im Vorfeld mitteilen. Zudem können Sie sich informieren, ob und in welchem Umfang die Elterntiere jagdlich motiviert sind.

Es ist heute längst nicht mehr so, dass reinrassige Jagdhunde ausschließlich an Jäger verkauft oder abgegeben werden. Meist wird jedoch der Jagdinstinkt aller Welpen eines Wurfs gleichermaßen gefördert. Hat ein Hundebaby also bereits in den ersten Wochen Gelegenheit, Hühnern, Katzen oder anderen Tieren hinterherzujagen, lernt es sehr früh, auch Wild interessant zu finden. Für Sie kann das später deutlich mehr Arbeit bedeuten!

Nehmen Sie also frühzeitig mit dem Züchter Kontakt auf und informieren Sie ihn über Ihre Pläne: Sie wünschen sich einen Familienhund? Dann wäre es besser, ihn bereits als kleines Hundebaby an Staubsauger, Waschmaschine, Rasenmäher oder an herumlaufende Kinder zu gewöhnen.

In den ersten Tagen muss sich Ihr Welpe erst an sein neues Zuhause gewöhnen. Geben Sie dem kleinen Hund dafür die Zeit, die er braucht – und nehmen Sie Rücksicht auf eventuelle Ängste und Unsicherheiten.

Das Hundebaby zieht ein

Aber auch mit Ihrem neuen Familienmitglied sollten Sie bereits so früh und so oft wie möglich Kontakt aufnehmen: Besuchen Sie den kleinen Racker also schon beim Züchter oder bei der Familie, in der er zur Welt kommt. Beschäftigen Sie sich mit ihm und lassen Sie ihn (freiwillig) Ihren Geruch aufnehmen.

Am Tag der Abholung sollten Sie für den Transport dann folgende Dinge dabeihaben:

- Wasser und Napf
- Küchenrolle
- Behältnis für verschmutzte Tücher
- Brustgeschirr in passender Größe sowie eine drei Meter lange Leine (→ Seite 131)

Holen Sie den Welpen bei Tageslicht ab und lassen Sie ihn möglichst auch bei guter Sicht in sein neues Zuhause einziehen. Bitte bedenken Sie, dass dem Hund die neue Umgebung und all die Reize, die dort auf ihn einprasseln, noch völlig fremd sind: Autos, Fernseher, Waschmaschinen, flatternde Tauben in der Stadt, Skateboards etc. Schlimmstenfalls fühlt er sich, als sei er gerade von Außerirdischen entführt und in eine Lichtjahre entfernte Galaxie verschleppt worden. Gehen Sie die Sache daher langsam an und nehmen Sie Rücksicht auf die anfänglichen Ängste und Unsicherheiten des Neuankömmlings.

Sicherheit geht vor!

Hundekinder können sich rasch erschrecken und sich dann – schlecht ausgerüstet – in große Gefahr bringen. So ist es schon häufig passiert, dass Welpen aus einem zu großen Halsband oder Hundegeschirr herausgerutscht und dann in Windeseile auf die Straße gelaufen oder einem Nachbarn vor den Rasenmäher gesprungen sind. Stellen Sie daher sicher, dass Sie bereits vor Abholung Ihres kleinen Vierbeiners die passende Ausrüstung zu Hause haben. Eine kleine Einkaufsliste habe ich Ihnen auf Seite 65 zusammengestellt.

Zu Beginn empfiehlt es sich, den Welpen im Freien doppelt zu sichern, also mit Brustgeschirr und zusätzlich mit einem weichen Halsband. Zudem sollten Sie ihn draußen nur an der Leine führen. Hat der Hund einmal die Erfahrung gemacht, dass er Ihnen – etwa durch abruptes Stehenbleiben oder im Rückwärtsgang – entwischen kann, wird er das zukünftig immer wieder versuchen und Ihnen das Leben schwerer machen. Informieren Sie sich gerne vorab im Fachhandel, welche Ausrüstung sich für Ihren Welpen (auch im Hinblick auf Rasse und Größe) am besten eignet.

Sanfter Start im neuen Zuhause

Nicht zuletzt kann sich schlechtes Equipment auch ungünstig auf die Lernerfahrungen des Hundes auswirken: Wird der kleine Wirbelwind immer wieder ruckartig von der Leine ausgebremst, sobald er in sein Halsband springt, wird er dabei stets ein unangenehmes Druckgefühl im sensiblen Halsbereich spüren (→ Seite 130). Das kann einerseits zu Schilddrüsenerkrankungen, Wirbelproblemen oder anderen Verletzungen führen. Andererseits schaden so viel Aufregung und negativer Stress aber auch der Psyche des Hundes.

Anfangs möchte Ihr Welpe sehr wahrscheinlich voller Begeisterung allen anderen Individuen entgegenstürmen. Wird dies aber jedes Mal mit einem Schreck- oder gar Schmerzreiz kombiniert, wird ihm die Freude bald vergehen und in Frust oder später vielleicht sogar in Aggression umschlagen.

Gut zu wissen

Dinge, die Ihr Welpe braucht

Bevor Sie Ihr Hundebaby abholen, sollten Sie ein paar essenzielle Dinge einkaufen: Zur Grundausrüstung zählen ein gut sitzendes Brustgeschirr, das bereits vor Abholung des Hundes anprobiert und eingestellt wird, eine drei Meter lange, nicht allzu schwere Leine mit kleinem Karabiner und Handschlaufe, mindestens ein Ruheplatz sowie eine Futter- und Wasserschüssel, die Sie auch unterwegs verwenden können.

Als Ruheplatz können Sie entweder eine Decke oder eine Hundebox besorgen. Die Decke, die Ihr Welpe kennenlernt, wird er auch als Erwachsener mögen. Sie sollte von Anfang an nicht zu klein, waschbar und aus einem Material sein, das sich nicht statisch auflädt.

Wichtig sind zudem welpenfreundliches Spielzeug (→ Seite 85) und ein Reinigungsmittel für kleine Notfälle. Denken sollten Sie auch an qualitativ hochwertiges Welpenfutter und geeignete Leckereien. Welche Sorte oder Marke? Hier erkundigen Sie sich am besten bei einem Tierarzt oder einem Ernährungsberater Ihres Vertrauens.

Setzen Sie also so früh wie möglich den richtigen Grundstein und gehen Sie sanft mit Hundeleine, Halsband und Brustgeschirr um (→ Seite 138). Lassen Sie den Welpen alles beobachten, und loben Sie ihn, wenn er bei Ihnen bleibt. Das gilt für alle Arten von Begegnungen – ganz gleich ob mit anderen Hunden, Menschen oder Wildtieren. Sie sind der sichere Hafen Ihres neuen Familienmitgliedes, seine Vertrauensperson und ab sofort dafür zuständig, dass es die Welt positiv kennenlernt und interessiert erkunden kann.

Wenn Sie hingegen beim Anblick von Füchsen, Hasen oder Rehen jedes Mal selbst in blanke Panik ausbrechen, hat Ihr Hund gar keine Chance, diese Individuen als normale Erdenbewohner kennenzulernen. Vielleicht wissen Sie noch zu wenig über Wildtiere und sind unsicher, wie sich diese je nach Jahreszeit verhalten und fortpflanzen? Dann sehen Sie gerne auf der Homepage des für Ihre Gegend zuständigen Jagdverbandes nach.

Der Jäger-Tipp

Ihr zukünftiger Jagdbegleiter

Überlegen Sie bereits vor Auswahl des Hundes, wo Sie mit ihm arbeiten möchten und welche Aufgaben er in Zukunft für Sie übernehmen soll. Wenn Sie vorwiegend Hochwild (etwa Rehe oder Rotwild) bejagen wollen, lohnt es sich jetzt schon, Läufe oder andere Wildteile für die kommenden Wochen zu sammeln und diese »ins Spiel zu bringen«, sobald der neue kleine Jagdhund bei Ihnen einzieht. Besprechen Sie die gewünschten Einsatzgebiete unbedingt von Anfang an auch mit der Familie, in der der Welpe zur Welt kommt.

Die ersten Tage – eine kleine Ewigkeit für einen Welpen

Daheim angekommen, sollten Sie Ihrem kleinen Racker zwei bis drei Tage Zeit geben, damit er sein neues Zuhause in Ruhe inspizieren kann. Machen Sie ihn mit engsten Familienmitgliedern bekannt, aber vermeiden Sie große Ausflüge oder familiäre Begrüßungspartys, um ihn nicht zu überfordern.

Welpen können noch nicht richtig einordnen, wie wir Menschen ticken und welche Individuen sie überhaupt unserer Spezies zurechnen können. Schließlich gibt es kleine, dicke und dünne Zeitgenossen, manche haben einen Bart, andere tragen Pudelmützen, Flip-Flops oder einen Regenschirm. Die einen bewegen sich auf zwei Beinen fort, andere auf einem Fahrrad. Kein Wunder, dass das für Hundekinder verwirrend sein kann.

Noch dazu wissen selbst viele Zweibeiner, die schon seit Jahrzehnten auf unserem Planeten unterwegs sind, immer noch nicht so recht, wie ihre Mitmenschen denken, fühlen, kommunizieren und handeln. Wie soll das dann ein zehn Wochen altes Hundebaby bereits richtig einschätzen können? Menschliche Körpersprache, Mimik, gesprochene Signale: Das alles ist für kleine Hunde Neuland und will erst mit viel Geduld erforscht werden.

Wichtige Weichen für die Zukunft

Die ersten Tage zu Hause können Sie nutzen, um sich Gedanken über das weitere Leben des Kleinen zu machen. Bedenken Sie dabei stets: Dinge, die Ihr Hund im Erwachsenenalter nicht (mehr) tun soll, dürfen Sie im Welpenalter nicht fördern. Das gilt für kuscheliges Übernachten im Federbett oder wildes, unvorsichtiges Spielen mit Kindern ebenso wie für das Jagdverhalten. Wenn Ihr Hündchen mal wieder genussvoll aufs Sofa hüpft, sollten Sie natürlich auf Bestrafung und Schelte verzichten, das habe ich ja bereits mehrfach betont.

Andererseits ist Konsequenz in der Hundeerziehung unumgänglich: Wenn Sie nicht möchten, dass Ihr 40 Kilogramm schwerer Mischlingsrüde später schnarchend auf der Couch liegt, obwohl Sie sich dort gerade entspannt zurücklehnen und ein gutes Buch lesen wollten, müssen Sie schon jetzt gegensteuern. Am besten machen Sie sich eine Liste mit all den Dingen, die das erwachsene Tier später tun soll bzw. darf – oder auch nicht. An diesem Leitfaden können sich dann alle engen Bezugspersonen des Hundes orientieren.

Anfangs sind alle Welpe klein und unwiderstehlich süß. Wirkt man unerwünschtem Verhalten aber nicht frühzeitig entgegen, kann sich das später rächen.

Wer ruht, jagt nicht

Auch lohnt es sich, mit Ihrem Welpen bereits frühzeitig Entspannungs- aber auch kleine Impulskontrollübungen zu trainieren. Um den Hund nicht ständig von Plätzen verweisen zu müssen, auf denen er eigentlich nicht liegen soll, zeigen Sie ihm jetzt schon, welche Zone nur für ihn reserviert ist. Bedenken Sie, dass dieser Platz ein Ort sein sollte, an dem der Hund auch wirklich ungestört ist. Es empfiehlt sich ein Eckplatz. Hier ist Ihr Vierbeiner für sich, hat aber trotzdem einen guten Überblick auf sein »Menschenrudel«. Ist dieser Platz – damit ist im übertragenen Sinne natürlich auch die Decke oder die Hundebox gemeint, die sie dort hinlegen oder aufstellen – einmal etabliert, können Sie ihn auch gut auf Reisen oder ins Grüne mitnehmen.

Der besondere Tipp

Übernachten in der Hundebox?

Entgegen der Meinung vieler Züchter und Trainer halte ich es nicht für sinnvoll, einen Welpen gleich in der ersten Nacht in einer Box einzusperren. Das Hundebaby wurde gerade erst von seiner Ursprungsfamilie getrennt, vermisst seine gewohnte Umgebung und braucht jetzt kein »Gefängnis«, sondern Wärme und körperliche Nähe. Auch die Aussage, dass Welpen rascher stubenrein werden, wenn man sie in einer verschlossenen Box übernachten lässt, gilt heute zum Glück als veraltet und kann junge Hunde sogar nachhaltig traumatisieren.

Eine Möglichkeit ist, die erste Nacht mit dem Welpen auf einer Matratze am Boden zu schlafen. Sollten Sie den erwachsenen Hund nicht im Menschenbett dulden wollen, bleibt diese Zone von Anfang an tabu.

An jedem Ort Erholung finden

Wichtig ist, dass Ihr Tier immer einen Ort hat, an dem es auch an anstrengenden Tagen gut zur Ruhe kommen kann. Bitte bedenken Sie, dass dies ein Bereich werden soll, an dem sich Ihr Hund gerne und freiwillig zurückzieht. Wie Sie einen Ruheplatz etablieren und es schaffen, dass sich Ihr Welpe dort schon bald sogar richtig wohlfühlt, erfahren Sie in der nachfolgenden Übung (→ Seite 72).

Ein gut antrainierter Entspannungsplatz ist übrigens auch auf Ausflügen Gold wert. Hat Ihr Welpe erst einmal gelernt, dass es immer einen Ruheplatz für ihn gibt, auf dem er sich zurückziehen und erholen kann, steht kleinen Exkursionen oder auch einem Besuch bei Freunden nichts mehr im Wege. Im Idealfall können Sie Ihren Hund an jedem x-beliebigen Ort auf seine Decke schicken – und er wird seinen Ruheplatz mit Freude annehmen und dort neue Kraft tanken.

Berücksichtigen Sie aber immer: Ihr kleiner Hund befindet sich noch in der Wachstumsphase, und sein Bewegungsapparat ist noch nicht so belastbar. Hundebabys benötigen daher viele Pausen und sollten durch zu lange Laufstrecken nicht überfordert werden. Seien Sie daher umsichtig mit Ihrem neuen Familienmitglied und lassen Sie sich von einem Tierarzt gut beraten. So ersparen Sie Ih-

Egal, ob Decke oder Hundebett: Wichtig ist, dass Ihr Welpe immer einen Ort hat, an dem er sich zurückziehen und nach anstrengenden Stunden wieder zur Ruhe kommen kann.

rem Hund gesundheitliche Probleme wie etwa Dysplasien. Dabei handelt es sich um krankhafte Veränderungen, die während der Wachstumsphasen an den Hüft- oder Ellbogengelenken auftreten und Vierbeiner für den Rest ihres Lebens beeinträchtigen können.

Wenn's beim Training noch hakt

Aller Anfang ist schwer, und vielleicht werden Sie in den ersten Wochen oder Monaten feststellen, dass Ihr Training noch nicht wirklich rund- und nach Plan läuft. Das kann unterschiedlichste Gründe haben.

Einer der am weitesten verbreiteten Fehler ist, gar keinen Plan zu haben! Sie sollten sich daher im Vorfeld Gedanken machen: Wie wollen Sie Ihre Signale benennen? Verwenden Sie diese (oder eventuell auch nur Wortbestandteile eines Signals) bereits im Zusammenhang mit anderen Übungen? Und wie sollen die Sichtzeichen zu den jeweiligen Signalen aussehen? Außerdem ist wichtig, dass Sie sich im Klaren darüber sind, was Ihr Hund genau tun soll, wann und wie Sie ihn belohnen und wie oft Sie eine Übung wiederholen.

Die häufigsten Fehlerquellen

Auch die Zusammenstellung der Übungen ist relevant, da das Training für den Hund – und natürlich auch für Sie – kurzweilig und spannend bleiben soll. Zudem empfiehlt es sich, in einer Übungssession energiegeladenere mit

Nicht verzagen, wenn beim Training noch nicht alles rundläuft: Die Checkliste rechts hilft Ihnen bei der Vermeidung typischer Anfängerfehler.

ruhigeren Einheiten zu mischen. So können Sie etwa die Übung »Bällezauber« (→ Seite 126) wunderbar mit der Übung »Entspannungsplatz« (→ Seite 72) kombinieren.

Nachfolgend habe ich Ihnen eine kleine Liste mit typischen Fehlern und Fehlerchen zusammengestellt, die insbesondere Anfängern häufiger beim Training unterlaufen:

- Vergessen der richtigen Ausrüstung bzw. mangelhafte Ausrüstung.
- Verwendung von Kekstüten bzw. Leckerchen in Plastiktüten, die dann rascheln und den Hund ablenken.
- Belohnungen sind nicht griffbereit, ungünstig verstaut oder falsch portioniert (zu große Leckerchen oder riesige Belohnungsbeutel, auf die der Hund ständig starrt). So ist es unmöglich, den Hund genau im richtigen Moment zu belohnen.
- Der Belohnungsort bzw. Futterpunkt wird nicht richtig gewählt (→ Seite 51).
- Belohnung ist nicht hochwertig genug und daher für den Hund nicht attraktiv.
- Liebloses Belohnen des Besitzers.
- Stress bzw. Überforderung vor, während oder nach dem Training.
- Anspannung und schlechte Laune der Besitzer, die sich auf den Hund überträgt.
- Zu viel Druck im Training und zu hohe Erwartungshaltung der Besitzer.
- Keine oder zu wenige Pausen, bzw. Pausen werden zum falschen Zeitpunkt gesetzt.
- Training trotz unbefriedigter Bedürfnisse des Hundes: Er ist hungrig, durstig, muss sich lösen, ihm ist zu heiß, oder er hat körperliche Probleme bzw. Schmerzen.
- Zu viele Außenreize bzw. Ablenkung während des Trainings (Lärm, Menschen, Rummel rund um den Ort, an dem geübt wird).
- Übungsgestaltung zu leicht oder zu schwer: Der Hund ist über- oder unterfordert. Gleiches kann auch auf den Trainer zutreffen.

FRAGE & ANTWORT

Zweifelhafte Erziehungsmethoden

Im Internet habe ich viel über Methoden gelesen, mit denen man Hundekinder angeblich richtig erziehen oder zur Vernunft bringen kann. In einem Forum war beispielsweise vom sogenannten »Alpha-Wurf« die Rede, bei dem man Welpen, die nicht gehorchen, auf den Rücken dreht und dann auf den Boden drückt und fixiert. Man hört auch immer wieder, dass man Hunde, die ins Zimmer pinkeln, sofort mit der Nase in ihren Urin tauchen muss. Oder man soll sie zur Strafe einsperren, eine Zeit lang nicht füttern oder mit Wasser anspritzen. Ich habe ein ungutes Gefühl – muss ich das wirklich tun?

Nein, das müssen Sie nicht. Es wird aus guten Gründen sogar ausdrücklich davon abgeraten. Mit solchen drastischen Methoden erreichen Sie nur, dass das Hundekind in seinem Vertrauen zu Ihnen erschüttert wird.

Welche Konsequenzen es hat, wenn Sie Ihren Hund für sein Verhalten belohnen oder bestrafen, habe ich bereits im vorausgehenden Kapitel (→ Seite 46) ausführlich beleuchtet. Bei den von Ihnen beschriebenen Erziehungsmethoden handelt es sich um sogenannte »positive Strafen«, bei denen unerwünschte Verhaltensweisen mithilfe unangenehmer Reize geahndet und sanktioniert werden. Diese Herangehensweise funktioniert vielleicht für den Moment – der Hund ist verdutzt oder erschrickt und unterbricht dann seine Aktion. Langfristig wird die Verwunderung jedoch in Unsicherheit, Angst, Zorn oder sogar in Aggression umschlagen, was später mit hoher Wahrscheinlichkeit zu Problemen führt. Bedenken sollte man dabei immer auch: Ihr Hund wird allmählich abstumpfen; die Bestrafung muss daher mit der Zeit immer härter ausfallen, damit sie noch Wirkung zeigt. Ich bin mir sicher, dass Sie das nicht wollen.

Zeigen Sie dem Hund daher, wo er pinkeln darf, und loben Sie ihn, wenn er in der für ihn vorgesehenen Ecke des Gartens sein Geschäft erledigt. Kleine Missgeschicke wischen Sie am besten ohne viel Aufsehen weg. Der Trick ist also, unliebsamen Verhaltensweisen nicht allzu viel Aufmerksamkeit zu schenken. Erst recht nicht, indem Sie schimpfen oder die Situation eskalieren lassen. Will Ihr Welpe am Tischbein kauen, sagen Sie ihm einfach ruhig: »Das will ich nicht.« Zeigen Sie ihm dann ein Zerrtau, an dem er nagen darf. Nimmt er das Angebot an, loben Sie ihn wieder.

Und tun Sie bitte vor allem eines: Hören Sie auf Ihr Bauchgefühl – und befragen Sie nicht allzu oft das Internet.

ÜBUNG

»ENTSPANNUNGSPLATZ«

Für Welpen ist die neue Welt wie ein bunter Jahrmarkt, und überall warten Überraschungen, die kleine Vierbeiner auch zur Jagd animieren: Blätter, Schmetterlinge, Vögel oder Nachbars Katze. Um bereits in den ersten Tagen für Ruhe zu sorgen und unerwünschtes Jagdverhalten frühzeitig einzudämmen, empfehle ich Ihnen diese Übung.

Was Sie für die Übung brauchen

Sie benötigen eine rutschfeste Decke oder eine faltbare Textilbox – je nachdem, ob Sie lieber eine Decke oder eine Box als Ruheort für Ihren Welpen etablieren möchten. Zudem brauchen Sie Brustgeschirr und Leine sowie kleine, weiche Belohnungshappen.

Wie Sie die Übung aufbauen

Platzieren Sie die Decke vor Übungsbeginn an einem ruhigen Ort, an dem Ihr Hundekind so wenig wie möglich abgelenkt wird.

1. Leinen Sie Ihren Welpen im ersten Schritt an und nähern Sie sich dann der Decke. Kurz bevor Sie beide die Decke erreicht haben, motivieren Sie Ihren Hund mit einem Handzeichen (etwa einem Hinwinken), auf die Decke zu gehen. Sobald Ihr Hund auf seinen zukünftigen Ruheplatz steigt, loben und belohnen Sie ihn.
2. Anfangs sollten Sie nur eine kurze Verweildauer Ihres Hundes auf der Decke erwarten; ein bis zwei Sekunden sind schon ein erster Erfolg. Lösen Sie die Übung anschließend mit den Worten »Und weiter« samt Handzeichen auf und entfernen Sie sich gemeinsam mit dem Hund wieder von der Decke.
3. Nach einigen Wiederholungen dürfen Sie auch schon das gesprochene Signal »Auf die Decke« oder »In die Box« verwenden, bevor gleich im Anschluss das Handzeichen gegeben wird.
4. Nach und nach steigern Sie jetzt den Schwierigkeitsgrad der Übung: Sie erweitern die Distanz, sie verlängern die Verweildauer auf der Decke, oder Sie wählen ein Trainingsumfeld, das mehr Ablenkungen bereithält. Verändern Sie aber immer nur eines der genannten Elemente.

Distanz erweitern

Sie gehen mit dem Hund wieder in Richtung Decke, bleiben aber nun zwei (später drei, fünf usw.) Meter vor dem Ruheplatz stehen und geben erneut das Signal »Auf die Decke« mitsamt Handzeichen. Geht der Hund selbstständig die letzten Schritte zur Decke, loben Sie ihn ausgiebig, sobald er auf ihr steht, und geben ihm dann ein Leckerchen.

Achten Sie darauf, dass sich Ihr Hund während der Belohnung in der gewünschten Position auf seinem Ruheplatz befindet. Und vergessen Sie nicht, die Übung am Ende wieder mit dem gesprochenen Signal »Und weiter« aufzulösen.

Verweildauer verlängern

Sie steigern die Verweildauer Ihres Hundes auf der Decke, indem Sie Schritt für Schritt immer mehr Zeit vergehen lassen, bevor Sie die Übung mit dem gesprochenen Signal »Und weiter« wieder auflösen.

Länger auf der Decke zu bleiben, muss sich für Ihren Vierbeiner natürlich lohnen; es muss für ihn also attraktiver sein, als aufzustehen und seinen Ruheplatz wieder zu verlassen. Daher füttern Sie ihm anfangs im Abstand von etwa fünf Sekunden immer weitere Leckerbissen – solange er wie gewünscht in Position bleibt und bis Sie die Übung auflösen. Damit belohnen Sie ihn für seine Geduld. Später können Sie die Zahl der Leckerchen während der Wartezeit langsam reduzieren.

Grad der Ablenkung erhöhen

Anfangs sollten Sie in einer möglichst reizarmen Umgebung trainieren – etwa in einem ruhigen Zimmer. Später sollten Sie langsam immer mehr Ablenkungen in die Übung einbauen: Das können andere Menschen sein, Futter oder auch eine ganz andere Umgebung, etwa der eigene Garten oder ein belebter Park. Beginnen Sie mit sehr kleinen Ablenkungen und erhöhen Sie den Schwierigkeitsgrad für Ihren Hund langsam, aber stetig.

Sie steigern die Schwierigkeit, indem Sie von Ihrem Hund z. B. eine längere Verweildauer einfordern.

Belohnen Sie Ihren Welpen immer erst, wenn er in der gewünschten Position auf seinem Platz liegt.

Eine Gratwanderung: In der Welpenzeit müssen Sie Ihr Hundebaby an die vielen sozialen Anforderungen des Alltags gewöhnen, dürfen ihn gleichzeitig aber nicht überfordern.

DIE SACHE MIT DEM STRESS – EINE GRATWANDERUNG

Ist ein Individuum gestresst, nimmt es Reize intensiver wahr, alle seine Sinne sind also hellwach. Die Wahrscheinlichkeit, dass Hunde in solchen Stressphasen das Jagdfieber packt, ist weitaus höher als im Ruhezustand. Gleiches gilt für Aggressions- und Angstverhalten – beides wird übrigens häufig mit Jagdverhalten verwechselt.

Wie schnell und intensiv Ihr Liebling also in Wallung gerät, hängt von mehreren Faktoren ab. Hier spielen unter anderem die genetische Veranlagung des Hundes, Erfahrungen im Bauch der Mutterhündin, die allgemeine Sozialisierung und andere Umwelteinflüsse eine Rolle. Insbesondere in der Welpenzeit ist es wichtig, den jungen Hund an die sozialen Anforderungen des Lebens zu gewöhnen, ihn damit aber gleichzeitig nicht zu überfordern. Gewiss, das ist eine Gratwanderung, die mitunter schwierig erscheint.

Zwischen An- und Entspannung

Als Hundehalter sind Sie von Anfang an gefragt, aufregende Erlebnisse mit Entspannung auszugleichen und Ihrem Hundebaby zwischendurch immer genügend Pausen und Ruhephasen zu gönnen. Beginnt Ihr Vierbeiner, wie ein Kugelblitz durch die Gegend zu fetzen, exzessiv zu graben oder fanatisch Schmetterlingen und anderen Dinge hinterherzujagen, ist das ein sehr sicheres Anzeichen für Überforderung. Spätestens jetzt sollten Sie den kleinen Racker in eine reizärmere Umgebung bringen und für Entspannung sorgen.

Mögliche Stressauslöser

Noch besser ist es freilich, wenn unnötige Aufregung und Überforderungen gar nicht erst entstehen. Daher ist es wichtig, mögliche Auslöser zu kennen bzw. diese rechtzeitig zu identifizieren. Folgende Probleme, Situationen oder auch Verhaltensweisen ihrer Menschen können bei Hunden Stress hervorrufen:

- Krankheit bzw. Schmerzen
- Ängste und andere psychische Probleme
- Über- oder Unterforderung
- Verunsicherung und Bestrafung
- Bindungsprobleme zur Bezugsperson
- Inadäquates oder nicht vorhersehbares Verhalten der Bezugsperson
- Nicht erfüllte Grundbedürfnisse (beispielsweise Schlafmangel, Hunger, Durst, sich nicht lösen dürfen)
- Pubertät und andere hormonelle Veränderungen und Entwicklungen
- Reizüberflutung

Besonders für Ersthundehalter ist es nicht immer leicht zu erkennen, ob und wann das Erregungslevel ihres Schützlings zu hoch wird. Steigt die Anspannung ein wenig, senden Hunde sogenannte »Deeskalationssignale«, in der Literatur werden sie oft auch »Beschwichtigungssignale« genannt: Die Tiere blinzeln dann, wenden ihren Blick ab, lecken sich über die Schnauze, gähnen, gehen im Bogen oder trödeln und schleichen umher. Mit diesen

Der Jäger-Tipp

Ruheplatz in freier Natur

Planen Sie schon jetzt, welche handliche Decke Sie später auf den Hochsitz mitnehmen wollen bzw. welchen Ruheplatz Sie Ihrem Hund unter einem Hochsitz bieten können. Gewöhnen Sie Ihr Tier bereits im Welpenalter an diesen Platz, so wie in der vorausgehenden Übung (→ Seite 72) beschrieben.

Üben Sie zunächst im Haus, also mit wenig Ablenkungen. Danach dürfen immer mehr Außenreize hinzukommen, bis der Welpe seinen Ruheplatz auch draußen für einige Minuten gut annehmen kann. Erhöhen Sie die Anforderungen aber nur langsam, und machen Sie immer nur ein Übungselement schwieriger: Entweder Sie verändern die Umgebung, oder Sie entfernen sich ein paar Meter. Bleibt der Welpe ruhig liegen, wissen Sie, dass die Schwierigkeit genau richtig bemessen war.

Ist das noch vergnügtes Spiel oder bereits gestresstes Zupacken? Vor allem für Ersthundehalter ist es nicht immer einfach zu erkennen, ob und wann des Erregungslevel ihres Schützlings bedenklich nach oben schnellt.

Gesten wollen Hunde ihrem Gegenüber mitteilen, dass sie eigentlich freundliche Absichten haben. Zudem dient dieses Verhalten oftmals der Selbstberuhigung. Der Einsatz dieser Signale ist jedenfalls Gold wert, weil er – bei adäquater Reaktion des Gegenübers – den Anstieg von Stress verhindert und unerwünschtes Verhalten wie Aggression oder Jagdverhalten unwahrscheinlicher werden lässt.

Wird die Situation nicht entspannt oder wird der Hund für diese Art der Kommunikation sogar bestraft, kann es passieren, dass er sie verlernt. Erwünschtes Verhalten schlägt dann oft sofort und ohne Vorankündigung in unerwünschtes um: Das Tier wirkt hyperaktiv, ist unkonzentriert, reizbar und impulsiv. Signale werden auffällig häufig nicht befolgt, oder der Hund verletzt sich sogar selbst.

Signale des Hundes beachten!

All diese Symptome sind neben Zittern, Hecheln oder Verdauungsproblemen typisch für ein gestresstes Nervensystem. Dauert der Stresszustand sehr lange an und tritt zwischendurch keine Erholung ein, wird der gesamte Hundeorganismus stark belastet. Das Tier wird höchstwahrscheinlich krank und

»Natürlich kann ein Hundeleben nicht tagtäglich nur entspannt sein. Das ist auch gar nicht ratsam.« ALEXANDRA WISCHALL-WAGNER

kann schlimmstenfalls sterben. Zu viel Stress ist für Ihren Vierbeiner also nicht nur schädlich, sondern kann sogar tödlich sein.

Auf die Dosis kommt es an

Natürlich kann ein Hundeleben nicht tagtäglich nur entspannt sein. Das ist auch gar nicht ratsam. Stress hilft uns Säugetieren zu überleben, wenn Gefahr droht, und wirkt sich sogar (wenn er nicht zur Dauerbelastung wird) positiv auf das Immunsystem aus. Ein kurzzeitiges Verlassen der Komfortzone ist für unsere Hunde daher, ähnlich wie für uns Menschen, oft erquickend und stärkend. Auch sie müssen lernen, mit aufregenden, stressigen Situationen umzugehen und klarzukommen.

Stabile Bindung als Fundament

Dank Ihrer Hilfe wird sich Ihr Liebling im Laufe seines Lebens verschiedenste Werkzeuge und Fähigkeiten aneignen, die ihn im Ernstfall beruhigen. Als Welpe fehlen ihm aber noch die nötigen Strategien, und er weiß auch noch nicht genau, wie er sich verhalten soll, wenn seine Menschen gestresst sind.

Heute weiß man, dass die Befriedigung sozialer Bedürfnisse in der Mensch-Hund-Beziehung weitaus wichtiger ist als materielle Güter wie z. B. Nahrung. Mit emotionaler Unterstützung, Ihrer Zuneigung und dem Angebot eines sicheren Hafens stellen Sie Bindung her und sorgen dafür, dass sich Ihr Welpe auf einem soliden Vertrauensfundament zum guten, angstfreien Sozialpartner entwickelt.

Gut zu wissen

Fremdelphasen

Reagiert Ihr Hund nicht mehr auf eintrainierte Signale? Das könnte auch an einer der sogenannten »Fremdelphasen« liegen. In der Regel treten sie fünfmal im Laufe eines Hundelebens auf.

Die erste Fremdelphase durchläuft der Welpe mit circa acht Wochen: Sein Misstrauen wächst plötzlich, und alles Neue wird nur noch vorsichtig angenommen. Auch im dritten bis vierten Monat verspüren viele Welpen phasenweise das Bedürfnis, sich zurückzuziehen, während im siebten Lebensmonat das Interesse an bewegten Objekten und am Nachjagen stark zunimmt. Mit zwölf Monaten werden Hundekinder dann meist erneut schreckhafter: Auch längst bekannte Dinge können ihnen schlagartig wieder Angst machen. Die letzte Unsicherheitsphase tritt häufiger im Alter von etwa zwei Jahren auf und kann erneut zu Verhaltensweisen führen, die Ihnen seltsam vorkommen.

Bevor Sie also in Panik verfallen oder Ihren Hund von Tierarzt zu Tierarzt schleppen, bedenken Sie bitte: Es könnte auch nur eine Fremdelphase sein.

ÜBUNG

»SICHERER HAFEN«

In dieser Übung möchte ich Ihnen das Ruhesignal »Bei mir« vorstellen. Es dient dazu, den Hund in stressigen Situationen in Ihrer Nähe zu halten und ihm Sicherheit, Geborgenheit und soziale Unterstützung zu geben. Gut eingelernt, kann dieses Signal auch jederzeit bei Aufregung im Wald oder am Wild eingesetzt werden.

Was Sie für die Übung brauchen

Für den Aufbau dieses Signals benötigen Sie vor allem ein paar stressfreie Minuten. Wählen Sie also Übungsmomente, in denen der Hund von sich aus ruhig und gelassen ist.

Wie Sie die Übung aufbauen

Ihr Welpe sitzt, liegt oder steht entspannt neben Ihnen. Er kann seine Umgebung beobachten, es sollte aber keine störenden Außenreize (andere Menschen, Hunde, Wildtiere oder ablenkende Geräusche und Gerüche) geben, auf die er sensibel oder unsicher reagiert.

1. Befindet sich Ihr Vierbeiner in unmittelbarer Nähe, geben Sie ihm nun mit beruhigender Stimme das Signal »Bei mir« und greifen anschließend zärtlich zu Ihrem Hund hinunter. Dabei legen Sie Ihre Hand vorsichtig an seine seitliche Schulter oder an seine Brust. Verweilen Sie kurz in dieser Position und lösen Sie das Signal dann mit »Und weiter« auf.
2. Jetzt stärken Sie das Signal und üben in unterschiedlichen Situationen – den Grad der Ablenkung halten Sie dabei aber weiterhin gering. Nach und nach verlängern Sie nun auch die Verweildauer Ihres Hundes bei Ihnen und lassen Ihre Hand immer länger an seiner Seite bzw. an seiner Brust ruhen. Etwas später können Sie dann auch die Außenreize steigern, also in einem belebteren Umfeld üben.
3. Ihr Hund lernt, das Signal und das Auflegen der Hand mit einem entspannten Zustand zu verknüpfen. Später können Sie die Übung auch einsetzen, um Ihren Hund sicher und entspannt zur Seite zu nehmen, beispielsweise beim Spazierengehen, wenn gerade mehrere Hasen vor Ihnen übers Feld flitzen.

Was Sie beachten sollten

Ihr Hund befindet sich nun in einer Phase, in der er das »Faktotum Mensch« studiert. Alles

Mit dem Signal »Bei mir« können Sie Ihren gestressten Welpen rasch beruhigen. Das Training stärkt zudem die Bindung zwischen Mensch und Hund.

was Sie tun, ist für Ihren neuen Freund interessant und sorgt für Erstaunen oder Aufregung. Seien Sie sich dessen bewusst und zeigen Sie Ihrem kleinen Wegbegleiter die seltsamen Dinge des menschlichen Lebens.

Bindung und Vertrauen stärken

Für manche Hundekinder ist es in den ersten Monaten gar nicht so angenehm und einfach, körperliche Nähe zum Menschen zuzulassen. Machen Sie sich darauf gefasst, dass dies vielleicht auch bei Ihnen Frust auslöst, da Sie sich doch so sehr auf den Welpen gefreut haben.

Diese Übung wird Ihnen jedenfalls helfen, Kontakt aufzubauen. Liebevoll antrainiert, festigt das Signal »Bei mir« zudem die Bindung und verleiht Ihnen beiden ein gutes Gefühl bei körperlicher Nähe.

Der besondere Tipp

Neue, seltsame Dinge

Autos, Waschmaschinen, schnatternde Gänse oder Kinder auf Rollern: All das kann kleine Hundekinder beunruhigen oder ihnen sogar richtig Angst machen. Dinge, die Ihrem Welpen nicht ganz geheuer sind, sollten daher liebevoll und in aller Ruhe angeschaut werden. Geben Sie Ihrem Welpen dazu immer wieder die hier beschriebene Übung »Sicherer Hafen« an, und geben Sie ihm die Möglichkeit, sich im Ernstfall zurückzuziehen oder Reißaus zu nehmen.

Im Idealfall legt sich die Aufregung nach kürzester Zeit, und Ihr Tier gewöhnt sich an die neuen, seltsamen Dinge. Überfluten Sie Ihr Hundekind aber bitte niemals mit zu vielen Reizen und bringen Sie Ihrem Liebling die Wunderwerke des Alltags in kleinen Dosen näher. Der Hundetrainer Ihres Vertrauens wird Ihnen dabei helfen, seltsame Dinge behutsam vertraut zu machen.

SPIELEN UND LERNEN

Damit Spaß nicht in Frust umschlägt

Ist das noch Vergnügen oder bitterer Ernst? Und wie können Sie Ihren kleinen Jagdhund vor Überforderung schützen? Das und mehr erfahren Sie in diesem Kapitel.

»Etwas Gescheiteres kann einer doch nicht treiben in dieser schönen Welt, als zu spielen.«

HENRIK IBSEN

Das Welpendasein ist bestimmt gar nicht so einfach. Überall gibt es neue Eindrücke, alles duftet, glänzt, knistert und raschelt, fühlt sich mal weich, mal hart an. Und dann sind da auch noch all die Lebewesen, die sich auf den Straßen und Wegen, im Park und auf Feldern und Wiesen tummeln – oder sogar durch die Luft flattern!

Kurz gesagt: Es gibt unendlich viel zu erleben, zu erkunden und zu lernen. Kein Wunder, dass Hundebabys oftmals über ihre eigenen Grenzen gehen und (ähnlich wie so manches kleine Menschenkind) aus Erschöpfung überdrehen. Sie rasen und springen minutenlang umher, schnuppern an jeder Ecke, wollen überall hineinzwicken oder Dinge klauen.

Aber auch schon die ersten Ansätze von Jagdverhalten können im Welpenalter als Folge einer Reizüberflutung eintreten. Versuchen Sie daher herauszufinden, an welchem Ort und in welcher Position Ihr kleiner Freund besonders gut wieder ein paar Gänge runterschalten und zur Ruhe kommen kann. Wenn Sie den Eindruck haben, Ihr Welpe überdreht gerade, sollten Sie ihn jedenfalls ausbremsen und in eine reizärmere Umgebung bringen. Leichter gesagt als getan – vor allem, wenn Ihr Hund gerade wie ein Berserker durchs Wohnzimmer oder quer durch den Garten tobt!

KLEINEN WIRBELWINDEN SOUVERÄN GRENZEN SETZEN

In solchen Phasen wirkt es oft Wunder, wenn Sie Ihren Hund mit ein paar duftenden Leckerlis ablenken, ihm ein Halsband oder Brustgeschirr anlegen und ihn dann an die Leine nehmen. Anschließend setzen Sie sich gemeinsam an einen ruhigen Platz.

Ein deutliches, aber bitte nicht gebrülltes »Jetzt ist Ruhe!« kann dem Kleinen zusätzlich helfen, die Situation richtig einzuordnen und zu verstehen. Er weiß dann, was jetzt gemacht und von ihm erwartet wird, nämlich ruhiger zu werden, sich neben seinen Menschen zu legen und erst wieder aufzustehen, wenn Frauchen oder Herrchen das Ritual nach etwa zwei

Minuten mit »Und weiter« oder einem anderen aktiven Signal auflöst.

Richtig spielen – so klappt's!

Ähnliches gilt auch für ausgelassene »Halligalli«-Minuten mit anderen Hunden. Hier sollten immer wieder Ruhepausen eingelegt werden. Welpen, die eine halbe Stunde oder länger ununterbrochen mit ihren Artgenossen herumtollen, sind nicht nur erschöpft. Es besteht auch die Gefahr, dass sie andere Hunde mobben oder von ihnen gemobbt werden. Schnell kann so aus einem heiteren Rennspiel ein unerwünschtes Jagdspiel werden, dem sich mehrere Hunde anschließen. Meist wird gar nicht gesehen, dass der am schnellsten Rennende einfach nur der Situation entkommen möchte. Helfen Sie Ihrem Hund, und machen Sie auch anderen Hundehaltern klar, dass gutes Spiel immer abwechselnd stattfindet.

Ob und wann ein Spiel zu wild wird und aus dem Ruder läuft, kann man recht leicht erkennen: Es findet nicht mehr freiwillig und unter fairen Bedingungen statt. Die Rollen der mitspielenden Hunde wechseln sich also nicht mehr ab, sondern einer ist immer der Jagende oder der Gejagte. Wenn das passiert, sollten Sie Ihr Hundekind aus der Gruppe herausführen und eine Verschnaufpause einlegen.

Vom Kuscheln zum Zwicken

Ihr Welpe sollte aber nicht nur lernen, sich angemessen gegenüber seinen Artgenossen zu verhalten; auch im Umgang mit Menschen sollte er seine Grenzen kennen. Wieder sei angemerkt, dass damit *nicht* gemeint ist, dass Sie Ihren Hund schimpfen, schubsen, bedrohen oder auf andere Weise mit Gewalt maßregeln. Vielmehr soll er sich schon jetzt einprägen, dass es lustige Dinge nur dann für ihn gibt, wenn er sich ein wenig beherrschen kann. Konkret bedeutet das: Wildes Kuscheln oder sogar eine kleine, spielerische Rangelei sind völlig in Ordnung, wenn das weder für den Hund noch für seinen Menschen unangenehm ist. Schlägt der Welpe dabei aber über die Stränge, wird er zu ungestüm oder zwickt

Der besondere Tipp

Welpenspielgruppen

Sie müssen Ihr Hundebaby übrigens nicht zwingend in eine Welpenspielgruppe geben; es wird auch ohne unkontrolliertes Herumsausen auf einer Hundewiese gut erwachsen. Viel wichtiger ist, dass Sie Ihrem Vierbeiner geplant und einzeln den Kontakt mit anderen Hunden ermöglichen, die dabei ein souveränes, ausgeglichenes Sozialverhalten an den Tag legen. Je mehr Rassen und auch Hunde unterschiedlicher Größe Ihr Welpe kennenlernt und dabei positive Erfahrungen macht, desto besser.

und kratzt er sogar, sollten Sie Ihre Hände sofort mit einem sanften »Das will ich nicht« zurückziehen und das Spiel beenden.

Kehrt wieder Ruhe ein, kann es – jetzt aber behutsamer – weitergehen. Nach wenigen Minuten sollte die kleine Kuscheleinheit mit einem gesprochenen »Fertig« beendet und der Welpe nach draußen gebracht werden, um sein wahrscheinlich aus Aufregung drohendes Geschäft zu erledigen.

Das »Fünf-Leckerli-Spiel«

Ein guter Weg, um Ihrem Hundekind ein wenig Contenance beizubringen, ist, ihm das Warten zu erleichtern. Gut klappt das z. B. mit dem »Fünf-Leckerli-Spiel«. Es lohnt sich vor allem, wenn Ihr Welpe gerade eine für ihn sehr aufregende Situation erlebt hat. Hat er etwa einige Augenblicke zuvor auf der anderen Straßenseite einen kläffenden Artgenossen gesehen oder ist gerade ein Rabe im Tiefflug an ihm vorbeigesegelt, tun Sie Folgendes: Suchen Sie einen möglichst ruhigen Ort auf, atmen Sie beide kurz durch und lassen Sie dann im Sekundentakt fünf Leckerchen von der rechten in die linke Hand wandern.

Geduld macht sich bezahlt

Die Leckerchen bewegen sich langsam und bedächtig, eines nach dem anderen. Zählen Sie dabei gerne mit: »Eins, zwei, drei, vier, fünf.« Und achten Sie genau darauf, dass Ihr Vierbeiner Ihnen dabei interessiert zusieht. Ist die Zahl fünf erreicht, zählen Sie nochmals von

Warten will gelernt sein: Das »Fünf-Leckerli-Spiel« ist eine schöne Geduldsprobe für Ihren Hund und sorgt für Beruhigung nach aufregenden Situationen.

eins bis fünf – diesmal rutscht allerdings nach jeder gesprochenen Zahl ein Leckerchen in den Fang des Vierbeiners.

Nachdem Ihr Welpe den fünften Happen verdrückt hat, lösen Sie die Übung auf und gehen weiter. Sie werden merken, dass das Erregungslevel Ihres Hundes nach diesem kleinen Spiel schon viel geringer geworden ist.

Manche Welpen können vom Bälleschleudern gar nicht genug bekommen und entwickeln sich schnell zu regelrechten »Balljunkies«. Solche Spiele sollten Sie mit Bedacht dosieren!

Jagdhundwelpen und Familie

Leben Kinder im gemeinsamen Haushalt, achten Sie bitte von Anfang an darauf, dass die kleinen Zwei- und Vierbeiner gut und rücksichtsvoll miteinander umgehen.

Selbstverständlich sind Kinder von Welpen angetan, wahrscheinlich haben sie sich schon Monate auf das neue Familienmitglied gefreut. Da ist es nicht immer leicht zu verstehen, dass so ein Wollknäuel mindestens 20 Stunden Schlaf pro Tag benötigt, um glücklich und gesund heranzuwachsen. Auch ausgedehnte Spaziergänge sind jetzt leider noch nicht möglich, denn das überfordert den Bewegungsapparat des Hundes, der ja noch nicht ausgewachsen ist. Manche Rassen – etwa Dackel oder Schäferhund – sind diesbezüglich übrigens besonders empfindlich.

Vermeiden Sie daher in den ersten Monaten zu lange Fußmärsche und Gassirunden. Treppenstufen und zu häufiges Springen sind für die Muskeln, Gelenke und Knochen des Kleinen ebenfalls nicht gut.

Hund und Kinder im Auge behalten

Bitte erklären Sie Ihren Kindern von Anfang an, dass der Welpe tabu ist, wenn er sich zurückgezogen hat, und haben Sie immer ein Auge darauf, wenn Hund und Kind gemeinsam spielen oder Zeit miteinander verbringen. Hier sollten Zerr-, Wurf- und Hetzspiele möglichst vermieden werden. Andernfalls droht die Gefahr, dass Ihr Liebling später laufenden Kindern nachhetzt, sie bespringt oder sogar zwickt. Lernen die Kinder von Anfang an, auf die Körpersprache des Hundes zu achten und ruhig mit dem Tier umzugehen, steht einer jahrelangen Freundschaft nichts im Wege.

SPIELZEUG – EIN ZIEMLICH KOMPLIZIERTES THEMA

Etwas ausführlicher eingehen möchte ich an dieser Stelle auch noch auf eine Frage, die mir als Trainerin häufig gestellt wird: Welches Spielzeug eignet sich für kleine Hunde, insbesondere auch im Hinblick auf ihr Jagdverhalten? Und wie sollte man damit spielen?

Reichen ein paar abgebrochene Äste, herabgefallene Äpfel oder andere Dinge, die man in freier Natur oder eventuell auch im Haushalt findet? Oder wird Ihr Liebling nur mit Spielzeug aus dem Fachhandel glücklich – also mit Zerr- und Kauspielzeugen, Bällen, Wurfscheiben und ähnlichen Artikeln? Ist weniger mehr, oder sollten es möglichst viele, abwechslungsreiche Spielsachen sein, die ruhig auch herumliegen dürfen, damit Ihr Hund sich jederzeit und überall damit vergnügen kann?

Objekte der Begierde

Sie merken schon, rund um das Thema Spielzeug gibt es viele Detailfragen, die vor allem Hundehalter verunsichern, die zum ersten Mal einen Vierbeiner bei sich aufnehmen.

Gut zu wissen

Rassenunterschiede beim Spielen

Bislang gibt es nur wenige und lückenhafte Studien, die sich mit dem Spielverhalten von Welpen befassen. Interessant ist aber eine Arbeit aus dem Jahr 2017, in der mehrere Hundebabys verschiedener Rassen untersucht wurden. Mit der Studie wollte man herausfinden, welche Vorlieben die Tiere im Hinblick auf das Spielen mit Objekten und mit ihren Artgenossen haben.

Die Beobachtungen zeigten, dass sich der Weimaraner in der Gruppe bereits ab dem 15. Tag für Beißspiele unter Hundekollegen begeisterte, während der Vizsla darauf keine große Lust hatte. Andere Hunde zu jagen und mit ihnen zu rennen, war für den Husky schon ab dem 16. Lebenstag attraktiv, für den Vizsla hingegen erst ab der fünften Lebenswoche. Den Mäuselsprung wiederum fand der Golden Retriever gar nicht spannend, während Weimaraner und Husky damit bereits im Alter von 24 Tagen loslegten. Die Studie liefert zwar nur Anhaltspunkte, aber offenkundig haben Hundekinder je nach Alter und Rasse unterschiedliche Spielvorlieben.

Auch in Sachen Spielzeug gilt: Jeder Vierbeiner hat sein eigenes Faible. Die einen lieben ihr Zerrtau aus der Zoohandlung, andere Herrchens ausrangierte Jeans.

Zunächst würde ich Ihnen von herumliegendem Spielzeug und von zu vielen Spielsachen abraten. Besser ist es, wenn Sie Ihrem Welpen nur ein bis zwei Objekte geben, die ihm große Freude bereiten. Das kann beispielsweise ein Tau und ein Stofftier sein. Dieses Spielzeug sollten Sie dann aber in einem separaten Körbchen aufbewahren. Auf diese Weise lernt der Hund, wo die Gegenstände verstaut sind, mit denen er spielen darf.

Socke oder rosarotes Stofftier?

Im ersten Schritt machen Sie ihm die Objekte schmackhaft. Dabei dürfen Sie anfangs gemeinsam herausfinden, was Ihnen und Ihrem Vierbeiner besonders viel Spaß macht: Ist es das Zerrtau, auf dem gekaut werden darf und das einmal abwechselnd der Mensch und dann der Hund hält? Oder ist es vielleicht eher das rosarote Stofftier, dass der Welpe so gerne durch die Gegend schleppt? Vielleicht ist es aber auch ein verknotetes Stück einer alten Jeans oder eine abgetragene, löchrige Socke?

Beschäftigen Sie sich liebevoll mit dem Hund, lassen Sie ihn das Objekt haben und verwenden Sie gerne auch schon das entsprechende Signal (→ Seite 95). Dann tauschen Sie es gegen einen Leckerbissen ein.

Bitte vergessen Sie nie: Gutes Spiel ist für alle Beteiligten freiwillig! Zwingen Sie Ihrem Hund also nichts auf, wenn er frustriert wirkt oder sich zurückziehen will. Zudem sollten sich die Rollen beim Spielen abwechseln: Einmal sind Sie aktiv, dann wieder Ihr Welpe. Im nächsten Schritt beschäftigen Sie sich also selbst kurz mit dem Objekt und lassen den Hund währenddessen absitzen. Anschließend geben Sie ihm das Spielzeug zurück.

Beenden Sie das Spiel mit dem gesprochenen Signal »Fertig« und legen Sie den Gegenstand wieder in den dafür vorgesehenen Behälter. Holt sich der Hund das Spielzeug dann von allein, lassen Sie ihn damit spielen. Bitte achten Sie jedoch darauf, dass Ihr Hund sein

Spielzeug nicht zerkaut oder sogar frisst. Sollte sich das anbahnen, tauschen Sie erneut gegen ein Leckerchen – dann stellen Sie den Korb inklusive Spielzeug vorerst weg.

Tauschen – ein faires Geschäft

Der Begriff ist ja bereits mehrfach gefallen, und ich werde später noch ausführlich auf die Methode des Tauschens eingehen (→ Seite 95). So viel aber vorweg: Viele Jagdhunde sind leidenschaftliche Apportierer. Es liegt ihnen im Blut, Dinge ins Maul zu nehmen und sie zu tragen. Und von Natur aus wollen sie ihre Beute zeigen und ihren Menschen geben.

Anfangs schnappen sich viele Welpen vor allem Alltagsgegenstände wie Schuhe, Socken oder Taschentücher und präsentieren sie dann stolz Frauchen oder Herrchen. Wird der Hund dafür jedes Mal geschimpft und gemaßregelt oder wird ihm die großartige Beute einfach entrissen, wird er lernen, dass sein Mensch seine Freude nicht teilt. Er merkt sich also, dass ihm Dinge, die er toll findet, stets weggenommen werden. Vermutlich wird er bald versuchen, noch schneller mit seiner Beute davonzukommen. All das sind denkbar schlechte Voraussetzungen, wenn Sie dem Kleinen später das Apportieren beibringen möchten.

Gibst du mir, geb ich dir

Findet Ihr Hund etwas vermeintlich Tolles, ermutigen Sie ihn doch lieber zu einem Tauschgeschäft: Tauschen Sie seine Beute gegen etwas, das er haben darf – etwa Dinge aus seinem Spielzeugkorb. Motivieren Sie den Welpen zunächst, Ihnen die Beute in die Hand zu legen: Zeigen Sie ihm Ihre offene Hand und die ersten Male auch das Tauschobjekt und zögern Sie den tatsächlichen Tausch immer weiter hinaus. Hier wird Ihnen auch das Spiel »Bällezauber« (→ Seite 126) weiterhelfen.

Der besondere Tipp

Was quietscht denn da?

Kaufen Sie Ihrem Hund lieber kein quietschendes Spielzeug. Er trainiert damit nur die Jagdsequenz »Zupacken« (→ Seite 35) und findet es lustig, dem Ding durch herzhaftes Hineinbeißen Töne zu entlocken. Letztlich wird er nicht verstehen, warum er das bei einem Meerschweinchen nicht tun darf. Meistens lässt sich die »Quietschfunktion« übrigens mit Nadelstichen stilllegen.

Auch spitze Gegenstände wie Stöcke mit Dornen oder Tennisbälle eignen sich nicht als Hundespielzeug und können der gesunden Zahnentwicklung des Welpen schaden. Die bessere Alternative ist ein Kong für Tierkinder. Man kann ihn z. B. mit Quark befüllen. Ein wenig im Kühlschrank gekühlt, bietet er auch Abhilfe bei Schmerzen während des Zahnwechsels.

DIE ERSTEN DREI MONATE MIT DEM WELPEN

Es muss aber gar nicht unbedingt Spielzeug sein, das Ihr Hundekind zu jagdlichem Verhalten anspornt. Sie werden merken: Ihr Welpe wird auch Schmetterlinge oder herumfliegende Blätter interessant finden und versuchen, alles, was sich rasch bewegt, zu fangen.

Gut zu wissen

Alt oder jung – wer lernt besser?

Eine Wiener Studie, in der Border Collies im Alter zwischen sechs Monaten und 14 Jahren untersucht wurden, ergab, dass Hunde in der Pubertät die steilste Lernkurve aufweisen. Sie brauchten zwar mehr Wiederholungen, lernten aber danach effektiver. Zudem fanden die Wissenschaftler heraus, dass ältere Hunde – genau wie auch reifere Menschen – ein Mehr an Gelassenheit zeigen und deutlich schwieriger aus der Ruhe zu bringen sind als jüngere Vertreter. Welpen und andere Hunderassen wurden in der Untersuchung allerdings nicht berücksichtigt.

Abgesehen davon, dass es ziemlich gefährlich werden kann, einer Wespe oder sogar Hornisse hinterherzujagen, erfreut sich der kleine Racker hier bereits herrlich am Suchen, Hetzen und vielleicht sogar am Zupacken – also an den klassischen Elementen des Jagens.

Wenn Sie das nicht möchten, sollten Sie Jagderfolge Ihres Hundes von Anfang an tunlichst verhindern. Andernfalls wird er nach und nach die Stufen der Jagdverhaltenskette (→ Seite 35) erklimmen. Sie müssen also rechtzeitig eingreifen. Dadurch soll einerseits das wilde Nachjagen und Umherstöbern nicht gefördert werden, auf der anderen Seite soll Ihr Vierbeiner möglichst von Anfang an lernen, sich zu beherrschen und seine Impulse zu kontrollieren.

Die Grundsteine für Ihren Erfolg

Für einige Welpen ist es anfangs irritierend, wenn sie in aufregenden Situationen plötzlich zurückgehalten werden. Ihr kleiner Körper wird sich sträuben und mit aller Kraft zappeln und zerren, um wieder zum gewünschten Ziel zu kommen. Wichtig ist daher, dass Ihr Hund lernt, zu warten und begehrtes Verhalten nur dann auszuführen, wenn Sie ihm dafür mit einem Signal grünes Licht geben.

Keine Angst, wenn Sie es richtig angehen, wird das Ihren Liebling nicht frustrieren. Diese Art des Abwartens ist für kleine Hunde nicht nur in höchstem Maße belohnend, sondern auch sehr wichtig, um zukünftiges, unkontrolliertes Jagen zu unterbinden.

Viele nehmen die ersten Jagderfolge ihres Welpen gar nicht als solche wahr – etwa wenn er nach Laub schnappt oder anderen, vermeintlich harmlosen Dingen hinterherhetzt.

Was Hänschen nicht lernt …?

In den ersten Lebensmonaten setzen Sie den Grundstein für Bindung und Erziehung. Alles was Ihr Welpe jetzt lernt, prägt sich besonders fest in sein Gedächtnis ein. Eine solide Leinenführigkeit und erste Übungen zu Impulskontrolle sind hier Gold wert. Wenn Ihr Hund bereits älter ist, müssen Sie aber nicht gleich in Panik verfallen: Prinzipiell sind Hunde in jeder Altersstufe noch lernfähig. Das gilt sogar für Seniorhunde (→ Seite 194).

Klar, früh übt sich, was ein Meister werden will. Welpen sind also ein wenig im Vorteil. Aber selbstverständlich können Sie auch einem dreijährigen Hund noch so einiges beibringen, und die Mühe lohnt sich!

»Ihr Welpe wird auch Schmetterlinge oder fliegende Blätter interessant finden und versuchen, alles, was sich rasch bewegt, zu fangen.« ALEXANDRA WISCHALL-WAGNER

ÜBUNG

»WARTE«

Mit dem Signal »Warte« oder »Steh« kündigen Sie Ihrem Welpen an, dass er mit Ihnen stehen bleiben und in seiner Position verharren soll, bis Sie ihm das Zeichen zum Weitergehen geben. Der Unterschied zur Übung »Bleib« (→ Seite 116) besteht darin, dass Sie sich während der Wartezeit nicht vom Hund entfernen.

1. Legen Sie Ihrem Hund über den Tag verteilt einige Minuten lang immer wieder die Hand auf die Brust.

Wie Sie die Übung aufbauen

Ziel der Übung ist es, dass Ihr Hund freiwillig und sofort stehen bleibt, wenn Sie ihm das gesprochene Signal »Warte« geben.

1. Legen Sie zu Hause, in möglichst entspannter Atmosphäre, immer wieder mal Ihre Hand an die Brust des Welpen. Loben Sie ihn, während Ihre Finger sanft seine Vorderseite berühren. Ziehen Sie die Hand dann nach einigen Minuten langsam wieder weg. Dies können Sie mehrmals über den Tag verteilt machen, z.B. bevor Sie Ihren Liebling füttern.
2. Jetzt nehmen Sie Ihren Vierbeiner an die Leine und gehen ein paar Schritte mit ihm. Läuft Ihr Schützling aufmerksam und langsam neben Ihnen her, sagen Sie »Warte« und halten ihm dann – wie bereits gewohnt – Ihre Hand an oder vor die Brust, während Sie gleichzeitig selbst stehen bleiben. Bleibt auch der Hund stehen, loben Sie ihn sofort und lösen die Übung mit »Und weiter« wieder auf. Anschließend bewegen auch Sie sich wieder.
3. Nach einiger Zeit wird Ihr Hund stehen bleiben oder bremsen, sobald Sie ihm das akustische Signal geben und »Warte« sagen. Haben Sie diesen Trainingserfolg erreicht, können Sie das Auflegen der Hand entweder schon ganz weglassen oder beginnen, es langsam auszuschleichen.

Nutzen Sie diese Übung in allen passenden Alltagssituationen. Besonders hilfreich ist sie beispielsweise an der Gehsteigkante vor dem Überqueren einer Straße. Die Wartezeit mit einem etablierten Signal anzukündigen, ist viel

2. Jetzt führen Sie das gesprochene Signal »Warte« ein und berühren gleichzeitig die Brust des Welpen.

3. Nach einiger Zeit reicht das akustische Signal; die Berührung können Sie langsam ausschleichen.

fairer, als Ihren Hund an der Leine abrupt zu stoppen oder ihn zurückzuziehen. Außerdem weiß Ihr Hund durch den vorherigen Übungsaufbau, dass er erst weiterlaufen darf, wenn Sie ihm das Zeichen dafür geben.

Was Sie beachten sollten

Das Weitergehen ist für die meisten Welpen die beste Belohnung für eine gut ausgeführte Übung. Sie sind also nicht auf Leckerchen angewiesen. Wollen Sie Ihren Hund trotzdem mit einem Leckerbissen belohnen, sollten Sie das immer erst am Ende der Wartezeit tun.

Anfangs wird Ihr Hund nur ein paar Sekunden durchhalten, später immer länger. Auch der Grad der Ablenkung wird sukzessive gesteigert: Zu Beginn trainieren Sie mit dem Kleinen noch in einer ruhigen und reizarmen Umgebung, später an der Futterschüssel, bevor der Welpe zum Fressen geschickt wird. Und mit etwas Übung und Geduld wird das »Warte« letztlich auch funktionieren, wenn ein Hase an Ihnen vorbeiflitzt.

Ruhesignale immer auflösen!

Die Praxis hat gezeigt, dass es sinnvoll ist, die Signale »Warte« und »Bleib« getrennt voneinander einzuüben. Für alle Ruhesignale wie »Sitz«, »Platz«, »Warte« und »Bleib« gilt: Sie sollen so lange vom Tier gehalten werden, bis Sie das Signal auflösen oder ein neues geben. Achten Sie hier auf Konsequenz, andernfalls können sich sehr schnell unerwünschte Fehler ins Training einschleichen (→ Seite 69).

IMMER DER NASE NACH?

Wie man junge Jagdtalente auslastet

Die Begabungen Ihres Welpen müssen Sie befriedigen, daran führt kein Weg vorbei. Mit dem richtigen Training und ein paar Tricks gelingt das sicher und kontrolliert.

> »Ich laufe zwanzig Schritte in den Wald, meine Ketten sind gesprengt.«
>
> JEAN-JACQUES ROUSSEAU

In den vorausgehenden Kapiteln wurden viele Dinge erwähnt, die Sie mit Ihrem Hundekind besser nicht tun sollten. Absolut berechtigt ist also die Frage, was Sie stattdessen machen sollen, was Sie dem kleinen Wirbelwind anbieten können? Ein paar Anregungen zum Thema Spielen haben Sie bereits bekommen (→ Seite 80). Nun geht es darum, den jagdlichen Eifer Ihres Tieres zu befriedigen, ihn aber nicht unnötig zu fördern.

KEINE ANGST, SIE MÜSSEN NICHT ZUM JÄGER WERDEN

Auch wenn Sie Ihren Hund später nicht mit auf die Jagd nehmen wollen: Wird ein jagdlich motivierter Hund nicht entsprechend ausgelastet, sucht er sich seine Beschäftigung höchstwahrscheinlich in Eigenregie. So kann es passieren, dass sich Ihr Vierbeiner im Wald davonmacht und unkontrolliert einer Fährte folgt – womöglich so lange, bis er das Wildtier tatsächlich aufspürt. Jägern missfällt so ein Szenario ebenso wie den Waldtieren oder der verzweifelten Hundehalterin, die vielleicht stundenlang hofft und bangt, dass ihr motivierter Lauser bald wieder zurückkommt.

Profis auf Fährtensuche

Werden Jagd- und Spürhunde professionell ausgebildet und eingesetzt, wird ihr Jagdtalent ganz gezielt genutzt und gefördert: Bei der sogenannten »Fährte« sollen sie einen bestimmten Geruch bzw. dessen Partikel erkennen, ihm dann (auch wenn er noch so fein und schwach ausgeprägt ist) folgen und die eigentliche Geruchsquelle ausfindig machen. Solche Geruchsquellen können sehr vielfältig sein: Es kann sich dabei beispielsweise um den Eigengeruch spezieller Gegenstände, Nahrungsmittel, Wildfährten oder auch um Haare oder Hautschuppen handeln.

Die Fährtensuche soll – so wird es in der Jägersprache genannt – »spurgetreu« und mit tiefer Nase erfolgen. Übersetzt bedeutet das,

Sie können die Jagdleidenschaft Ihres Hundes nicht einfach unterdrücken. Sie müssen sie in die richtigen Bahnen lenken! Nur dann wird er zufrieden und glücklich werden.

dass der Hund weder von der Duftspur abweichen noch sich durch das Heben des Kopfes Orientierungsgerüche aus seiner Umgebung herbeiholen soll. Im Idealfall steuert seine Nase also wie auf Schienen auf ihr Ziel zu.

Um die Begabung Ihres kleinen Jagdhundes zu befriedigen, müssen Sie zwar nicht zum Jäger werden. Sie sollten es Ihrem Hund jedoch ermöglichen, Fährten zu folgen – und das in einem sicheren, kontrollierten Rahmen.

Auf den folgenden Seiten gibt es dazu viele Ideen. Ihnen beiden wird das Training zu mehr Ruhe und Zufriedenheit verhelfen. Und vielleicht finden Sie ja sogar später Freude daran, dieses Hobby zu perfektionieren und Ihren Hund dahingehend gezielt auszubilden.

»Wird ein jagdlich motivierter Hund nicht ausgelastet, sucht er sich seine Beschäftigung höchstwahrscheinlich in Eigenregie.« ALEXANDRA WISCHALL-WAGNER

Tauschen als Erfolgsrezept

Welpen finden die Welt spannend und aufregend. Kein Wunder, denn sie haben ja erst vor Kurzem ihr Licht erblickt. Es ist für die Kleinen jedoch noch schwierig zu erkennen, was allein für den menschlichen und was auch für den hündischen Gebrauch sein könnte.

Seltsam muss es anmuten, dass die Menschen stundenlang in ein kleines, flimmerndes Kästchen starren, das sie in Händen und hin und wieder ans Ohr halten, dabei lachen oder manchmal auch weinen und dieses Gerät überall hin mitnehmen. Will man als Hund dann auch mal ran und dieses kleine Ding mit Zähnen und Pfoten erforschen, wird der Mensch schnell wütend. Und komisch auch, dass Schuhe zeitweise am Menschen dran sind, möchte Hund dann aber auch mal einen erbeuten, wird gezetert und geschimpft.

Die elegante Lösung

Was Sie in dieser Phase des Entdeckens auf keinen Fall tun sollten: dem Welpen schimpfend hinterherhetzen und ihm den Gegenstand plump entreißen. Schlussendlich lernt Ihr Hund so, noch flinker an seine Beute zu kommen. Rennen die Menschen dann hinterher, wird das Ganze zu einem Jagdspiel, das schlimmstenfalls damit endet, dass der Hund den erbeuteten Gegenstand gegenüber Frauchen oder Herrchen verteidigt.

Eleganter und unspektakulärer lösen Sie solche Situationen, indem Sie einen Tauschhandel anbieten. Ist die Lage bereits aus dem Ruder gelaufen, hat sich Ihr Welpe also schon einen Gegenstand geschnappt, den er eigentlich nicht haben darf, tun Sie Folgendes: Versuchen Sie, der Situation so unaufgeregt wie möglich zu begegnen, und holen Sie dann unauffällig einen Gegenstand, den Ihr Welpe richtig toll findet und auch haben darf.

Gehen Sie nun ganz ruhig zu Ihrem Vierbeiner und zeigen Sie ihm, dass Sie etwas Großartiges für ihn haben. Ihr Hund wird

Der besondere Tipp

Das Signal »Nimm es dir«

Damit Ihr Hund besser versteht, was er haben darf und was nicht, ist zusätzlich der Aufbau des Signals »Nimm es dir« empfehlenswert. Hierfür sollten Sie wieder ein Wort aussuchen, das in Ihrem alltäglichen Sprachgebrauch kaum vorkommt. Ein einfaches »Los« oder »Bitte« könnte später zu Verwirrungen führen, wenn die Begriffe beispielsweise während eines Telefonats fallen und sich Ihr Hund gerade für den Sonntagsbraten auf dem Tisch interessiert. Gerne verwendet werden übrigens Signale in einer Fremdsprache. In diesem Fall würde sich z. B. das englische »Take it« oder das lateinische »Sum« anbieten.

Was darf Ihr Hund – und was nicht? Das müssen Sie ihm liebevoll beibringen. Denn für Welpen ist die Welt noch ganz neu und voller Überraschungen und Unwägbarkeiten.

nach kurzer Zeit von seiner Beute ablassen und sich für Ihr Angebot interessieren. Nehmen Sie die nicht für den Hundegebrauch bestimmte Sache nun weg, beschäftigen Sie sich danach noch ein bis zwei Sekunden mit dem erlaubten Gegenstand und überlassen Sie diesen dann Ihrem Hund. Nimmt er ihn an und erfreut sich daran, loben Sie ihn.

Kleine Diebe nicht belohnen!

Achten Sie beim Tauschen darauf, dass sich keine unerwünschten Verhaltensketten einschleichen. Dieses Thema hatte ich ja bereits im ersten Abschnitt beleuchtet (→ Seite 95).

Nimmt Ihr Vierbeiner etwas Unerlaubtes in Besitz und Sie tauschen sofort gegen eine Belohnung, verstärken Sie damit eigentlich den Diebstahl. Zwischen unerwünschtem und erwünschtem Verhalten sollten daher immer ungefähr zwei Sekunden vergehen. Sie dürfen Ihren Hund in dieser Zeit sitzen lassen oder die Durchführung eines anderen Signals einfordern, das er bereits kennt.

Zudem sollten Sie Ihren Vierbeiner immer loben, wenn er sich für den richtigen (also den erlaubten) Gegenstand interessiert. Dazu können Sie ihm auch ein kleines Spiel anbieten, indem Sie etwas Erlaubtes und etwas Unerlaubtes auf den Boden legen. Interessiert sich Ihr Schützling für das Erlaubte, loben Sie ihn, spielen damit gemeinsam ein wenig und nehmen das Unerlaubte sofort weg. So lernt Ihr

Hund schon im Welpenalter, dass es sich nicht lohnt, sich für Menschenkram zu interessieren – und das Hundekram für ihn immer spannender ist.

PFEIFEN SIE DRAUF – FÜR RASCHES HERANKOMMEN

Gut eingeübte Pfeifsignale können Ihnen im Umgang mit Ihrem jagdaffinen Hund den Tag versüßen. Ganz gleich, ob Ihr Hund zu Ihnen kommen (→ Seite 128), anhalten, suchen oder andere Aufgaben erfüllen soll: Im Grunde genommen kann es für jedes gesprochene Signal auch einen speziellen Pfiff geben.

Ein praktisches Hilfsmittel

Ihre erste Hundepfeife sollte möglichst eine Doppelton-Pfeife sein, die über einen normalen und einen Triller-Pfiff verfügt. Da der Gehörsinn bei Hunden ganz ähnlich entwickelt ist wie bei uns Menschen, empfiehlt es sich, die Lautstärke an das eigene Gehör anzupassen. Abraten würde ich Ihnen hingegen von sogenannten »lautlosen« Pfeifen, deren Frequenzbereich vom Menschen kaum wahrgenommen werden kann, denn ihre Wirkung wurde bislang nicht nachweislich bestätigt.

Langsam ins Training integrieren

Beim Hilfsmittel »Pfeife« handelt es sich, wie sonst auch, um einen Gegenstand, mit dem der Hund im Training erst vertraut gemacht werden muss. Kein Welpe kommt auf die Welt und weiß sofort, dass ein greller Pfiff bedeutet, sich umgehend seinem Menschen zuzuwenden. Sie müssen das Hundekind erst Schritt für Schritt an die Klarheit der Pfeifsignale heranführen, bevor Sie erwarten können, dass das gewünschte Verhalten auch unter Ablenkung ausgeführt werden kann.

Gut zu wissen

Die Welt mit Hundeaugen sehen

Wir haben jetzt schon einiges darüber erfahren, wie Hunde riechen (→ Seite 93 und 98) und hören. Aber wie gut können sie eigentlich sehen?

Der Sehsinn Ihres Vierbeiners ähnelt dem eines Menschen mit einer Rot-Grün-Blindheit: Gelb, Orange und Grün können nicht hinreichend unterschieden werden, während die Farbe Blau beispielsweise gut erkannt wird. Auch rasche Bewegungen werden von Hunden sehr gut wahrgenommen, während ruhende Objekte eher ausgeblendet werden. Dies ist mit ein Grund, warum Wild, das sich rasch bewegt, für Ihren Vierbeiner so spannend ist!

EXTRA

DIE HUNDENASE, EIN WAHRES WUNDERWERKZEUG!

Hunde riechen vermutlich zehn- bis hundertmal besser als wir Menschen: Als sogenannte »Makrosomaten« können sie bis zu eine Million verschiedene Gerüche unterscheiden. Als »Mikrosomat« verlässt sich der Mensch hingegen lieber auf seine Augen als auf seine Nase. Daher verfügen wir Zweibeiner auch lediglich über ein Repertoire von bis zu 10 000 Gerüchen.

Ein hochsensibles Organ

Die Anzahl der in die Riechschleimhaut eingearbeiteten Riechzellen kann je nach Rasse, Pigmentierung von Haut und Fell sowie Körpergröße des Tieres variieren. So verfügen kleinere Hunde mit kurzen Schnauzen wie der Mops oder auch Albinos bzw. Vierbeiner mit weißem Fell über ein weniger feinsinniges Riechorgan als etwa der Deutsche Schäferhund. Dieser hat ungefähr 220 Millionen Riechzellen, während ein Dackel nur mit etwa 125 Millionen dieser Wunderzellen ausgestattet ist. So zumindest die gängigsten Annahmen.

Tabakrauch, Autoabgase und generell Luftverschmutzung können dem Riechvermögen der vierbeinigen Helden – und natürlich auch dem Menschen – ganz schön zusetzen. Eine mexikanische Studie hat gezeigt, dass Hunde in von Smog geplagten Städten wie Mexico City bereits ab einem Alter von drei Monaten Schädigungen des Riechepithels aufweisen können, die sich später negativ auf Entwicklung und Gesundheit der Hunde auswirken.

Geruchsexperten im Welpenalter

Während die allgemeine Geruchswahrnehmung bei Hunden bereits nach der Geburt gut ausgeprägt ist, nimmt die Zahl der Riechsinneszellen im sogenannten Riechepithel in den folgenden Monaten kontinuierlich zu. Erst im Alter von fünf Monaten ist diese Entwicklung abgeschlossen, und erst dann kann ein junger Hund eine Vielzahl von Gerüchen aufnehmen und auch unterscheiden.

Woher kommt denn dieser Duft?

Ein weiteres Wunder der Natur ist, dass Hunde über die Fähigkeit des »Stereoriechens« verfügen: Sie können also mit jeder Nasenöffnung Gerüche aus unterschiedlichen Richtungen aufnehmen. So entsteht ein vielschichtiges Geruchsbild, das es den Vierbeinern ermöglicht, sich mit ihrer Nase auch räumlich zu orientieren. Ihr Hund weiß also ganz genau, ob ein Reh rechts oder links weggelaufen ist, wenn er das Wildtier wittert.

Höchstleistung, die viel Kraft kostet

Diese unglaubliche Leistung kostet Vierbeiner allerdings eine Menge an Kraft und Energie. Und die Nasenarbeit klappt nicht immer gleich gut: Es kann durchaus passieren, dass ein jagdlich interessierter Hund an einem Tag ein Reh in 300 Metern Entfernung aufstöbert und es an einem anderen Tag nicht wahrnimmt, obwohl es keine zehn Meter neben ihm aufsteht. Das kann natürlich Zufall sein, oder Ihr Hund ist abgelenkt. Meist liegt es aber an der Windrichtung, an der Beschaffenheit von Boden und Gelände oder auch an der Jahres- und Tageszeit. Sucht ein Hund mit der Nase, kommen jedenfalls unzählige Faktoren zum Tragen, die ihn mal leichter und mal schwerer zum Ziel kommen lassen.

Wie bereits erwähnt, sind gut trainierte Hunde jedoch in der Lage, mit ihren Nasen Höchstleistungen zu erbringen: Sie können bevorstehende Erdbeben quasi erschnüffeln, am Geruch erkennen, ob Menschen schwer erkrankt oder in Panik sind – und sie spüren sogar zuverlässig Drogen, Elfenbein oder andere Schmuggelware auf, die sich in Koffern oder Containern verbirgt.

Hundenasen können nicht nur unzählige Gerüche unterscheiden, sondern sie sogar aus verschiedenen Richtungen gleichzeitig verarbeiten. So können auch Geruchsquellen, die sich im Gelände fortbewegen, räumlich zuverlässig geortet werden.

ÜBUNG

»SCHATZSUCHER«

Diese Übung soll es Ihrem Welpen schmackhaft machen, Ihnen zu folgen. Zudem hilft sie, die Bindung zwischen Ihnen und Ihrem Hund zu vertiefen. Auch als Vorübung für einen sicheren Rückruf (→ Seite 128) ist dieses Spiel sehr effektiv.

Was Sie für die Übung brauchen

Sie benötigen einen etwas größeren Raum oder einen kleinen Garten, in dem der Welpe frei herumlaufen kann und in dem auch Sie ausreichend Platz haben, um sich einige Meter zu bewegen. Zudem brauchen Sie als Belohnung attraktive Leckerchen (etwa 3–5 Wurststücke, die etwas größer sind).

Wie Sie die Übung aufbauen

1. Ihr Welpe befindet sich in Ihrer Nähe. Sie gehen ein paar Meter (egal, ob der Hund gerade zu Ihnen schaut), beugen sich dann Richtung Boden und tun so, als hätten Sie gerade einen großartigen Schatz gefunden. Freuen Sie sich über Ihren »Fund« und machen Sie diese Freude mit Worten und Gesten deutlich. Der kleine Racker wird neugierig zu Ihnen tappen. Loben Sie Ihren Hund dafür, zeigen Sie ihm ein Wurststück und geben Sie es ihm.
2. Wiederholen Sie den ersten Schritt drei- bis fünfmal hintereinander und wechseln Sie dabei die Gehrichtungen und die Geschwindigkeit: Gehen Sie also einmal nach rechts weg, beim nächsten Mal nach vorne, dann etwas schneller nach hinten oder auch nach links. Immer finden Sie etwas Großartiges, an dem Ihr Hund anschließend auch Anteil haben darf.
3. Nehmen Sie nach und nach eine Hand hinzu, um Ihre Gehrichtung anzuzeigen. Deuten Sie also nach rechts, bevor Sie den Weg nach rechts antreten, und lassen Sie dann allmählich die »Schatzfindung« weg. Wenn Ihr Hund Ihnen folgt, belohnen Sie ihn direkt aus der Hand mit einem Stückchen Wurst.

Was Sie beachten sollten

Falls Sie anstelle der Wursthappen lieber Kekse als Belohnung verwenden möchten, sollten Sie bei dieser Übung darauf achten, dass Ihr Liebling so wenig Krümel wie möglich vom Boden aufsammelt. Am besten füttern Sie die Belohnung immer direkt aus Ihrer Hand.

Oh, was gibt's denn da? Lassen Sie Ihren Hund an Ihrem großartigen Fund teilhaben – dann wird er Ihnen folgen und darf sich mit Ihnen freuen.

Ihr Hund ist kein Staubsauger!

Generell habe ich nichts gegen eine Leckerchensuche am Boden oder in der Wiese, sie sollte jedoch nur auf ein bestimmtes Signal hin (z. B. »Such«) erfolgen. Dafür packen Sie ein paar kleine Leckerchen in Ihre Hand, lassen den Welpen kurz warten und öffnen dann in kurzer Distanz zu ihm die Faust. Sobald die Kekse am Boden liegen, schicken Sie ihn mit erwähntem Signal zum Suchen.

Hundekinder verhalten sich häufig wie kleine Staubsauger und inhalieren wie auf Schienen alles, was Ihnen unterwegs so unter die Nase kommt. Diese ruhelose Jagd nach »Bodenmüll« sollte sich gar nicht erst entwickeln. Meist verbirgt sich hinter dieser Thematik ein zu hoher Aufregungspegel des Hundes sowie ein zu starker Fokus des Menschen auf seinen Gehweg. Wenn Ihr Welpe also zu dem eben beschriebenen Inhalationsverhalten neigt, sollten Sie rasch gegensteuern. Gut geeignet ist dafür beispielsweise die Übung »Weitergehen« (→ Seite 122). Beobachten Sie zudem den Stresspegel des Hunde und bieten Sie ihm Leckerchen fortan nur noch aus Ihrer Hand zur Belohnung an.

Liebe geht durch den Magen?

Bedenken Sie ebenso von Beginn an, ob Sie es möchten, dass unbekannte Personen Ihren Liebling füttern. Welpen und Junghunde üben auf fast alle Menschen eine geradezu magische Anziehungskraft aus. Da kommt es schon mal vor, dass Wildfremde Ihrem Vierbeiner plötzlich einen Keks oder sogar etwas von ihrem eigenen Essen zuschieben wollen.

Meine Empfehlung ist es, in solchen Momenten höflich, aber bestimmt abzulehnen: Ihr Schützling soll sich gar nicht erst daran gewöhnen, von Fremden Nahrung anzunehmen. Denn worum es sich bei diesen – sicher meist gut gemeinten – Gaben handelt und ob Ihr Welpe sie überhaupt verträgt, ist ungewiss. Zudem und in die Zukunft gedacht: Wollen Sie später einen erwachsenen Hund, der alles und jeden anbettelt und sabbernd neben Ihrem Esstisch sitzt? Vermutlich nicht.

ÜBUNG

»NAPFFÄHRTE«

Jagdlich interessierte Hunde möchten jagen. Dies tun sie, wenn sie die Fährte eines bestimmten Geruchs aufnehmen und ihr folgen, bis das ersehnte Ziel erreicht ist. Objekt der Begierde kann hier ein Mensch, ein bestimmtes Wildtier oder eine Futterspur sein. Zeigen Sie dem jungen Hundekind von Anfang an, dass es seinen Instinkten folgen darf – aber nur, wenn Sie es erlauben. Mit dieser Übung tauchen wir in die spannende Welt der Spurensuche ein, später erweitern wir diese jagdliche Auslastung durch andere Fährtenarten und das Schleppen.

2. Die Schalen werden im Abstand von zwei Metern ausgelegt – Ihr Vierbeiner sieht dabei nicht zu.

Was Sie für die Übung brauchen

Sie arbeiten mit dem vertrauten Napf Ihres Welpen, zudem benötigen Sie 3–4 Schälchen, aus denen der Hund gut fressen kann, sowie eine Portion seiner Tagesration Futter.

Wie Sie die Übung aufbauen

1. Füllen Sie den größten Teil der Futterration in den Fressnapf Ihres Hundes. Den Rest verteilen Sie gleichmäßig in den drei kleineren Schälchen.
2. Jetzt legen Sie die Napffährte. Lassen Sie den Hund nicht dabei zusehen; der Kleine kann einstweilen bei einer ihm vertrauten Person warten. Die Fährte wird beim ersten Mal im Abstand von zwei Metern angelegt: Sie stellen also alle zwei Meter einen kleinen Napf auf den Boden, dann positionieren Sie den Futternapf mit der größten Portion. Er markiert das Fährtenende, das ein wenig ums Eck gebaut sein sollte, damit der Welpe die große Überraschung nicht sofort erahnen kann.
3. Nun holen Sie Ihren Hund und führen ihn angeleint und ruhig in die Nähe der ersten Schale. Zeigen Sie dem Kleinen den ersten Napf und lassen Sie ihn daraus fressen. Halten Sie dabei die Leine sanft, aber kurz, damit Ihr Vierbeiner nicht zur nächsten Schale vorauseilen kann. Hat er aufgegessen, lassen Sie ihn weiter zum zweiten

3. Ihr Hund arbeitet sich jetzt von Napf zu Napf vor; damit er nicht vorauseilt, bleibt die Leine kurz.

4. Hat er den letzten Napf am Fährtenende aufgespürt, wartet dort die üppige Belohnung auf ihn.

Napf. Loben Sie Ihren Hund, wenn er den Napf aufgespürt hat, und unterstützen Sie seine Begeisterung für die Übung. Nehmen Sie auch gerne das eine oder andere Mal die Futterschale in die Hand, um zusätzlich ein späteres Entstehen von Futterverteidigung zu verhindern.

4. Tasten Sie sich so von Napf zu Napf vor, bis Ihr Hund die große Belohnung erreicht hat. Loben Sie ihn mit ruhiger Stimme und lassen den Welpen alles aufessen.

Was Sie beachten sollten

Es reicht, wenn Sie diese Übung anfangs ein- bis zweimal wöchentlich anbieten. Es soll hier lediglich Lust auf spätere, größere Fährten zu Auslastungszwecken gemacht werden. Zudem soll der Hund dazu animiert werden, sich mit seiner Schnauze nach vorne zu orientieren und sich dabei mit möglichst tiefer Nase vorzuarbeiten. Sie müssen dazu jetzt auch noch kein gesprochenes Signal geben.

Regelmäßig Pausen einlegen

Abschließend noch ein wichtiger Hinweis: Beim Suchen atmet ein Hund rund zweihundertmal pro Minute ein und aus – ein Vorgang, der die Riechschleimhäute austrocknen lässt und je nach Witterung noch erschwert wird. Achten Sie daher unbedingt darauf, dass Ihr Hund nach (und ggf. auch während) der Nasenarbeit immer genügend Wasser zu sich nimmt und regelmäßig pausieren darf, denn auch das Hecheln erschwert das Riechen.

DIE LEINE ALS VERBINDUNG ZWISCHEN MENSCH UND TIER

Genauso wichtig wie ein gut etablierter Rückruf ist die sogenannte »Leinenführigkeit« Ihres Vierbeiner: Keines Ihrer Körperteile wird sich freuen, wenn Ihr ausgewachsener Jagdhund Sie später mit voller Kraft durch den Wald oder Stadtpark zerrt – oder vielleicht sogar Ihren Nachwuchs wie Wasserskifahrer an einem Motorboot hinter sich herzieht! Ziel muss daher sein, dass Ihr Hund locker und entspannt an der Leine läuft und das auch gerne tut.

Spaßbremse oder Vergnügen?

Sobald eine Leine ins Spiel kommt, entstehen häufig Probleme: Hunde, die eigentlich sozial sehr umgänglich sind, pöbeln angeleint plötzlich andere Vierbeiner an, zerren ihre Menschen nach links und rechts und scheinen generell wie von Sinnen zu sein. Das liegt oftmals auch daran, dass die Leine im Vorfeld nicht positiv belegt wurde. Wird ein junger Hund regelmäßig mit der Leine aus einem vergnüglichen Spiel abgeholt oder ausschließlich angeleint, sobald sich Herrchen oder Frauchen mit ihm auf den Heimweg machen, wird er das Verbindungsstück zwischen Mensch und Tier schon bald als Spaßbremse wahrnehmen.

Leinenführigkeit schrittweise aufbauen

Achten Sie daher darauf, dass Sie Ihren Welpen zwischendurch immer wieder ab- und anleinen. Sie können das auch ganz ohne Grund tun, also einfach so. Bringen Sie dem Kleinen die Leine zudem auch spielerisch näher: Dazu legen Sie die Leine beispielsweise auf den Boden und links und rechts ein paar Kekse daneben. Oder Sie machen nach dem Anleinen ein Spiel und leinen Ihren Welpen gelegentlich einfach wieder ab und dann wieder an.

Zerren Sie Ihren Hund beim Anleinen nicht am Brustgeschirr oder am Halsband in die richtige Position, sondern gehen Sie in die Hocke. Schließen Sie den Karabiner also immer von der Seite und nicht von oben an.

Mithilfe dieses Buches können Sie die Leinenführigkeit schrittweise aufbauen. Wir beginnen damit, dass Ihr Welpe es generell großartig findet, bei Ihnen zu sein und Sie anzublicken (→ Seite 106). Weitere Übungen dazu gibt es auch im nächsten Kapitel (→ Seite 134).

»Ihr Körper wird sich nicht freuen, wenn Ihr Hund Sie später mit voller Kraft durch den Wald oder Park zerrt.« ALEXANDRA WISCHALL-WAGNER

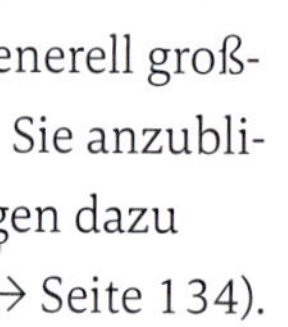

FRAGE & ANTWORT

Erst die Arbeit, dann das Futter?

Zum Thema Fütterung und Jagdverhalten habe ich einiges gehört. Ich bemühe mich jetzt immer, meinen Hund vor dem Waldspaziergang zu füttern, da er angeblich weniger jagt, wenn er keinen Hunger hat. Ihm rohes Fleisch zu geben, traue ich mich aber nicht, weil mir gesagt wurde, das mache Hunde nur gierig auf Blut. Stimmt es wirklich, dass mein Hund für sein Essen immer arbeiten muss – oder darf ich ihn auch einfach mal so füttern?

Es gibt keinen direkten Zusammenhang zwischen der Jagdmotivation Ihres Hundes und seinem Sättigungsgefühl. Zudem denkt Ihr Hund sehr wahrscheinlich nicht über seine Erfolgsaussichten nach, wenn er einem Reh oder Hasen hinterherhetzt.

Die Jagd alleine kostet Hunde sehr viel Kraft und Energie. Ein schwaches, hungriges Tier würde die vielen Jagden, die nötig sind, um einmal Erfolg zu haben, also nicht überstehen. Und in die andere Richtung gedacht: Sie müssten Ihren Hund schon richtig dick anfüttern, damit er den Wildtieren nicht mehr hinterherkommt. Bitte bedenken Sie ebenso, dass Ihr Tier nach dem Fressen 30–60 Minuten lang ruhen sollte, um eine eventuelle Magendrehung zu vermeiden.

Dass rohes Fleisch Hunde aggressiv macht, ist ein Mythos. Selbstverständlich müssen die Rationen gut zusammengestellt und ausgewogen sein; und in der Tat kann eine schlecht ausgewogene Fütterung zu Verhaltensproblemen beitragen. Hier spielt aber vielmehr die Zusammenstellung der Inhaltsstoffe (Fleischqualität, Getreideanteil, Vitamine, eventuell vorhandene Stresshormone etc.) eine Rolle.

Was das Thema »Arbeit gegen Futter« betrifft: Grundsätzlich wollen unsere Hunde, wie auch wir Menschen, für ihre Arbeit bezahlt werden. Was der Hund als gute Bezahlung wahrnimmt, liegt jedoch allein bei ihm selbst. Mal kann es eine Leckerei sein, mal ein Spielzeug oder ein Ort mit spannenden Gerüchen. Dass sich der Hund jede Mahlzeit erarbeiten muss, halte ich aber für falsch. Futter sollte zwar nicht ständig frei verfügbar sein, es sollte jedoch auch nicht zu viel Aufwand oder gar Aufregung mit dem Fressen verknüpft werden. Gelegentlich eine kleine Übung einzubauen (z. B. die »Napffährte« → Seite 102) oder den Hund, bevor das Fressen freigegeben wird, absitzen zu lassen, ist aber völlig in Ordnung.

Es muss jedoch auch möglich sein, dem Tier öfter mal Portionen zu schenken und ihn sein Futter ohne Leistungsdruck in entspannter Atmosphäre schnabulieren zu lassen.

ÜBUNG

»JACKPOT-BLICKKONTAKT«

Diese Übung ist nicht nur bindungsstärkend, sie ist sogar unverzichtbar, wenn Sie in schwierigen Situationen schnell die volle Aufmerksamkeit Ihres Hunde benötigen: Mit dem »Jackpot-Blickkontakt« wird Ihr Welpe lernen, dass es sich unbedingt lohnt, Sie anzublicken. Zudem soll er mit einer bestimmten Tätigkeit aufhören und sich Ihnen zuwenden, wenn Sie ihm das entsprechende Signal geben.

Was Sie für die Übung brauchen

Für das Training benötigen Sie Leckerchen, die weich und zudem etwas größer sind, damit sie Ihr Welpe rasch am Boden findet.

Wie Sie die Übung aufbauen

Vorab überlegen Sie, wohin sich der Blick Ihres Welpen richten soll, wenn Sie ihn darum bitten. Legen Sie dafür eine »Jackpot-Zone« an Ihrem Körper fest: Trifft der Blick Ihres Hundes diese Zone, ist das sozusagen der Hauptgewinn! Empfehlenswert ist der Bereich vom Haaransatz bis zur Brust.

Zu Beginn kann die Übung im Sitzen oder Knien durchgeführt werden; das erleichtert dem Hund den Blick hinauf zu Ihnen. Im Vorfeld sollten Sie auch festlegen, welche Signale Sie zukünftig für diese Übung verwenden wollen. Beliebte Hörzeichen sind »Look« oder »Schau«, gezeigt wird dazu gerne eine Faust, die an die menschliche Brust gehalten wird.

1. Ihr Welpe befindet sich in Ihrer unmittelbaren Nähe. Jetzt zeigen Sie ihm ein Leckerchen und werfen es ungefähr zwei Meter – über seinen Kopf hinweg – hinter ihn. Ihr Hund wird sich nun rasch auf die Beine machen, um es zu holen und zu fressen. In der Zwischenzeit greifen Sie nach einem weiteren Leckerchen und halten es in der Hand, bis sich Ihr Schützling wieder zu Ihnen umdreht.
2. Nachdem er den ersten Leckerbissen gefressen hat, wird Ihr Vierbeiner höchstwahrscheinlich zu Ihnen zurücklaufen und Sie interessiert ansehen. Diesen Blick fangen Sie nun mit dem zuvor festgelegten Sichtzeichen ein – also etwa mit der erwähnten Faust, mit der sie das Leckerchen umschließen und die sie dann vor Ihre Brust halten. Gleich im Anschluss loben Sie die freudige Aufmerksamkeit Ihres Hundes und geben ihm die Belohnung.

Halten Sie die verschlossene Faust an die Brust, um den Blick Ihres Lieblings einzufangen. In ihr verbirgt sich ein Leckerchen als Belohnung.

3. Den ersten und zweiten Übungsschritt wiederholen Sie jetzt insgesamt fünfmal und machen danach eine Pause. Wiederholen Sie anschließend den gesamten Vorgang dreimal. Nun können Sie auch schon das gesprochene Signal – beispielsweise »Look« – nach dem Sichtsignal geben.
4. Allmählich können Sie das erste geworfene Leckerchen weglassen und die Ausführung des gesprochenen Signals einfordern, wenn der Hund gerade in eine ganz andere Richtung blickt oder entspannt ein paar Schritte vor Ihnen steht.
5. Wenn das alles gut klappt, können Sie auch die Dauer des Blickkontaktes verlängern und erst nach Ablauf einer bestimmten Zeitspanne loben und belohnen, bevor Sie den Welpen mit »Und weiter« aus der Übung entlassen.

Was Sie beachten sollten

Auch für dieses Signal gilt: Nützen Sie es bitte nicht zu sehr ab. Wenn Sie feststellen, dass Ihr Hund es nicht befolgen konnte, war vermutlich die Ablenkung doch noch zu stark – oder Sie haben die Ausführung des Signals nicht adäquat belohnt.

Zudem sollten Sie auch darauf achten, wie häufig Ihr Vierbeiner nach den ersten Trainingseinheiten das Verhalten »Blickkontakt« von alleine anbietet. Ähnlich wie beim netten Lächeln eines Menschen, sollten Sie dieses Kompliment unbedingt erwidern und nicht ins Leere laufen lassen. Beantworten Sie also den Blick Ihres Lieblings und bestätigen Sie diesen mit einem Nicken – und auch ab und an mit ein paar freundlichen Worten. Denn Ihr Vierbeiner tritt mit Ihnen in Kommunikation, darüber dürfen Sie sich freuen, und es stärkt die Bindung zwischen Ihnen beiden.

STRESSFREI DURCH DIE *wilde Jugend*

Ihr Hund hat sich vom süßen Welpen zum abenteuerlustigen Teenager gemausert und strotzt jetzt vor Energie. Und dann gibt es da noch ein kleines Problem – die Pubertät!

FLEGELJAHRE

Wenn die Hormone verrücktspielen

In dieser Lebensphase wird die Jagdmotivation Ihres Hundes zunehmen. Wichtig ist jetzt, dass Sie Geduld aufbringen und Ihren Liebling richtig fördern und auslasten.

»Jugend kennt nur ein Vorwärts, ein hastendes, nie rastendes Vorwärts, kaum ein Atemholen.«

RICHARD VON SCHAUKAL

Mithilfe der vorausgehenden Kapitel haben Sie einen guten Grundstein für Ihr neues Familienmitglied gelegt. Es ist Ihnen bestimmt gelungen, sich interessant zu machen, die Bindung zu vertiefen, erste Gehorsamsübungen zu etablieren und Ihren Schützling auch schon ein wenig an neue Hobbys heranzuführen.

Während Sie in der ersten Zeit des Zusammenlebens eher damit beschäftigt waren, sich gegenseitig kennenzulernen, und – dem kleinen Hundekörper geschuldet – noch keine besonders anstrengenden Spaziergänge oder Ausflüge unternommen haben, werden die Zeiten nun bewegungsintensiver. Es drängt Sie beide immer weiter hinaus zu neuen Abenteuern. Wahrscheinlich werden Sie dabei schon bald mit Herausforderungen konfrontiert, die zur Entwicklung eines jungen Hundes dazugehören: Ihr Vierbeiner wächst jetzt rasch und wird immer mutiger, er zerkaut vielleicht Ihre Lieblingsschuhe, schnappt sich frech mal ein Buch vom Couchtisch, er zwickt in Arme und Beine oder uriniert plötzlich wieder im Flur oder Wohnzimmer. Die Gliedmaßen des Menschen brennen von der ständigen Herumzerrerei an der Leine. Kurzum: Ihr Hund hat die Pubertät erreicht, und Sie dürfen ihn in dieser turbulenten Lebensphase noch viele Monate begleiten. Besonders wichtig ist jetzt, dass Sie Ruhe bewahren.

AUSBAU UND FESTIGUNG DER GRUNDSIGNALE

Versetzen Sie sich kurz zurück in Ihre eigene Pubertät – wie aufregend, neu, häufig auch beängstigend diese Zeit für Sie war. Die körperliche Entwicklung schreitet in Windeseile voran, man ist von Verliebtheit, Abenteuerlust und Wissensdurst abgelenkt und soll in der Schule trotzdem Höchstleistungen erbringen.

Eltern haben dafür oftmals kein Verständnis und erwarten trotz all der großartigen Dingen, die man so machen und erleben könnte,

Aus seinem ersten Welpengeschirr ist Ihr Liebling vermutlich längst herausgewachsen. Daher sollten Sie ihm jetzt ein größeres, gut sitzendes Brustgeschirr und zudem eine etwas längere Hundeleine spendieren.

auch noch gute Noten. Viele Hundehalter ertappen sich dabei, dass sie Ähnliches von ihrem Tier verlangen – und dabei eigentlich viel zu wenig Geduld aufbringen.

Auch die Jagdmotivation Ihres Hundes wird jetzt zunehmen. Ich verspreche Ihnen aber, dass es wieder besser wird. Diese Phase werden Sie meistern, und zwar mit Geduld, Konsequenz und Instinkt-Management!

Zeit für neues Equipment

Nachdem Ihr Liebling nun rasant an Gewicht und Größe zulegt, müssen Sie sich eine neue, gut sitzende Hundegarderobe anschaffen: Ein passendes Geschirr zählt ebenso dazu wie eine längere Leine, die dem Vierbeiner mehr Bewegungsfreiheit ermöglicht. Von sogenannten »Flexi-Leinen« rate ich ab, denn sie sind permanent angespannt und vermitteln dem Hund den Eindruck, nur durch Ziehen dorthin zu gelangen, wo er gerade hinmöchte.

Bei zugkräftigeren Tieren empfehle ich unbedingt, beim Spazierengehen Handschuhe zu tragen. Denn wenn Ihnen bei einem Ausflug im Wald plötzlich ein Wildtier über den Weg läuft und Ihr Hund sich dann motiviert in die Leine wirft, kann das rasch zu schweren Verbrennungen führen!

Ausrüstung für drinnen und draußen

Ebenso werden Sie Dinge benötigen, die für das Training der Impulskontrolle wichtig sind. Eine sogenannte »Reizangel« (→ Seite 124) können Sie mit etwas handwerklichem Geschick selbst bauen. Auch Geräte wie Ballwurfmaschinen können nun angeschafft werden.

Für das Apportiertraining werden Sie in nächster Zeit unterschiedliche Dummys brauchen. 250 Gramm schwere, möglichst gleichfarbige Stoffdummys sind hier ein guter Start. Für Indoorbeschäftigungen sind Sie mit einem Kong, einer Leckmatte und einem Schnüffelteppich (→ Seite 160) gut ausgerüstet.

Was sitzt, das sitzt!

Die Signale »Sitz« und »Platz« haben Sie wahrscheinlich mit den modernen, aber herkömmlichen Methoden aufgebaut: Sie haben also ein Leckerchen über Nase und Kopf des Welpen in die Höhe gezogen, um diesen zum Nachschauen und Hinsetzen zu bewegen. Für das »Platz« haben Sie vermutlich ebenso eine Belohnung von der Hundenase Richtung Brust und Boden gezogen. Hier ist Geduld gefragt, denn die Platzposition ist viel schwieriger zu erlernen als das Sitzen.

Wie Ihnen gut geschulte Hundetrainer bestimmt erklärt haben, lohnt es sich nicht, Welpen an Halsband und Leine ins »Sitz« zu ziehen oder ins »Platz« zu drücken. Außer einem Vertrauensbruch und womöglich sogar Verletzungen, die sie dem fragilen Hundekörper zufügen, bringt das nichts Gutes.

Wunschverhalten fördern

Beherrscht Ihr Vierbeiner schließlich die beiden Grundsignale »Sitz« und »Platz«, können Sie immer wieder auf sie zurückgreifen und auf dieser Basis wunderbar aufbauen.

Jeder Hund zeigt übrigens eine der genannten Verhaltensweisen ein wenig lieber als die andere: Die einen sind eher die »Sitzer«, während die anderen sich gerne ablegen. Grundsätzlich gilt: Jedes Verhalten, das Sie liebevoll aufgebaut und richtig belohnt haben, wird Ihnen Ihr Hund später im Alltag auch aus freien Stücken anbieten. Im Umkehrschluss gilt aber auch, dass Sie nochmals gründlich darüber nachdenken sollten, welches Repertoire an Handlungsmöglichkeiten Sie dem kleinen Racker anlernen – denn Bellen, Springen und Hetzen können ebenfalls schnell zum Selbstläufer werden.

Der Jäger-Tipp

Setzen, legen, vorstehen?

Bevor Sie die »Erdung« (→ Seite 114) trainieren, sollten Sie sich überlegen, wie Sie Ihren Jagdhund später einsetzen wollen: Gehen Sie auf Niederwildjagd und der Hund soll neben Ihnen im Sitzen verharren? Dann lohnt es sich, die »Sitz-Variante« der Übung aufzubauen. Pirschen Sie gemeinsam durchs Revier, ist es sinnvoller, wenn sich Ihr Hund beim Anblick von Wild hinlegt.

Möchten Sie hingegen, dass Ihr Jagdhund frei stöbernd vorsteht, wird es eher hinderlich sein, wenn er sich ständig absetzt und auf seine Belohnung wartet. In diesem Fall sollten Sie die Übung lieber komplett auslassen und gleich zum »Halt« (→ Seite 172) übergehen. Parallel dazu können Sie mit Ihrem Hund das Vorstehen einüben.

ÜBUNG

»ERDUNG«

Stellen Sie sich folgendes Szenario vor: Sie sind mit Ihrem Vierbeiner in der Natur unterwegs, plötzlich sieht er in einiger Entfernung mehrere Rehe, die auf einer Wiese grasen. Im Idealfall setzt sich Ihr junger Hund jetzt hin und blickt Sie an. Wenn Sie dieses heroische Gefühl auch kennenlernen und erleben möchten, wird Ihnen diese Übung weiterhelfen.

Was Sie für die Übung brauchen

Sie benötigen Belohnungen, die Ihr Hund grandios findet – sei es etwas Essbares oder ein Spielzeug. Zudem brauchen Sie ein neutraleres Objekt, das Sie zur Ablenkung verwenden. Es sollte ein Gegenstand sein, für den sich Ihr Schützling zwar interessiert, den er aber nicht unbedingt haben möchte, etwa eine Taschentuchpackung oder ein Schlüsselbund.

Wie Sie die Übung aufbauen

Zur Vorbereitung haben Sie Ihren Vierbeiner aufmerksam beobachtet und wissen bereits, welches Ruhesignal (»Sitz« oder »Platz«) er lieber ausführt und auch besser beherrscht. Bevor Sie mit dem Training beginnen, legen Sie also fest, mit welchem Signal Sie in dieser Übung am zuverlässigsten arbeiten können.

1. Sie stehen oder sitzen, haben die Belohnung griffbereit; Ihr Hund ist in unmittelbarer Nähe. Er wird Sie anblicken, und Sie bleiben für einen Moment ganz ruhig. Tritt nun der Fall ein, dass Ihr Hund sich hinsetzt bzw. hinlegt, belohnen Sie ihn sofort voller Freude. Funktioniert dies nicht und Ihr Hund entfernt sich vielleicht sogar von Ihnen, locken Sie ihn erneut heran und warten wieder einige Sekunden ab.
2. Setzt oder legt er sich in dieser Zeit wieder nicht, sagen Sie »Sitz« oder »Platz« und belohnen, sobald der Hund das Signal ausgeführt hat. Wichtig ist, dass Sie Ihren Körper mit Blicken und Gesten nur einsetzen, wenn Ihr Hund nicht weiterweiß. Wiederholen Sie diesen Übungsschritt fünfmal und machen Sie dann eine Pause. Nach einigen Wiederholungen sollte die Hilfestellung durch das gesprochene oder gezeigte Signal nicht mehr nötig sein.

1. Ihr Hund blickt Sie an, und Sie warten ab: Bietet er das gewünschte Verhalten vielleicht freiwillig an?

3. Nach einigen weiteren Durchgängen können Sie verschiedene Ablenkungen in die Übung integrieren: Nehmen Sie das Taschentuchpäckchen in die Hand, sehen Sie es an und beschäftigen Sie sich damit. Dabei behalten Sie Ihren Hund im Auge und warten nun darauf, dass er die »Erdung« – also das »Sitz« bzw. »Platz« – freiwillig ausführt. Passiert dies, folgt natürlich unverzüglich die Belohnung.
Diesen Schritt können Sie auch beim Öffnen von Türen zu Hause oder im Auto üben: Ihre Hand berührt die Klinke und verharrt dort. Gleichzeitig blicken Sie Ihren Hund an und warten, bis er sich hinsetzt oder ablegt. Zeigt er das gewünschte Verhalten, öffnen Sie zur Belohnung die Tür, und Ihr Hund darf endlich weiter. Anfangs sollten Sie auch hier möglichst rasch belohnen. Später können Sie die Schwierigkeit steigern, indem Sie die Tür immer langsamer öffnen. Verliert Ihr Hund die Geduld und steht vorher auf, schließen Sie die Tür sofort wieder, und das Spiel beginnt von vorne. »Erdet« sich der Hund erneut, folgt die Belohnung diesmal wieder rascher, um Frustration zu vermeiden.

Training in allen Lebenslagen

Üben Sie in den kommenden Tagen und Wochen fleißig weiter. Im Laufe der Zeit können Sie dann immer mehr ablenkende Außenreize ins Training einbauen: Verlangen Sie die »Erdung«, wenn Sie jemanden begrüßen, wenn Sie Essen in der Hand halten oder wenn Sie ein Spielzeug auf den Boden legen. Letztlich bietet sich diese Übung auch beim Werfen eines Dummys oder beim Spazierengehen im Wald an, wo Ihr Hund andere Tiere sieht und interessante Geräusche wahrnimmt. Gut kombinieren können Sie die »Erdung« auch mit der Übung »Reizangel & Co.« (→ Seite 124)

2. Ist das nicht der Fall, geben Sie Ihrem Schützling mit einem gesprochenen Signal Hilfestellung.

3. Wenn die Übung sitzt, kommen der Schlüsselbund oder andere Ablenkungen zum Einsatz.

1. Signalisieren Sie Ihrem Hund im ersten Schritt mit einem Sichtzeichen, dass er bleiben soll.

2. Jetzt machen Sie einen kleinen Schritt zurück und wieder nach vorne. Bleibt Ihr Hund, loben Sie ihn.

ÜBUNG

»BLEIB«

Egal, ob Sie einer anderen Person zu Hilfe eilen müssen oder in aller Ruhe die Lieferung des Pizzaboten entgegennehmen möchten: Im Alltag ist es unerlässlich, dass Ihr Hund bleibt und an Ort und Stelle ausharrt, während Sie sich entfernen und anderen Dingen widmen. Das entsprechende Signal dazu will zuverlässig gelernt sein. Und es sollte auch dann funktionieren, wenn Rehe über ein Feld wechseln.

Was Sie für die Übung brauchen

Sie benötigen Leckerchen und Ihren Vierbeiner im Brustgeschirr; zur Sicherheit können Sie ihn anleinen. Üben Sie anfangs auf neutralem, angenehmem Untergrund. Ist der Boden voller Ameisen oder Brennnesseln, wird dort kein Hund gerne an Ort und Stelle bleiben.

Wie Sie die Übung aufbauen

Wie bei der »Erdung« (→ Seite 114) gilt auch hier: Ob Ihr Hund lieber steht, sitzt oder liegt, sollte seine Entscheidung sein. Denn Tiere, die frei entscheiden können, zeigen erwünschtes Verhalten wesentlich stabiler. Wichtig ist allerdings, dass der Hund genau dort bleibt, wo Sie ihm das Signal gegeben haben.

1. Im ersten Schritt geben Sie Ihrem Schützling ein Sichtzeichen, das ihm das erwünschte Verhalten signalisiert und ihn zum Bleiben animiert. Zeigen Sie ihm z. B. Ihre Handfläche, die Sie senkrecht ausgestreckt in Richtung Hund halten.
2. Machen Sie nun einen kleinen Schritt nach hinten und gehen Sie dann gleich wieder zum Hund zurück. Steht er jetzt

3. Nach einigen Durchgängen sollte es möglich sein, sich 15–20 Schritte von Ihrem Hund zu entfernen.

4. Schließlich steigern Sie die Schwierigkeit weiter, indem Sie sich umdrehen oder seitlich weggehen.

schon auf, deuten Sie den Schritt bei der nächsten Wiederholung nur an. Bleibt Ihr Vierbeiner brav in Position, loben und belohnen Sie ihn mit einem Leckerchen. Wiederholen Sie diesen Vorgang (also den Schritt nach hinten und wieder zurück zum Hund) zwei- bis viermal, bevor Sie mit »Und weiter« auflösen.

3. Wiederholen Sie die vorausgehenden Übungsschritte, bis die Grundlage der Übung gut gefestigt ist. Dann können Sie das akustische Signal »Bleib« sprechen, nachdem Sie das Sichtzeichen gegeben haben. Steigern Sie die Distanz zum Hund schrittweise, bis es möglich ist, 15–20 Schritte rückwärts wegzugehen.
4. Danach können Sie etwas mehr Abwechslung und Anspruch in die Übung bringen: Gehen Sie beispielsweise seitlich weg, um den Hund herum oder drehen Sie ihm den Rücken zu. Wenn das Signal sitzt, sollte es sogar möglich sein, dass Sie beim Weggehen über Ihren Vierbeiner steigen. Auch die Beschaffenheit des Untergrunds, der Ablenkungsgrad oder die Umgebung können jetzt verändert werden.

Was Sie beachten sollten

Beginnen Sie nicht zu früh damit, Ihren Schützling aus dem »Bleib« abzurufen. Er könnte die Übung sonst anstatt mit Ruhe mit einem erhöhten Erregungslevel verknüpfen, was das Bleiben erschwert.

In den ersten Übungswochen ist es besser, wenn Sie zu Ihrem Hund zurückgehen und die Übung dort belohnen und auflösen. Das Auflösen des Signals (etwa mit »Und weiter«) ist wie immer sehr wichtig, denn nur so kann Ihr Hund lernen, wie lange er überhaupt bleiben soll. Verzichtet man auf die Auflösung, kann es passieren, dass das Tier zu früh aufspringt oder zu robben beginnt.

VERLOCKUNGEN UND STÖRFAKTOREN

Sie haben jetzt also schon gelernt, wie Sie Ihrem Hund das »Warten« (→ Seite 90) und »Bleiben« beibringen, und den Aufbau der entsprechenden Signale fleißig geübt. Damit diese Signale auch dann noch zuverlässig funktionieren, wenn im Park plötzlich eine Frisbeescheibe an Ihnen vorbeisegelt oder in freier Natur ein Hase aufspringt, bedarf es einer kontinuierlichen Steigerung der Ablenkung. Das bedeutet, dass die Außenreize, denen Ihr Vierbeiner beim Training ausgesetzt wird, zunehmen müssen und Ihr Schützling gleichzeitig immer besser darin wird, Ihre Signale trotz dieser Ablenkungen zu beachten und zuverlässig umzusetzen.

Wie bereits erwähnt, ist es wichtig, dass Anzahl und Stärke dieser Reize nicht zu schnell gesteigert werden und für Sie noch kontrollierbar sind. Haben Sie zuvor immer ohne Ablenkungen im Wohnzimmer oder im ruhigen Hinterhof geübt, wird Ihr Hund nicht sitzen bleiben, wenn Sie plötzlich auf der Wiese einen Felldummy oder Ball werfen.

Instinkt-Management 2.0

Beginnen Sie zuerst mit natürlichen Ablenkungen: Schicken Sie Ihren Vierbeiner also ins »Warte« oder »Bleib«, wenn in der Nachbarschaft andere Hunde bellen, ein Apfel neben Ihnen vom Baum fällt oder eine Taube an Ihnen vorbeifliegt. Vergessen Sie dabei nicht, Ihr Tier unverzüglich für das Halten des Signals zu loben und zu belohnen.

Klappt das zuverlässig, können Sie aktiv Störfaktoren einbauen, die Ihren Hund ablenken oder in Versuchung führen: Legen Sie beispielsweise ein Spielzeug auf den Boden, während Ihr Hund bleibt und ausharrt. Holen Sie Leckerchen von einem anderen Platz, oder beschäftigen Sie sich mit einem Gegenstand, den

Der besondere Tipp

Sie führen Regie!

Ihr Hund muss jetzt lernen, dass er nicht immer zu spannenden Dingen hinlaufen darf. Nur Sie geben ihm dafür die Erlaubnis. Der Trick ist hier, dass Sie abwechselnd und unterschiedlich belohnen. Schicken Sie Ihren Schützling also das eine Mal mit dem Signal »Nimm es dir« (→ Seite 95) zur Beute, beim nächsten Mal wird er dann wieder mit einer Leckerei oder einem attraktiven Spielzeug für seine Geduld und Disziplin belohnt. Ihr Hund sollte also nicht lernen und erwarten, dass er nach jedem geduldig ausgeführten »Bleib« oder »Warte« lossausen und auskundschaften darf, warum Frauchen oder Herrchen diese Signale überhaupt gegeben haben.

Auch das Lieblingsstofftier Ihres Hundes eignet sich perfekt als Störfaktor beim Training. Und ab und an dürfen Sie ihn damit natürlich für seine geduldige Mitarbeit belohnen.

Sie in Händen halten und von dem Sie wissen, dass auch Ihr Hund ihn spannend findet. Widersteht er allen Verlockungen und hält die Position, loben und belohnen Sie ihn

Meins oder deins?

Vorab sollten Sie genau überlegen, welche Gegenstände Ihr Hund haben darf und welche nicht. Falls Sie also zur Ablenkung das eben erwähnte Spielzeug holen, kann es passieren, dass Ihr Hund zwar brav sitzen bleibt, sich dann aber voll und ganz auf das Objekt konzentriert, das Sie gerade in Händen halten. In diesem Fall spricht nichts dagegen, das Tier mit dem begehrten Spielzeug für seine Geduld zu belohnen. Machen Sie dies aber stets kontrolliert und geben Sie den Gegenstand mit dem Signal »Nimm es dir« (→ Seite 95) frei.

»Anzahl und Stärke der Außenreize sollten nicht zu schnell gesteigert werden, um im Training noch kontrollierbar zu bleiben.« ALEXANDRA WISCHALL-WAGNER

Belohnen Sie Ihren Schützling immer hochwertig, wenn er die gewünschte Aufgabe schnell und zuverlässig erledigt. Denken Sie zudem daran, dass jeder Hund selbst bestimmt, was für ihn die perfekte Belohnung ist.

Auch sollten Sie diese Art der Belohnung nicht zu oft wiederholen, denn sonst gewöhnt sich der kleine Racker daran, alles haben zu dürfen, was Sie holen. Wichtig ist zudem, dass Sie hochwertig belohnen. Denken Sie stets daran, dass Ihr Hund bestimmt, was für ihn eine Belohnung ist – und was nicht (→ Seite 10).

Impulskontrolle für Profis

Im nächsten Schritt können Sie dann, während Ihr Hund wartet oder bleibt, interessante Dinge rollen, in die Luft werfen oder sich andere, ungewöhnliche Störfaktoren einfallen lassen. Klappt dies, dringen Sie langsam in die Sphären der Profis vor. Hier gibt es eine ganze Menge an großartigen Erfindungen, mit denen Sie den Grad der Ablenkung und somit das Trainingsniveau noch weiter steigern können: Von Ballmaschinen über selbst gebaute Reizangeln und Ballpistolen bis hin zu Maschinen, die Dummys werfen, ist hier alles möglich, um auf hohem Niveau die Impulskontrolle Ihres Hundes immer weiter zu verbessern.

Mit Technik vertraut machen

Wichtig ist, dass Ihr Junghund bereits vor dem ersten Einsatz mit solchen neuen Gerätschaften vertraut gemacht wird. Ein plötzliches Knallen, Krachen oder Schnalzen kann das Tier erschrecken und Ihnen das Training gründlich versalzen. Zeigen Sie Ihrem Hund daher die technischen Hilfsmittel, mit denen Sie zukünftig arbeiten wollen, legen Sie das neue Gerät zunächst auf den Boden, und loben Sie, wenn Ihr Vierbeiner Interesse zeigt.

Wurfmaschinen sollten das erste Mal aus größerer Entfernung zum Hund abgefeuert werden, damit er sich an das Geräusch gewöhnt. Achten Sie auch darauf, dass keine anderen Menschen oder Tiere durch den Einsatz belästigt oder verletzt werden. Jetzt legen Sie den Inhalt (Ball, Dummy oder Spielzeug) in die Maschine, feuern sie erneut aus einiger

Distanz ab und schicken den Hund dann sofort aus dem »Bleib« zur Beute. Geben Sie dazu unbedingt das entsprechende Erlaubniswort. Ist die Maschine dann nach drei bis fünf Wiederholungen positiv belegt, steht einem sicheren Training nichts mehr im Wege.

Was duftet da am Straßenrand?

Im Idealfall hat Ihr Liebling jetzt gelernt, geduldig mit Ihnen zu warten oder an Ort und Stelle auszuharren, wenn Sie sich von ihm entfernen. Sinnvoll ist aber auch, das »Weitergehen« einzuüben.

Für junge oder noch untrainierte Hunde ist es nicht einfach, ihre Anlagen und Impulse unter Kontrolle zu halten. Beim Spazierengehen können ein vergammeltes Stück Pizza am Straßenrand oder ein Feldhase, der sich in der Böschung versteckt, Verlockungen sein, denen Ihr Vierbeiner nur schwer widerstehen kann – oder die ihn sogar in helle Aufregung versetzen. Ihr Hund muss lernen, dass er weder die Pizza noch den Hasen haben darf.

Ablenkungen links liegen lassen

Das können Sie schon im Alltag üben, indem Sie erwünschtes Verhalten, das Ihr Hund freiwillig zeigt, benennen: Jedes Mal, wenn er von einer Sache ablässt und sich Ihnen anschließt, können Sie das Signal »Und weiter« sagen und dazu eine entsprechende Geste zeigen.

Ein Beispiel: Ihr Hund wechselt beim Gassigehen auf einen Grünstreifen, um dort sein Geschäft zu erledigen. Kurz bevor er zu Ihnen zurückkommt, um den Weg fortzusetzen, geben Sie das Signal und loben ihn danach ruhig mit Worten. Eine andere Variante wäre, den Hund bewusst in eine Trainingssituation zu bringen, die ich gleich in der Übung »Weitergehen« (→ Seite 122) beschreibe.

Gut zu wissen

Die Krux mit den Verboten

Manche Hundehalterinnen schwören auf Signale wie »Aus« oder »Lass es« (→ Seite 123), um dem Hund mitzuteilen, dass er ein bestimmtes Verhalten nicht zeigen soll – etwa das Fressen bzw. Anschnüffeln von Müll oder Lebensmitteln. Meist sind solche Verbotsworte mit zu viel Aufregung und Aufmerksamkeit aufgeladen, was zur Folge hat, dass das unerwünschte Verhalten für den Vierbeiner jetzt erst so richtig interessant und spannend wird.

Bei uns Menschen kann man ähnliche Phänomene beobachten: Probieren Sie doch einmal aus, sich ganz bewusst zu verbieten, an einen rosaroten Elefanten zu denken. Sie werden merken, es wird nicht klappen!

ÜBUNG

»WEITERGEHEN«

Mit dem Signal »Und weiter« lernt Ihr Hund, dass es immer die beste Alternative ist, sich Ihnen anzuschließen und interessante Menschen, Gegenstände oder andere Ablenkungen links liegen zu lassen. Und mit etwas Übung wird er sich auch beim Anblick von Wild weder aus der Ruhe noch von Ihrem gemeinsamen Weg abbringen lassen.

Was Sie für die Übung brauchen

Sie benötigen tolle Belohnungen, die für Ihren Hund ein echter »Jackpot« sind. Ihr Vierbeiner ist angeleint und trägt ein Brustgeschirr.

Wie Sie die Übung aufbauen

1. Anfangs üben Sie ohne Ablenkung. Sie haben den angeleinten Hund in unmittelbarer Nähe, gehen los und geben dazu ein Handzeichen, das ihm die Laufrichtung vorgibt. Setzt er sich wie gewünscht in Bewegung, loben und belohnen Sie. Nach einigen Durchgängen geben Sie das akustische Signal »Und weiter«, machen die Handbewegung und loben wieder, sobald der Hund in Ihre Richtung weitergeht.
2. Wiederholen Sie den ersten Schritt einige Male, dann integrieren Sie etwas Ablenkung in die Übung. Beginnen Sie beispielsweise mit einem Schlüsselbund: Legen Sie diesen in einiger Entfernung auf dem Boden ab, und nehmen Sie die Leine dann so kurz, dass Ihr Schützling den Gegenstand nicht erreichen kann. Gehen Sie nun parallel zum Gegenstand los.
3. Erblickt Ihr Vierbeiner die Ablenkung, bleiben Sie stehen und halten die Leine fest, damit auch der Hund stillsteht. Bringen Sie sich jetzt auf seine Kopfhöhe und geben Sie ihm das akustische und visuelle Signal »Und weiter«. Konzentrieren Sie sich dabei wieder auf Ihren Weg und machen Sie einen Schritt in diese Richtung.
4. Folgt Ihnen Ihr Hund, loben und belohnen Sie sofort. Wenn nötig, sollten Sie ihn anschließend noch 1–2 weitere Male zum Weitergehen animieren, bis die Ablenkung außer Reichweite ist. Denn viele Hunde schnappen sich in diesem Übungsschritt ihre Belohnung und flitzen dann zurück zum Schlüsselbund; das sollte nicht passieren. Trainieren Sie einige Zeit auf diesem Niveau weiter und ersetzen Sie die Schlüssel durch andere, ebenfalls nicht

Erfolgreiches Training: Ihr Hund geht auf Ihr Signal hin weiter und lässt sich auch durch Spielzeug oder andere Ablenkungen nicht aus der Ruhe bringen.

so spannende Dinge. Erst dann steigern Sie erneut die Schwierigkeit.

5. Nach und nach können Sie variieren und mit Gegenständen üben, die Ihr Hund deutlich reizvoller findet: Legen Sie einmal ein Spielzeug aus, das andere Mal einen attraktiven Kauartikel. Gerne können Sie auch einen Dummy auslegen und sogar mit Wildgeruch beträufeln. Oder Sie platzieren einen Menschen, der gerade etwas Leckeres isst oder sich mit einer anderen Sache beschäftigt. Lässt sich Ihr Hund nicht aus der Ruhe bringen und geht weiter, wird er fürstlich gelobt und belohnt. Nach und nach können Sie dann beim Üben auch auf die Leine verzichten.

Der besondere Tipp

Sofort ausspucken!

Für Sie und Ihren Hund ist es entspannter und sicherer, wenn er an herumliegenden Dingen vorbeigeht. Trotzdem kann es natürlich passieren, dass er ein Stück Müll oder sogar ein Wildtier aufnimmt und Sie das zu spät mitbekommen. Hier hilft Ihnen das Notfallsignal »Sofort ausspucken!« weiter, das Sie wie folgt aufbauen können:

Ihr Hund ist in Ihrer Nähe, dann sagen Sie »Sofort ausspucken!« und werfen danach eine Handvoll Kekse auf den Boden. Diesen Vorgang wiederholen Sie immer wieder. Ihr Vierbeiner lernt, sich Ihnen auf das Signal hin sofort zuzuwenden – und um an die Leckereien zu kommen, muss er seinen Fang ohnehin öffnen. Jetzt bringen Sie Ablenkung in die Übung und verwenden das Signal auch dann, wenn Ihr Hund tatsächlich etwas im Maul hat. Sie werden sehen: Schon bald lässt Ihr Hund seine Beute aus, und Sie können ihm mühelos den ausgespuckten Gegenstand wegnehmen.

ÜBUNG

»REIZANGEL & CO.«

Die Natur ist voller Verlockungen, aber auch aufregende Alltagssituationen können Ihren jagdaffinen Hund schnell aus der Ruhe bringen. Daher ist es wichtig, dass er sich beherrschen und seine Impulse kontrollieren kann. In dieser Übung wollen wir die Impulskontrolle mit einer Reizangel bzw. Wurfmaschine üben und Ihrem Liebling beibringen, dass er nur auf Ihr Signal hin zur Beute stürmen darf.

Was Sie für die Übung brauchen

Sie benötigen Ihren Hund im Brustgeschirr, eine Leine zur Absicherung, attraktive Belohnungen und eine »Reizangel«. Dieses praktische Trainingstool können Sie im Fachhandel kaufen, aber auch ohne große Mühe selbst basteln. Dazu befestigen Sie einfach ein rund zwei Meter langes Stück Schnur an einem längeren Stab oder Stock. Ans Ende der Schnur binden Sie einen spannenden Gegenstand. Gut geeignet sind ein Stoffspielzeug oder auch ein Ball, der mit einer Öse ausgestattet ist. Gerne darf Ihnen bei dieser Übung auch eine zweite Person behilflich sein.

Trainieren Sie am besten auf einer etwas größeren, freien Fläche (z. B. auf einer Wiese oder im Garten), auf der sie sich ungestört bewegen können. Alternativ können Sie bei dieser Übung auch mit jeder Art von Wurfmaschinen arbeiten. Dazu müssen Sie Ihren Hund aber vorbereiten und auf die Sicherheit von Mensch und Tier achten (→ Seite 120).

Wie Sie die Übung aufbauen

Das Schwingen der Reizangel wird Ihren Hund zum Hinterherlaufen animieren. Jetzt kann er beweisen, wie gut er seine Impulse unter Kontrolle hat: Entweder verharrt er im »Bleib« (→ Seite 116) und sieht ruhig zu, oder er darf auf Ihr Signal hin der Angelschnur hinterherjagen und sich das begehrte Stoffspielzug schnappen, das verführerisch vor seinen Augen hin- und hertanzt.

1. Leinen Sie Ihren Junghund an und bringen Sie ihn dann in die Position »Bleib«. Jetzt entfernen Sie sich ein paar Meter und werfen die Reizangel in Richtung Hund aus. Halten Sie das Gerät dabei in einer

Gehen Sie ein paar Schritte zurück und werfen Sie die Reizangel aus, Ihr Hund verharrt im »Bleib«.

Hand, die Beute liegt nach dem Wurf am Boden. Die Rute der Reizangel mitsamt Dummy wird also in diesem Schritt noch nicht durch die Luft geschwungen.

2. Jetzt legen Sie die Angelrute ab und gehen wieder ein wenig auf Ihren Hund zu, der Sie im Idealfall ruhig und regungslos beobachtet hat – also immer noch im »Bleib« verharrt. Loben Sie ihn währenddessen akustisch. Beim Hund angekommen, loben und belohnen Sie Ihren Vierbeiner erneut und ausgiebig.
3. Wenden Sie sich anschließend von Ihrem Schützling ab, und entfernen Sie sich mit dem Signal »Und weiter« von der ausgeworfenen Beute, die vor Ihnen auf dem Boden liegt. Geht Ihr Hund mit, loben und belohnen Sie ihn wieder.
4. Wiederholen Sie die ersten Schritte mehrmals. Ist das Fundament der Übung gefestigt, darf endlich Tempo ins Training kommen, und die Reizangel darf sich mehr und mehr bewegen: Schwingen Sie die Rute hin und her, lassen Sie die Beute über den Boden tanzen und bewegen Sie diese zum Hund hin und wieder weg.

Was Sie beachten sollten

Ihr Hund wird höchstwahrscheinlich begeistert sein, wenn er dem Dummy gelegentlich hinterherjagen und ein paar Sekunden mit ihm spielen darf. Wichtig ist aber, dass Sie diese Art der Belohnung nicht zu häufig anbieten, da Ihr Trainingspartner sonst eine zu hohe Erwartungshaltung entwickelt und nach jedem Übungsdurchlauf zur Beute möchte.

Sie können in dieser Übung auch mit einer Wurfmaschine arbeiten; das Training läuft dann nahezu identisch ab: Ihr Hund befindet sich in der »Warteposition«, verharrt also im »Bleib«, der Ball fliegt, und Sie belohnen ihn hochwertig für seine Geduld an Ihrer Seite.

Ihr Hund sollte sich dem ausgeworfenen Köder nur annähern, wenn Sie das ausdrücklich erlauben.

Jackpot-Belohnung: Ab und an darf Ihr Schützling der Beute hinterherjagen und sie sich greifen.

ÜBUNG

»BÄLLEZAUBER«

Vielleicht wollen Sie Ihrem Liebling das Apportieren beibringen? Damit das klappt und Sie im Training vorankommen, brauchen Sie einen Hund, der bereitwillig tauscht. Es sollte sich für das Tier also lohnen und ihm sogar Freude bereiten, Ihnen die erarbeitete Beute immer wieder zu überlassen. Kurzum: Mit dieser Übung trainieren Sie, dass Ihr Vierbeiner Sie als Herrin oder Herr der Beute anerkennt!

Was Sie für die Übung brauchen

Sie benötigen zwei möglichst identische Bälle, die sich weder in Größe oder Materialbeschaffenheit voneinander unterscheiden. Die Bälle sollten zum Fang Ihres Tieres passen, der Hund muss sie also bequem ins Maul nehmen können. Stellen Sie auch sicher, dass beide Bälle neuwertig sind; andernfalls könnte es sein, dass Ihr Hund einen der Bälle mehr begehrt als den anderen. Zudem brauchen Sie Leckerchen, die Ihr Vierbeiner sehr mag, sowie optional eine fünf Meter lange Leine, um den Hund abzusichern – falls er sich mit einem der Bälle davonmachen will.

Wie Sie die Übung aufbauen

Ihr Hund lernt jetzt, dass es sich auszahlt, spannende Dinge in die Hände seiner Vertrauensperson zu legen – denn im Gegenzug bekommt er andere, ebenso spannende Objekte.

1. Nehmen Sie zunächst beide Bälle in die Hände; die Leckerchen haben Sie gut verstaut dabei. Ihr Liebling wird die Bälle interessant finden und Ihnen folgen. Er ist angeleint, um den Radius des Spiels nicht

2. Gehen Sie in die Hocke und rollen Sie einen der Bälle sanft nach links oder rechts.

3. Sobald Ihr Hund den ersten Ball im Maul hat, begeistern Sie ihn aus der Distanz für den zweiten.

allzu groß werden zu lassen. Sollte sich Ihr Vierbeiner weiter entfernen wollen, halten Sie die Leine fest und regeln damit sanft den Spielebereich.

2. Gehen Sie nun in die Hocke und rollen Sie einen der beiden Bälle ein paar Meter nach links. Achten Sie darauf, dass Sie dieses Spiel ruhig und freundlich durchführen. Die Bälle sollten also behutsam gerollt und nicht geworfen werden. Ihr Tier wird dem kugelnden Ball hinterherdüsen.
3. Nimmt der Hund den Ball ins Maul, loben Sie ihn und beginnen sofort, sich mit dem zweiten Ball zu beschäftigen: Wiegen Sie ihn in Ihren Händen und begeistern Sie sich offenkundig für das Objekt. Ihr Hund wird mitsamt Ball im Maul interessiert in Ihre Richtung laufen. Sobald er in greifbarer Nähe ist, öffnen Sie Ihre Hände und bitten – zunächst mit einer Geste –, den Ball freizugeben.

5. Lässt er sich auf das Tauschgeschäft ein und gibt den Ball frei, beginnt das Spiel von vorne.

4. Nach und nach dürfen Sie dann auch schon ein gesprochenes Signal für das Loslassen des Gegenstandes einführen. Gerne verwendet wird hier das Signal »Gib's« oder das englische »Drop it«.
5. Gelingt es Ihnen, den Ball zu greifen, loben Sie ohne Verzögerung und rollen anschließend den zweiten Ball ein paar Meter sanft nach rechts. Kommt Ihr Vierbeiner auch mit diesem wieder in Ihre Richtung zurück, bieten Sie erneut den spannenden Tausch an.
6. Wiederholen Sie die beschriebenen Übungsschritte drei- bis fünfmal und tauschen Sie den letzten Ball dann gegen ein besonders tolles Leckerchen ein. Nun sind wieder beide Bälle in Ihrem Besitz.

Was Sie beachten sollten

Ziel dieser Übung ist es, dass Ihr Hund begreift, wie wertvoll es ist, Frauchen oder Herrchen etwas in die Hand zu geben – und dass es in Ihrer Beziehung keinen Platz für Neid und Missgunst gibt. Hat Ihr Vierbeiner das Prinzip verstanden, können Sie die Übung später auch im Stehen durchführen.

Im nächsten Level des Spiels werden Sie sich dem tatsächlichen Apportieren immer weiter annähern. Die Bälle werden dann nur noch nach vorne gerollt und schließlich durch schwerere Dummys oder andere Gegenstände ersetzt. Wie das Schritt für Schritt funktioniert, erfahren Sie in der Übung »Bällezauber für Fortgeschrittene« (→ Seite 156).

ÜBUNG

»KOMM-PFIFF«

Mit dieser Übung wollen wir einen sicheren Rückruf etablieren, den Ihr Vierbeiner auch aus weiterer Entfernung gut hören kann. Bewährtes Hilfsmittel ist dabei eine Hundepfeife.

1. Im ersten Schritt wird der Pfiff positiv verknüpft: Sie pfeifen, dann wird Ihr Hund sofort belohnt.

Was Sie für die Übung brauchen

In dieser Übung arbeiten wir mit einer handelsüblichen Doppelton-Pfeife (→ Seite 97). Zudem benötigen Sie viele kleine und möglichst weiche Leckereien.

Wie Sie die Übung aufbauen

Vorab überlegen Sie sich, mit welchem Pfeifsignal Sie den »Komm-Pfiff« belegen wollen. Häufig verwendet wird hier ein längerer Ton, der 1–2 Sekunden anhält. Ihre Hundepfeife und die Leckereien haben Sie griffbereit bei sich und »raschelfrei« verstaut.

1. Ihr Hund ist in Ihrer unmittelbaren Nähe, eventuell haben Sie ihn mit einer Leine abgesichert, damit er in Ihrem Radius bleibt. Nun tätigen Sie den Pfiff und reichen dem Hund sofort nach dem Signal einen seiner Lieblingskekse. Ob das Tier dabei schon ein wenig auf Sie zukommt oder stehen bleibt, um die Belohnung zu kassieren, ist noch unerheblich. Sie müssen auch nicht unendlich laut in die Pfeife pusten. Wichtig ist nur, dass der Ton bemerkt wird und die von Ihnen zuvor definierte Zeit anhält. Wiederholen Sie diesen Schritt fünfmal, dann folgt eine Pause.
2. Nach kurzer Pause wiederholen Sie den ersten Schritt der Übung insgesamt dreimal und legen anschließend eine deutlich großzügigere Auszeit ein.
3. Nach längerer Pause wiederholen Sie den ersten Schritt ein weiteres Mal, um das Gelernte abzurufen. Dann erhöhen Sie die Schwierigkeit, indem Sie von Ihrem Vierbeiner verlangen, auf Sie zuzukommen. Hierfür setzen Sie den Pfiff und bewegen sich gleich im Anschluss 3–4 Schritte nach hinten. Folgt Ihr Hund Ihnen nach, loben

3. Jetzt wird es anspruchsvoller: Ihr Schützling soll nach dem Pfeifsignal auf Sie zukommen.

4. Später können Sie neben dem Pfeifsignal auch das gesprochene »Komm« ins Training integrieren.

Sie ihn sofort und reichen ihm wieder eine Leckerei. Erneut fünf Wiederholungen, dann eine Pause.

4. Innerhalb der nächsten Wochen können Sie die Entfernung langsam steigern und auch schon hin und wieder pfeifen, wenn sich Ihr Vierbeiner etwas weiter von Ihnen entfernt aufhält. Wichtig ist, dass die Ablenkung noch nicht zu groß ist. Am besten setzen Sie die Pfiffe, wenn Ihr Hund interessiert aufschaut und gerade seine nächsten Pläne schmiedet. Vermeiden sollten Sie hingegen, das Signal zu geben, wenn er gerade spielt oder gedankenverloren schnüffelt. Signale sollten so oft wie möglich auch ausführbar sein, andernfalls werden sie wieder verlernt und gelöscht. Integrieren Sie nun gerne auch das gesprochene »Komm« oder ein ähnliches Signalwort in Ihr Training – und zwar unmittelbar nach dem abgegebenen Pfiff.

Was Sie beachten sollten

Sie haben für alle vier Schritte genügend Zeit. Üben Sie täglich ein- bis zweimal, aber übertreiben Sie es auch nicht. Sollte ein Pfiff einmal ungehört bleiben, gehen Sie zurück zum ersten Schritt und frischen diesen wieder mit 3–5 Wiederholungen auf.

Etablieren Sie am besten zwei unterschiedliche Rückruf-Pfiffe: Einer sagt dem Hund, dass er in Ihre Nähe kommen soll, der andere verlangt noch näheres Herankommen mit Vorsitzen. Wie eingangs erwähnt, empfehle ich Ihnen für den »Komm-Pfiff« die Verwendung eines etwas länger anhaltenden Tons. Der »Heran-Pfiff« wird dann später mit zwei aufeinanderfolgenden Tönen belegt.

Beim »Heran« bekommt der Hund seine Belohnung erst, wenn er direkt vor Ihnen sitzt, ansonsten wir das Signal analog zum »Komm-Pfiff« aufgebaut. Den Triller-Pfiff benötigen Sie zukünftig für das »Halt« bzw. »Stopp«.

Der Aufbau einer guten Leinenführigkeit erfordert Geduld, ist aber unverzichtbar, wenn Sie mit Ihrem Vierbeiner entspannt in der Stadt und in freier Natur unterwegs sein wollen.

LAUFEN WIE AM SCHNÜRCHEN: UNTERWEGS MIT LEINE

An fast allen Orten, die Sie mit Ihrem Vierbeiner aufsuchen werden, herrscht Leinenpflicht. Im Idealfall sollte das Spazierengehen mit Leine ganz selbstverständlich und im Alltag auch ohne größere Kraftanstrengung klappen, doch das ist leichter gesagt als getan. Viele Hundehalter stellt der Aufbau einer angenehmen Leinenführigkeit jedenfalls vor vermeintlich unlösbare Probleme. Beim Gedanken an eine bevorstehende Waldrunde wird ihnen Angst und Bange, und wenn ihr Hund mal wieder alle anderen Fußgänger vom Gehsteig fegt, würden sie am liebsten im Boden versinken. Nicht wenige sind dann heilfroh, wenn sie ohne ausgerenkte Schultern, abgeschnürte Arme oder andere gröbere Blessuren wieder zu Hause ankommen.

Ohne Gezerre ans Ziel

Viele Hunde wiederum zucken bereits zusammen, wenn ihr Mensch die Leine auch nur in die Hand nimmt – weil sie ahnen, dass das unangenehme Geruckel an Rücken, Brust und Hals bald wieder losgeht.

Ein junger Hund möchte am liebsten überall hin, mal hier schnüffeln, mal dort riechen, Menschen begrüßen und Artgenossen entgegenlaufen, um mit ihnen zu spielen. All das wird ihm gründlich durch den Leinenhalter vermiest, der ihn vielleicht sogar noch zurückzerrt und mit ihm schimpft. Hunde (aber auch wir Menschen) haben generell gerne alles im Blick, wählen die Abstände zu anderen Individuen dankbar selbst und möchten auch selbstständig entscheiden, wie schnell sie sich interessanten Dingen annähern. Zudem laufen sie auf vier Beinen und haben ein gänzlich anderes und schnelleres Gangbild als Frauchen und Herrchen. Probleme und Frust entstehen also meist an beiden Enden der Leine, denn sowohl für den Hund als auch für den Menschen fühlt sich dieses Hilfsmittel anfangs unnatürlich an. Folglich muss man auch an beiden Seiten der Leine ansetzen, wenn man die Leinenführigkeit verbessern möchte.

Hummeln im Hintern

Emsige Leserinnen und Leser haben mit ihrem Hund bestimmt schon das Aufmerksamkeitssignal (→ Seite 106) geübt. Ihr Vierbeiner bietet Ihnen also immer wieder aus freien Stücken seinen Blickkontakt an und findet es angenehm und lohnend, bei Ihnen zu sein.

In der Pubertät hat Ihr Schützling nun aber vor allem eines im Überfluss, und das sind Hummeln im Hintern. Ablenkungen lauern überall, der nette Opa auf der Straße und auch die Ponys auf Nachbars Pferdekoppel müssen stürmisch begrüßt werden, in den Wäldern und Parks duftet es verführerisch aus allen Himmelsrichtungen, und die gesamte Umwelt wird lieber im rasanten Tiefflug als im gemächlichen Schritttempo erkundet.

Gut zu wissen

Augen auf beim Leinenkauf

Leinen gibt es im Fachhandel wie Sand am Meer: Schleppleinen, Kurzführer, Retrieverleinen, Halsbänder mit integrierter Leine oder Schnüre, die an einen Gürtel angebunden werden können. Wichtig ist, dass die Leine gut in der Hand liegt und Mensch und Hund mit ihr gefahrlos unterwegs sind.

Schleppleinen sind oft problematisch, wenn sie sich um Arme, Beine oder Bäume wickeln, während viele Retrieverleinen und Kurzführer dem Hals des Hundes arg zusetzen können. Sogenannte »Flexi-Leinen« sind fast immer auf Zug und bieten ein hohes Verletzungsrisiko, wenn sie aus der Hand rutschen oder sich ungewollt der Karabiner öffnet. Befestigt man die Leine am Körper und der Hund zerrt dann stark, kann dies leicht zu Verletzungen an Hüfte und Bauch des Hundehalters führen.

Ich persönlich empfehle drei Meter lange, ein- bis zweimal verstellbare Leinen aus Leder. Der Karabiner sollte zur Größe des Hundes passen, damit er nicht aufgeht und Ihr Vierbeiner dann unabsichtlich ausbüxen kann.

In dieser Lebensphase kann es immer wieder passieren, dass Ihr vormals süßer Welpe zum rasenden Ungeheuer wird, das nur noch hechelnd in der Leine hängt und Ihnen jetzt so manchen Spaziergang verdirbt – den Sie doch so dringend zur Erholung bräuchten! Ihr Hund wiederum braucht Bewegung und soll seine Umwelt erfahren dürfen, keine Frage. Aber bitte nicht so, dass Ihre Stimme vom vielen Rufen heiser wird und Ihre Hände regelmäßig mit Brandblasen übersät sind.

Am besten ganz entspannt

Ein Grundsatz beim Erlernen einer guten Leinenführigkeit ist, dass die Leine so wenig wie möglich auf Zug kommt. Das heißt, weder Ihr Hund noch Sie dürfen daran ziehen. Während Sie für kurze Stadtrunden mit einer drei Meter langen Leine gut ausgerüstet sind, darf es in Wald und Flur auch gerne mal eine längere sein. Zu häufig würde die kürzere Leine auf Zug gehen, was Sie und Ihren Vierbeiner dann unnötig frustriert und nur noch mehr Anspannung in den Spaziergang bringt.

In jedem Fall sind Sie gut beraten, wenn Sie beim Hantieren mit längeren Leinen Handschuhe tragen, denn das schützt Sie vor Verletzungen. Rehe, die aus dem Gebüsch springen, oder vorbeiflitzende Radfahrer haben schon so manchen jungen Hund dazu gebracht, sich mit höllischer Wucht in die Leine zu werfen. Solange Ihr Tier noch nicht so souverän ist, dass es alle aufregenden oder stressigen Alltagssituationen meistern kann, sollten Sie auf Handschuhe nicht verzichten.

Immer in Kontakt bleiben

Damit Sie die Leine rasch verlängern und verkürzen können, ohne dass sie sich dabei um Ihre Finger und Handgelenke winden und Sie verletzen kann, hat sich folgende Methode bewährt: Halten Sie das Leinenende fest, und wickeln Sie die Schnur in achterförmigen Schlaufen so lange auf, bis die Distanz zu Ihrem Hund nur noch rund drei Meter beträgt.

Um einen plötzlichen Ruck zu vermeiden, sollte immer ein leichter Kontakt zu Ihrem Vierbeiner bestehen bleiben. Im Idealfall hängt die Leine also beim Spazierengehen ein wenig durch, hat aber noch so viel Restspannung, dass der Karabiner am Brustgeschirr ein wenig angehoben wird.

> »Gute Bindung, Vertrauen und konsequentes Training sind das Erfolgsrezept für eine gute Leinenführigkeit.« ALEXANDRA WISCHALL-WAGNER

FRAGE & ANTWORT

Peinlich berührt

Mein Jagdhund hat eine ziemlich unangenehme Angewohnheit: Fast jedes Mal, wenn unsere Familie Besuch bekommt, schnüffelt er bei mindestens einem der Gäste lange und intensiv im Intimbereich herum. Er ist nicht mehr wegzubekommen und reagiert auf keines meiner Worte. Was kann ich tun?

Ihr Vierbeiner zeigt hier ein – für hündische Verhältnisse – normales Verhalten. Hunde können Hormone bzw. Pheromone und andere Duftstoffe viel besser wahrnehmen als wir Menschen. Vor allem, wenn es zu Hormonumstellungen kommt (z. B. Eisprung, Menstruation, sexuelle Erregung), verströmt der menschliche Körper intensive Düfte, die dann von der feinen Hundenase registriert werden. Einerseits ist das eine beachtliche Leistung, andererseits kann es natürlich peinlich werden, wenn sich der gut gekleidete Besuch bedrängt oder gar entlarvt fühlt.

Das Signal »Und weiter« (→ Seite 122) sollte Ihnen helfen, Ihren Hund rechtzeitig umzulenken, bevor er Gästen oder auch Familienmitgliedern zu nah auf die Pelle rückt. Parallel dazu können Sie auch noch den Rückruf (→ Seite 128) perfektionieren und Ihren Hund generell dazu animieren, von Besuchern mehr Abstand zu halten. Auch eine leckere Kaustange im Hundekorb hilft hierbei oft Wunder.

Der Hund am Tischbein?

Ich habe gelesen, dass man Hunde zu Hause anleinen darf. Vor allem, wenn ich unsere Meerschweinchen ausmiste, möchte ich auf Nummer sicher gehen. Kann ich meinen Hund währenddessen am Tischbein anbinden?

Sie sollten Ihren Hund nie unbeaufsichtigt angeleint lassen, denn die Gefahr ist groß, dass er sich selbst verletzt. In Ihrem und ähnlichen Fällen ist es besser, wenn Sie Ihrem Tier ein verlässliches »Platz« oder »Bleib« (→ Seite 116) beibringen. Möchten Sie dem Hund das Anleinen tatsächlich schmackhaft machen, sollten Sie dies unbedingt vorab in entspannten Situationen einüben: Leinen Sie ihn dafür an einem stabilen Objekt an und geben Sie dazu z. B. das Signal »Anbinden«. Bereits nach wenigen Sekunden befreien Sie Ihren Liebling wieder. Jetzt steigern Sie nach und nach die Verweildauer und den Grad der Ablenkung.

ÜBUNG

»UNSICHTBARE LEINE«

Für den Aufbau einer guten Leinenführigkeit empfehle ich Ihnen, das Training zunächst ohne Leine durchzuführen. Der Hund muss erst herausfinden, dass es in Ihrer Nähe am schönsten ist und Sie es würdigen, wenn er fröhlich neben Ihnen herläuft. Auch Richtungswechsel und Kehrtwendungen werden bereits eingeübt und später für Sie beide bedeutend einfacher sein als mit herkömmlichem Leinentraining.

Was Sie für die Übung brauchen

Sie benötigen viele weiche Belohnungshäppchen, gut und geräuschlos verstaut. Trainieren Sie in einem großen Raum oder auf einer freien Grünfläche. Gegenstände, über die Sie stolpern könnten, sollten Sie im Vorfeld wegräumen. Für den weiteren Trainingsverlauf können Sie für die variable Verstärkung (→ Seite 51) auch »Jackpot-Belohnungen«, etwa einen Ball oder etwas Leberwurst, vorbereiten.

Wie Sie die Übung aufbauen

Dass Ihr Hund auf Sie zugehen soll und dieses Verhalten belohnt wird, hat er bereits mit dem »Komm-Pfiff« (→ Seite 128) gelernt. Auch jetzt befindet er sich aufmerksam in Ihrer Nähe.

1. Bevor es richtig losgeht, müssen Sie noch die Belohnungskriterien (→ Seite 49) festlegen: Soll Ihr Schützling Sie erst anblicken und Ihnen dann folgen – oder reicht Ihnen das Folgeverhalten ohne Blickkontakt? Wir gehen jetzt einfach davon aus, dass Sie beides wollen: Ihr Hund blickt Sie also an, und schon bekommt er seine erste Belohnung. Bestätigen Sie den Blick zu Ihnen drei- bis fünfmal, bevor Sie zum nächsten Schritt übergehen.
2. Ihr Hund blickt Sie an, Sie belohnen. Anschließend gehen Sie einen großen Schritt zurück, wobei Sie darauf achten, dass Ihr Oberkörper eher nach hinten als nach vorne kippt. Durch diese Körperhaltung animieren Sie den Vierbeiner, Ihnen zu folgen. Würden Sie sich nach vorne beugen, würden Sie die Motivation Ihres Schützlings nur unnötig bremsen. Es geht jetzt darum, dass Ihr Hund 1–2 Schritte auf Sie zugeht. Setzt er sich in Bewegung, loben Sie ihn unverzüglich und geben ihm die Belohnung, sobald er direkt vor Ihnen steht (→ Seite 51). Wiederholen Sie diesen Schritt drei- bis fünfmal.
3. Klappt der zweite Schritt zuverlässig, können Sie die Schwierigkeit steigern und noch ein paar Schritte anhängen; gehen Sie jetzt also insgesamt 3–4 Schritte zurück. Ziel ist es, dass Ihr Schützling zeitgleich und gemeinsam mit Ihnen geht: Sie bewegen sich nach hinten, er nach vorne. Nach ein paar Metern loben und belohnen

Sie den Vierbeiner wieder und entlassen ihn dann mit dem Signal »Und weiter« aus der Trainingseinheit.

4. Sobald das Nachgehen nach vorne richtig gut klappt und Spaß macht, beginnen Sie, eine L-Form abzulaufen. Stellen Sie sich dafür zunächst ein großes L am Boden vor: Sie stehen gemeinsam mit Ihrem Hund am oberen Ende des Buchstabens, starten im Rückwärtsgang nach hinten und drehen dann nach rechts ab. Am Fuße des L angekommen, wird Ihr Hund automatisch an Ihrer linken Seite stehen. Blickt er nun zu Ihnen auf, bekommt er dafür sofort Lob und seine Belohnung.

5. Jetzt gehen Sie ganz ähnlich wie beim vierten Schritt vor. Anders ist lediglich, dass Sie nach Ablaufen des kompletten Buchstabens nicht mehr stehen bleiben, sondern noch 1–2 Schritte weitergehen. Geht Ihr Hund mit Ihnen mit und sucht sogar Ihren Blickkontakt, loben und belohnen Sie ihn königlich! Bei weiteren Durchgängen können Sie die Übung mit einem Sicht- und Hörzeichen starten. Dies kann ein »Fuß« oder auch jedes andere Signal sein, das Ihnen gefällt.

6. Nach einigen Durchläufen werden Sie feststellen, dass Sie in Ihren Bewegungen jetzt schon ziemlich flexibel sind: Sie können nach hinten, nach rechts oder nach links und vielleicht sogar schon nach vorne gehen (was dann ein Zurückgehen des Hundes zur Folge haben müsste), und Ihr treuer Begleiter wird Ihnen folgen und Sie freudig ansehen. Um das Niveau weiter zu steigern, können Sie mit der Zeit das Tempo variieren – also das eine Mal schleichen, das andere Mal auch laufen. Zudem können Sie Hindernisse einbauen, die Sie beide überwinden müssen, und auch den Grad der Ablenkung steigern.

2. Gehen Sie einen Schritt zurück: Ziel ist, dass auch Ihr Hund sich in Bewegung setzt und Ihnen folgt.

5. Bald werden Sie immer flexibler und können den Hund sogar in den Rückwärtsgang schicken.

ÜBUNG

»DAS RADIUS-SPIEL«

Dieses Spiel eignet sich besonders für ungestüme Vierbeiner, die beim Spazierengehen immer schleunigst vorankommen wollen. Wenn Sie mit dieser Übung beharrlich am Ball bleiben und konsequent trainieren, wird sich schon bald spürbare Besserung einstellen: Ihr Hund lernt, sich angeleint immer im Abstand von 3–5 Metern in Ihrer Nähe aufzuhalten und diesen Radius nicht zu durchbrechen.

Was Sie für die Übung brauchen

Arbeiten Sie mit einer längeren Leine Ihrer Wahl, die mit einer Handschlaufe und optional mit einem Ruckdämpfer ausgestattet ist. Zudem benötigen Sie Handschuhe, gutes Schuhwerk und viele Belohnungen. Bereiten Sie gerne zwei unterschiedliche Belohnungen für Ihren Hund vor: eine hochwertige und eine andere, die Ihr Vierbeiner nur selten bekommt, aber besonders liebt. Denkbar sind hier die üblichen Leckerchen und zusätzlich Thunfischpastete oder sein absolutes Lieblingsspielzeug – vorausgesetzt, es versetzt den kleinen Racker nicht zu sehr in Aufregung.

Wie Sie die Übung aufbauen

Machen Sie vorab 2–3 Knoten in die Leine. Den ersten können Sie drei Meter, den zweiten etwa fünf Meter über dem Karabiner platzieren. Stellen Sie sicher, dass der letzte Knoten nur etwa 30 Zentimeter von der Handschlaufe entfernt ist. Diese Knoten geben Ihnen – auch in turbulenten Situationen – einen Anhaltspunkt, wie weit Ihr Liebling entfernt ist und wie viel Spielraum noch bleibt, bevor er in die gespannte Leine knallt. Genau diesen, für Sie beide schmerzhaften Prozess wollen wir nämlich tunlichst verhindern.

1. Bevor Sie Ihrem Hund die längere Leine anlegen, führen Sie ihn noch ein paar Minuten an seiner normalen Alltagsleine herum. Währenddessen fordern Sie immer wieder die Aufmerksamkeit Ihres Vierbeiners ein – dazu geben Sie das bereits gelernte Signal (→ Seite 106).
2. Nun ersetzen Sie ganz ruhig die kürzere durch die längere Leine, halten das Band beim ersten Knoten, gehen gemütlich weiter und lassen die Leine dann langsam bis zum letzten Knoten gleiten.
3. Wichtig ist jetzt, dass Sie mit Ihrem Tier Kontakt halten. Läuft Ihr Hund locker los

Mit dem »Radius-Spiel« lernt Ihr Hund, dass es auch an der Leine viel schöner und lohnenswerter für ihn ist, wenn er in Ihrer Nähe bleibt.

und stürmt nicht gleich voran, loben und belohnen Sie ihn. Belohnen Sie Ihren Vierbeiner auch, wenn er Blickkontakt zu Ihnen aufnimmt. Gehen Sie beim Training nicht nur monoton geradeaus, sondern wechseln Sie auch mal die Richtungen, gehen Sie also beispielsweise Schlangenlinien oder laufen Sie im Kreis.

4. Wird Ihr Hund plötzlich doch schneller und will sich hastig entfernen, halten Sie die Leine beim letzten Knoten fest und bleiben in stabiler Position stehen. Kurz zuvor geben Sie das Signal »Leine Ende«. Drücken Sie beim Festhalten die Ellenbogen an Ihren Körper; ein leichtes Nachgeben mit den Unterarmen verhindert jetzt, dass Ihr Hund in die stramme Leine läuft und abrupt ausgebremst wird.
5. Wiederholen Sie dieses Prozedere so oft wie möglich. Bald werden Sie feststellen, dass Ihr Vierbeiner beim Ertönen des Signals »Leine Ende« langsamer wird. Sobald er dieses Verhalten zeigt, müssen Sie schnell reagieren und unverzüglich loben und belohnen. Nach dem Lob wird Ihr Hund zu Ihnen zurücklaufen, wo Sie ihn mit einer Leckerei belohnen können.

Was Sie beachten sollten

Wichtig ist, dass der Hund auf Ihr Signal hin tatsächlich langsamer wird. Andernfalls kann eine unerwünschte Verhaltenskette entstehen: Er stürmt los, prescht in die Leine und läuft dann zurück, um seine Belohnung zu kassieren. Auch wenn der Hund freiwillig langsamer wird, wenn das Radiusende naht, loben Sie natürlich. Belohnen Sie manchmal bei Ihnen, manchmal kann die Belohnung aber auch nur das vom Hund ersehnte Weitergehen sein.

Beim Training sollten Sie zwischendurch immer wieder stehen bleiben, um Ruhe in die Übung zu bringen: Lassen Sie Ihren Hund in einem für Sie angenehmen Radius an der Leine schnüffeln und alles beobachten, was er möchte. Blickt er Sie währenddessen an oder kommt sogar auf Sie zu, dürfen Sie selbstverständlich wieder loben und belohnen.

Gar nicht so einfach für junge Hunde, sich an eine Leine zu gewöhnen. Denn sie möchten am liebsten überall schnüffeln und selbst entscheiden, in welche Richtung sie gehen.

DIE FÜNF SÄULEN DER LEINENFÜHRIGKEIT

Probleme mit der Leine gehören zu den nervenaufreibendsten Themen im Leben eines Hundehalters. Tipps dazu – wie regelmäßiges Stehenbleiben, sobald der Hund zieht – gibt es viele. Will man dann in gleicher Richtung weitergehen, beginnt der Ärger oft von vorne. Hier habe ich Ihnen die wichtigsten grundlegenden Punkte zusammengestellt, die Ihnen beim Aufbau der Leinenführigkeit helfen.

1. **Die richtige Körpersprache:** Spazierengehen mit Leine ist wie Fahrradfahren: Wo Sie hinwollen, müssen Sie auch hinschauen. Möchten Sie Ihren Hund zum Umkehren bewegen, blicken Sie zum Ziel und nicht weiter in die unerwünschte Richtung. Öffnen Sie Ihre Körpersprache, und zeigen Sie mit klarer Gestik, wo es jetzt langgeht. Bleiben Sie dabei in Bewegung, und animieren Sie Ihren Hund gerne mit einem gesprochenen »Dieser Weg«, sich Ihnen anzuschließen. Tut er das, loben und belohnen Sie.
2. **Belohnung im richtigen Moment:** Sie sollten Ihren Hund niemals belohnen, wenn er Reißaus nehmen will, sondern nur, wenn er sich im zuvor von Ihnen definierten Aktionsradius aufhält. Sie entscheiden, ob Ihr Vierbeiner ganz dicht neben Ihnen »bei Fuß« gehen soll – oder sich etwas weiter von Ihnen wegbewegen darf (→ Seite 51).

3. **Richtungswechsel sind das A und O:** Ein Hund, der immer nur geradeaus rennt, wird zwangsläufig immer schneller. Unterbrechen Sie diesen Trott ab und an und fordern Sie immer wieder ein wenig mehr Aufmerksamkeit von Ihrem Schützling ein.
4. **Konsequenz:** Lassen Sie sich von Ihrem motivierten Tier an der Leine nicht hin und her zerren – weder zu Orten oder Dingen, die gut riechen, noch zu anderen Hunden, einem Spielzeug, einem Lieblingsmenschen oder sonstigen Attraktionen. Zieht Ihr Hund mit Kraft zum nächsten Leitpfosten am Straßenrand, können Sie davon ausgehen, dass es für ihn die größte Belohnung wäre, wenn er ihn tatsächlich erreicht. Packen Sie diese Gelegenheit beim Schopfe und bauen Sie ein kleines Leinentraining ein: Ist Ihr Hund kurz aufmerksam und geht ein paar Schritte ruhig mit Ihnen mit, schicken Sie ihn zur begehrten Stelle und belohnen ihn so.
5. **Interaktion und Kommunikation:** Stellen Sie sich vor, Sie freuen sich auf einen entspannten Spaziergang mit einem Freund. Leider klebt dieser unentwegt an seinem Handy; er telefoniert und textet unaufhörlich. Sie werden sich ignoriert fühlen und sich früher oder später anderen Dingen widmen. Genauso geht es Ihrem Hund, wenn Sie beim Spazierengehen gedankenverloren und abgelenkt durch die Gegend streifen. Spätestens, wenn der zehnte Blick zu Ihnen unerwidert bleibt, wird sich auch Ihr Vierbeiner ein anderes Hobby suchen und entweder an der Leine zerren, um Ihre Aufmerksamkeit zu bekommen, oder verführerischen Wilddüften hinterherjagen. Bleiben Sie daher in Kontakt mit Ihrem Begleiter: Interessieren Sie sich für Stellen, an denen er gerne schnüffelt, beachten Sie, wann und wo er seine Nase in den Wind hält, und freuen Sie sich, wenn er Ihnen einen aufmerksamen Blick zuwirft.

Der besondere Tipp

Lieber Tanz statt Kampf

Haben Sie Geduld: Der Weg hin zu einer konfliktfreien Leinenführigkeit ist in der Regel mit intensiverem Training verbunden, und das sollte wie immer auf gegenseitigem Vertrauen basieren und schmerzfrei sein. Nicht ohne Grund wird das Zusammenspiel zwischen Mensch, Leine und Hund häufig mit einem Tanz verglichen. Am Ende sollte es also kein Kampf sein, sondern elegant, mühelos und freudig wirken.

Vierbeiner, denen die Leine mit Druck aufgezwungen wurde, erkennt man hingegen meist schon aus weiter Ferne – an ihrer geduckten und misstrauischen Haltung, die sie gegenüber ihren Besitzern zeigen.

ÜBUNG

»DER TREUE-TEST«

Dieses Spiel wird das Band zwischen Ihnen und Ihrem Jagdhund weiter stärken. Die Übung beinhaltet viele Ablenkungen, die von Ihrem Vierbeiner zwar wahrgenommen, im Idealfall aber ignoriert werden. Nach erfolgtem Pfiff soll er schleunigst zu Ihnen kommen.

Was Sie für die Übung brauchen

Neben Ihrer Hundepfeife benötigen Sie für den Hund sehr hochwertige Belohnungen, optional eine lange Leine zur Absicherung sowie verschiedenste Gegenstände zur Ablenkung; das können Futternäpfe, Schlüssel, Socken, Spielzeug oder leckeres Futter sein.

Wie Sie die Übung aufbauen

Anfänger sollten in dieser Übung mit Leine arbeiten, Fortgeschrittene können auf die Absicherung verzichten.

1. Setzen oder legen Sie Ihren Hund ab; er bleibt in Position. Visualisieren Sie nun ein Dreieck. Ziel ist es, dass sich an jeder der drei Ecken etwas befindet: an einer der Hund, an einer die Ablenkung und an einer Sie selbst. Gehen Sie nun nach rechts oder links los und legen Sie im Abstand von rund fünf Schritten zu Ihrem Hund eine Ablenkung auf den Boden. Jetzt gehen Sie wieder gute fünf Meter zum dritten Punkt des Dreiecks.
2. Setzen Sie nun den Rückruf – also den Pfiff, dicht gefolgt vom Signal »Komm« (→ Seite 128) –, und animieren Sie Ihren Hund, auf direktem Weg zu Ihnen zu eilen. Gehen Sie dabei gerne 2–3 Schritte nach hinten. Kommt er herangeflitzt, loben und belohnen Sie sofort.
3. Wiederholen Sie den zweiten Schritt mehrmals, und variieren Sie die Übung, indem Sie die Ablenkung abwechselnd links und rechts platzieren. Um zu vermeiden, dass Ihr Hund seine Belohnung abgreift und dann sofort zur Ablenkung laufen möchte, geben Sie ihm mehrere kleine Happen: beim ersten Durchlauf zwei, beim nächsten vier, dann auch mal nur einen. Wichtig ist, dass sich Ihr Vierbeiner erst von Ihnen abwendet, wenn Sie die Übung mit »Und weiter« beendet haben. Lassen Sie ihn nun bleiben und entfernen Sie die Ablenkung wieder.
4. Eilt Ihr Hund nach einigen Trainingseinheiten freudig und ohne zu zögern auf Sie

Der Treue-Test für Fortgeschrittene: Ihr Hund muss auf der Rückruf-Linie gleich an mehreren verführerischen Ablenkungen vorbeilaufen.

zu, können Sie jetzt mit attraktiveren Ablenkungen arbeiten. Oder Sie verkürzen zunächst die Entfernung: Entweder rücken Sie das verlockende Objekt etwas näher an den Hund heran, oder Sie positionieren es auf der Rückruf-Linie. Eines der Trainingsziele ist, dass Ihr Schützling auf dem Weg zu Ihnen quasi über die Ablenkung bzw. dicht an ihr vorbeiläuft.

5. Klappt Schritt 4 zuverlässig, werden mehrere Objekte ins Spiel gebracht: Sie legen also auf einer Linie (wieder circa fünf Meter neben Ihrem Hund) zwei Gegenstände aus, später drei, dann vier usw. Während Sie links und rechts von Ihrem Vierbeiner eine »Straße der Verlockungen« auslegen, wartet dieser geduldig. Anschließend rufen Sie ihn an den Gegenständen vorbei mit dem »Komm-Pfiff« zu sich.

6. Um die Schwierigkeit weiter zu steigern, dürfen Sie Ihren Hund nach erfolgtem Rückruf gelegentlich (etwa jedes zehnte Mal) zu einer der Ablenkungen schicken, damit er sie inspizieren, fressen oder mit ihr spielen kann. Hierfür senden Sie das Tier mit einem freudigen »Voran« und entsprechender Zeigegeste auf die Linie hin zur Verlockung. So gewöhnt sich Ihr Vierbeiner schon jetzt spielerisch an das Voraussenden, was noch beim Apportieren wichtig wird. Gleichzeitig gewinnen die ausgelegten Verlockungen wieder an Wert und verlangen Ihrem Hund später wieder mehr Impulskontrolle ab.

Was Sie beachten sollten

Selbstverständlich können Sie für diese Übung auch Dummys bzw. Felldummys verwenden oder Gegenstände auslegen, die Sie vorab mit Wildduft präpariert haben.

Variieren Sie unbedingt auch das Übungsgelände, und lassen Sie Ihren Hund nicht immer dabei zusehen, wenn Sie die Verlockungen auslegen. Eine Ablenkung für den Hund können übrigens auch Menschen sein. Lassen Sie Ihrer Kreativität freien Lauf und pfeifen Sie Ihr Tier dann voller Elan zu sich.

Mehr als eine lästige Pflicht: In der Stadt bietet die Leine Ihnen, Ihrem Hund sowie allen anderen Menschen um Sie herum Schutz und Sicherheit.

Mit Sicherheit auch ohne Leine?

Viele Hundehalter fragen sich, wann sie ihren Liebling im Alltag endlich auch mal frei laufen lassen können. Und manche wünschen sich, dass ihr Vierbeiner möglichst auch im städtischen Bereich ruhig und ohne Leine neben ihnen herläuft. Hier sollte einerseits bedacht werden, dass in den meisten Städten und auch im Wald ohnehin Leinenpflicht herrscht. Andererseits bietet die Leine Sicherheit und Schutz: Der knallende Auspuff eines Motorrads, eine Katze, die plötzlich auftaucht, oder ein umfallender Gegenstand – das alles kann Hunde so erschrecken, dass sie ungebremst und panisch vors nächste Auto laufen.

Gut gepfiffen ist halb gewonnen

Richtig ist, dass man Hunden auch hin und wieder die Möglichkeit bieten sollte, frei und ohne Leine zu laufen. Ob das auf einem größeren, eingezäunten Gebiet, auf einer Hundewiese im Park oder in freier Natur klappt, hängt davon ab, wie gut die dafür unerlässlichen Signale »Komm«, »Stopp« und »Warte« eingeübt wurden. Nur wenn Sie konsequent an diesen Fähigkeiten arbeiten, wird es möglich sein, dass Ihr Hund ab und an auch ohne Leine Vollgas geben darf.

Mithilfe des spielerischen »Schatzsuchers« (→ Seite 100) und insbesondere mit dem »Komm-Pfiff« (→ Seite128) haben Sie bereits das Fundament für einen verlässlichen Rückruf gelegt. Wenn Sie möchten, können Sie die beiden Übungen auch noch mit dem »Sicheren Hafen« (→ Seite 78) kombinieren, um die Beziehung zu Ihrem Hund weiter zu festigen.

Wichtig ist, dass Sie Ihren Schützling auch dann noch zuverlässig abrufen können, wenn er von starken Außenreizen abgelenkt ist. Wie Sie unter solch erschwerten Bedingungen am besten mit dem Training beginnen, zeigt Ihnen die Übung »Treue-Test« (→ Seite 140).

APPORTIEREN – GEBEN UND NEHMEN, IMMER WIEDER

Vielen Jagdhunden liegt das Apportieren einfach im Blut. Sie sind dafür gemacht, zu suchen, aufzunehmen und zu bringen. Auch wenn das Apportieren manchen Zusehern kinderleicht erscheinen mag, ist es doch eine hohe Kunst: Es erfordert viel Kondition und Impulskontrolle auf Seiten des Hundes und klappt nur, wenn Mensch und Tier eng als Team zusammenarbeiten. Über diese ebenso abwechslungsreiche wie anspruchsvolle und auslastende Art des Trainings freut sich fast jeder jagdlich motivierte Vierbeiner.

Auf Gelerntem aufbauen

Was das Apportieren betrifft, haben Sie sich beide ja bereits auf den Weg gemacht und mit dem »Bällezauber« (→ Seite 126) die ersten Grundlagen gelegt. Ihr Tier hat gelernt, es zu mögen, Dinge aufzunehmen, und gemerkt, dass es sich lohnt, mit Ihnen zu tauschen.

Im fortgeschrittenen Level dieser Übung (→ Seite 156) erfahren Sie, wie Sie Ihren Vierbeiner dazu bringen, nicht nur Bälle, sondern alle möglichen Gegenstände aufzunehmen. Alternativ können Sie die Dummys auch an Schnüre binden und diese für den Hund durch kleine Bewegungsreize interessant machen: Dazu nehmen Sie die Schnur in die Hand, animieren den jungen Hund, den Dummy aufzunehmen, und laufen dann ein paar Meter neben ihm her. Anschließend motivieren Sie Ihren Schützling, Ihnen das Leinensäckchen freiwillig in die Hand zu geben, und tauschen wieder gegen eine Leckerei.

Impulskontrolle perfektionieren

Es kann gar nicht oft genug wiederholt werden, wie wichtig es ist, bereits jetzt mit Ihrem Hund an seiner Fähigkeit zu arbeiten, sich zu beherrschen und zurückzunehmen. Legen Sie daher ab und an einen Dummy aus und sammeln Sie den Gegenstand dann wieder ein, während Ihr Vierbeiner geduldig im »Bleib« verharrt. Anschließend setzen Sie gemeinsam Ihren Weg fort und loben und belohnen das Tier für sein ruhiges Mitgehen.

Hier ist auch das bereits trainierte »Weitergehen« (→ Seite 122) herzlich willkommen und gut einsetzbar. Ihre höchste Vollendung

»Vielen Jagdhunden liegt das Apportieren im Blut. Sie sind dafür gemacht, Beute zu suchen und sie ihrem Menschen zu übergeben.« ALEXANDRA WISCHALL-WAGNER

FRAGE & ANTWORT

Mehr Ruhe durch Kastration?

Unser Hund ist zehn Monate alt, und es klappt gerade gar nichts mehr: Es scheint fast so, als hätte er alles Erlernte wieder vergessen. Zudem schläft er keine Nacht mehr durch, liegt nur noch vor der Eingangstür und winselt unaufhörlich. Nun haben wir gelesen, dass eine Kastration Abhilfe schaffen könnte. Was halten Sie davon: Sollen wir mit unserem Hund tatsächlich zum Tierarzt gehen und den Eingriff vornehmen lassen?

Im Körper Ihres Vierbeiners schlagen die Hormone gerade Purzelbäume. Wer sich noch an die eigene Pubertät erinnert, weiß, wie anstrengend und verwirrend diese Lebensphase sein kann. Die Sexualität Ihres Hundes erwacht, und er riecht überall spannende Botenstoffe. Vielleicht hat er sich ja auch gerade das erste Mal verliebt und nimmt durch seinen hervorragenden Geruchssinn wahr, dass eine Hündin in der Nachbarschaft gerade läufig ist. Das kann einem Teenager schon mal den Verstand und den Schlaf rauben.

Fragen zur Kastration lassen sich leider ebenso wenig klar und eindeutig beantworten wie viele Fragen rund um die Themen Fütterung oder Auslastung. Hier muss man sich immer den Einzelfall ansehen. Helfen können Ihnen dabei der fachmännische Blick und die Erfahrung eines Tierarztes Ihres Vertrauens.

Meine persönliche Meinung ist, dass jedes Individuum erst erwachsen werden sollte, bevor ein derartig invasiver Eingriff am Körper vorgenommen wird, der nicht mehr rückgängig gemacht werden kann. Ist eine Kastration aus medizinischer Sicht nicht zwingend notwendig (wie das etwa bei Problemen mit der Prostata oder dem Hodenwachstum der Fall sein kann), sollte man zunächst versuchen, den Hund mit verhaltenstherapeutischen Maßnahmen zu unterstützen, um wieder mehr Ruhe und Entspannung in sein Leben zu bringen. Testosteron und andere Hormone, die aufeinander wirken, haben nämlich auch äußerst positive Eigenschaften und verhelfen Körper und Geist beispielsweise zu mehr Sicherheit und Ruhe.

Es gibt also gute Gründe, warum sich die Natur die Pubertät ausgedacht hat. Im Alter von zehn Monaten wird Ihr Vierbeiner gerade erst erwachsen, und in diesem frühen Stadium würde ich nicht operativ eingreifen. Ihr Liebling wird es Ihnen danken, wenn Sie in dieser verwirrenden Zeit mit Souveränität und Klarheit für ihn da sind – und der natürlichen biologischen Entwicklung seines Körpers zugleich freien Lauf lassen.

findet diese Übung, wenn Sie gemütlich mit Ihrem Hund an der Leine herumspazieren und dabei gelegentlich einen Dummy nach links oder rechts an den Wegesrand werfen. Auch jetzt soll Ihr Gefährte die Dummys ignorieren, während Sie ihn motivieren, mit Ihnen weiterzugehen. Loben und belohnen Sie erneut seine Schritte in die richtige Richtung – nämlich in Ihre.

Die wichtigsten Fachbegriffe

Bevor wir noch tiefer in die Welt des Suchens eintauchen, möchte ich Sie mit einigen wichtigen Begriffen des Apportiersports vertraut machen, die teilweise auch in den nachfolgenden Kapiteln verwendet werden.

- Ein **Blind** ist ein Dummy, der ausgelegt wird, ohne dass der Hund es mitbekommt. Er hat also weder gesehen noch gehört, wie und wo der Dummy versteckt wurde.
- **Happy Dummys** werden als Belohnung anstelle von Futter oder anderem Spielzeug geworfen und dürfen vom Hund ohne jedes andere Signal sofort apportiert werden.
- **Markings** gibt es meist als Einzel-, Doppel-, Dreifachmarkierung: Der Dummy wird mit einem Geräusch geworfen, während der Hund zusieht und sich die Fallstelle merkt.
- Beim **gebrochenen Marking** bekommt der Hund mit, wie und wo der Dummy fällt. Bevor er apportieren darf, muss er aber noch eine andere Aufgabe erledigen – etwa einige Meter »bei Fuß« gehen oder mit seinem Trainer in eine andere Richtung laufen.
- **Memory-Dummys** werden zum Training der Gedächtnisleistung ausgelegt. Zwischen Wurf und dem eigentlichen Apportieren werden vom Hund andere Dinge, etwa der Apport eines zweiten Gegenstandes, verlangt. So soll der Hund verleitet werden, die erste Aufgabe zu »vergessen«.
- **Steadiness** bedeutet, dass der Hund so lange in einer Position bleiben kann, bis er sein nächstes Signal empfängt.
- **Suche** meint, dass der Hund mit einem entsprechenden Signal in einen bestimmten Suchbereich geschickt wird, wo er mit tiefer Nase nach ausgelegten Dummys forscht.
- Als **Verleitung bzw. Verlockung** bezeichnet man kleine oder größere Ablenkungen bzw. Störfaktoren, die der Hund während des Apportiervorgangs ignorieren soll.

Verlieren, um zu suchen

Die ersten Markings haben Sie sich schon mit dem »Bällezauber« erarbeitet. Und auch, dass Ihr Hund auf Ihr Signal hin seine Nase unmittelbar zu Boden bringt, um nach Leckerchen zu schnüffeln, hat er bereits gelernt (→ Seite 102). Damit sind Sie bestens für die sogenannte »Freiverlorensuche« gerüstet. Hier darf Ihr Vierbeiner einen bestimmten Bereich eigenständig, gründlich und rasch nach Dummys oder anderen Gegenständen absuchen.

Wählen Sie für das Training ein geeignetes Areal mit natürlichen Begrenzungen. Alternativ können Sie auch selbst einen Übungsbereich festlegen und diesen mit Bändern oder

Ästen abstecken bzw. mit Kreide markieren. Zu Beginn sollte die Fläche jedoch nicht größer als zehn mal zehn Meter sein.

Der Jäger-Tipp

Training mit Wildstücken

Wenn Sie Ihren Hund jagdlich führen, können Sie die Spur für das »Geschleppte Glück« (→ Seite 148) mit Echtwild ziehen und dazu Wildteile an der Schnur neben sich herschleppen. Am Fährtenbeginn sollten jedenfalls Haare oder Federn zu finden sein, um Ihrem Hund einen guten Anfangsreiz zu geben.

Dank des intensiveren Geruchs und der Attraktivität der Beute können Sie auch gleich mit längeren Fährten beginnen – 20 Meter sollten kein Problem sein. Achten Sie aber verstärkt auf die Impulskontrolle des Hundes, bevor Sie ihn an der Startmarkierung ansetzen. Das Wild am Fährtenende sollte niemals »angeschnitten« – also angekaut, gepackt oder geschüttelt – werden. Tauschen Sie so rasch wie möglich gegen eine attraktive Belohnung und nehmen Sie die Beute dann an sich.

Der Dummy sollte für den Hund so ausgelegt werden, dass er den tatsächlichen Ablageort nicht sofort erkennen kann. Hierfür dürfen Sie das Ablegen immer wieder vortäuschen und den Dummy dann trotzdem geräuschlos an anderer Stelle fallen lassen. Währenddessen bleibt und wartet Ihr Hund ein paar Meter vor dem Eingang ins Suchfeld.

Nun gehen Sie zurück zu Ihrem Vierbeiner, schicken ihn mit einer Handbewegung Richtung Boden und mit dem gesprochenen Signal »Such verloren« voran. Ihr Gefährte wird jetzt loshasten, um nach dem Dummy zu suchen. Hat er ihn entdeckt, ermutigen Sie ihn unverzüglich zum Apportieren bzw. Bringen.

Geht vielleicht noch mehr?

Üben Sie später auch auf wechselnden Flächen mit unterschiedlichem Bewuchs, aber bitte halten Sie sich dabei stets an die Gesetze des Waldes (→ Seite 192). Wenn alles gut klappt und Sie das Gefühl haben, dass auch ein zweiter Dummy ins Spiel gebracht werden kann, versuchen Sie dies. Wichtig ist dabei, dass sich beide Dummys möglichst ähneln. Denn in dieser Phase sollte es nicht passieren, dass Ihr Schützling die Dummys tauscht – und das geschieht meist dann, wenn ihm ein Leinensäckchen hochwertiger erscheint als das andere. Hier können schon leichte Unterschiede in Geruch, Farbe oder Material ausschlaggebend sein. Sobald Ihr Hund den Dummy gefunden hat, sollte er ihn unverzüglich aufnehmen und Ihnen wohlwollend bringen.

POWER & RELAX: SO BLEIBT IHR HUND IM GLEICHGEWICHT

Das Apportieren oder auch Übungen wie der »Treue-Test« (→ Seite 140) sind für junge Hunde meist sehr aufregend. Generell gilt: Immer wenn es um schnellere Spiele geht, sollte danach wieder für Ruhe gesorgt werden.

Achtung, Notbremse!

Sogenannte »Vulnerabilitäts-Stress-Modelle« aus der Psychologie beschreiben, warum Individuen gänzlich unterschiedlich auf Stressreize reagieren und wie wichtig in diesem Zusammenhang vorgeburtliche Erfahrungen im Mutterleib, das soziale Umfeld sowie spätere Lernerfahrungen sind.

Jeder Mensch und jedes Tier kommt mit einem anderen Grad an Verletzlichkeit auf die Welt. Ausschlaggebend sind hier oft Prägungen, die ein Baby erlebt, bevor es zur Welt kommt: War die Mutter sehr gestresst, litt sie vor der Entbindung unter Erkrankungen, oder war die Geburt selbst von Sorgen oder traumatischen Ereignissen begleitet? Ist die »Grundausstattung« des Säuglings bereits beeinträchtigt, werden negative Erfahrungen stärker ins Gewicht fallen und ein Mehr an Fürsorge benötigen, um diese wieder auszubügeln.

Jagdverhalten als Stressventil

Lebewesen mit geringer Stresstoleranz geraten in aufregenden Situationen schneller aus dem Gleichgewicht und reagieren dann mit Verhaltensweisen, die genetisch geprägt sind oder bislang oft zum Erfolg geführt haben. Hierzu zählt auch das Jagdverhalten. So kann es passieren, dass ein Vierbeiner, der im Mehrhundehaushalt Ärger mit seinen Artgenossen hat, plötzlich im Garten Löcher buddelt, Mäuse jagt oder seine Menschen übertrieben stark gegenüber Fremden schützen will.

Pausen nach dem Spiel sind wichtig: Wann und wie viel Ruhe Ihr Hund braucht, hängt auch von seinen Erfahrungen in frühester Kindheit ab.

ÜBUNG

»GESCHLEPPTES GLÜCK«

Einen kleinen Vorgeschmack aufs Stöbern und Suchen mit tiefer Nase hat Ihr Hund bereits mit der Übung »Napffährte« (→ Seite 102) bekommen. Jetzt ist es an der Zeit, ihn noch etwas mehr zu fordern und zu fördern!

Was Sie für die Übung brauchen

Sie benötigen einen Gegenstand aus Jute oder Stoff, den Ihr Hund kennt und gerne apportiert, etwa einen Dummy oder einen Futterbeutel. Zudem brauchen Sie eine zwei Meter lange Schnur, eine mindestens drei Meter lange Leine, leckere Belohnungen sowie ein Hilfsmittel zur Markierung des Fährtenbeginns (z. B. Band, Wäscheklammer oder Kreide).

Wie Sie die Übung aufbauen

1. Zu Beginn der Übung lassen Sie Ihren Vierbeiner das ausgewählte Objekt zwei- bis dreimal apportieren und belohnen ihn, wenn er es Ihnen bringt und in die Hand gibt. Prüfen Sie vorab die Windrichtung und planen Sie bereits jetzt den Verlauf der ungefähr zehn Meter langen Fährte. Ihr Hund sollte möglichst mit Nackenwind starten können.
2. Binden Sie nun die Schnur an den Gegenstand. Ihr Hund wartet und sieht zu, während Sie den Beginn der Fährte festlegen. Drücken Sie den Dummy an entsprechender Stelle mehrmals auf den Boden und bewegen Sie ihn ein wenig hin und her. Anschließend wird der Fährtenbeginn auch optisch markiert. Heften Sie dazu eine Wäscheklammer an einen Ast oder zeichnen Sie eine Linie mit Kreide.
3. Ziehen Sie nun den Dummy mit einem Meter Abstand zu Ihrem Körper neben sich her. Als Armverlängerung können Sie einen Stock verwenden. Nach circa zehn Metern wird der Dummy in leichtem Bogen abgelegt. Achten Sie darauf, dass Ihre Fährte nicht im Gestrüpp oder in hohem Gras endet, denn die erste Suche sollte noch nicht zu herausfordernd sein.
4. Kehren Sie zu Ihrem Hund zurück, der zwischenzeitlich interessiert zugesehen

2. Binden Sie den Gegenstand Ihrer Wahl ans Ende einer etwa zwei Meter langen Schnur.

und geduldig gewartet hat. Nehmen Sie die Leine und gehen Sie möglichst verhalten und ruhig zur Stelle, die den Fährtenbeginn markiert. Achten Sie bei diesem wichtigen Schritt darauf, dass Ihr Tier nicht zu hektisch wird: Gehen Sie in Bögen oder im Zickzackkurs und belohnen Sie Ihren Hund zwischendurch immer, wenn er Ihnen seine Aufmerksamkeit schenkt und die Leine nicht gespannt ist. Kurz vor der Markierung lassen Sie Ihren Vierbeiner absitzen. Nun ernten Sie Ihre Lorbeeren für ein gut eingeübtes »Bleib« (→ Seite 116): Lassen Sie Ihren Hund kurz an Ort und Stelle ausharren und zeigen Sie ihm daraufhin den Beginn der Fährte.

5. Jetzt deuten Sie mit einer Handbewegung Richtung Ziel und schicken den jungen Hund auf die Spur. Begeben Sie sich dabei hinter Ihren Gefährten und folgen Sie seiner Arbeit. Weicht das Tier von der Spur ab, bleiben Sie stehen und halten die Leine fest: Es geht erst weiter, wenn die Hundenase wieder auf der richtigen Fährte ist! Sprechen Sie in dieser Phase nicht mit Ihrem Schützling, und loben Sie erst, wenn er das Ende der Fährte und den dort abgelegten Gegenstand erreicht hat. Gerne können Sie sich den Dummy auch noch apportieren lassen. Loben und belohnen Sie den Vierbeiner königlich.

6. Machen Sie zu Beginn nicht mehr als zwei Wiederholungen. Ab dem dritten Mal können Sie bereits ein Signal für die Fährte verwenden – es bieten sich »Fährte« oder »Detect« an. Nach und nach können Sie jetzt die Schwierigkeiten steigern. Variieren Sie aber wie immer nur ein Übungskriterium, etwa die Länge und den Kurs der Spur, die Liegedauer der Fährte, die Bodenbeschaffenheit oder den Gegenstand, den Ihr Hund suchen soll.

3. Jetzt wird die Fährte gelegt: Schleppen Sie den Dummy dafür mit etwas Abstand neben sich her.

5. Und los geht die Suche! Eine Belohnung gibt es erst, wenn Ihr Hund das Fährtenende erreicht hat.

ÜBUNG

»PUNKTGENAU ENTSPANNT«

Egal, ob plötzlich ein Reh aufspringt oder eine Hochzeitsgesellschaft hupend an Ihnen vorbeibraust: Solche und ähnliche Überraschungen versetzen so manchen Vierbeiner in helle Aufregung. Ziel dieser Übung ist es, das Erregungslevel Ihres Hundes nach Stresssituationen rasch wieder zu senken und sein Nervensystem zu beruhigen.

Was Sie für die Übung brauchen

Sie benötigen eine ruhige und entspannte Grundhaltung und zudem etwas Geduld und Zeit. Wählen Sie als Übungsort am besten ein gemütliches Plätzchen in Ihrer Wohnung aus, an dem Ihr Tier gerne döst und kuschelt.

Wie Sie die Übung aufbauen

Vermutlich haben Sie das auch schon erlebt: Ein bestimmtes Parfüm strömt Ihnen in die Nase, und Sie müssen sofort an eine Person denken, die den Duft einst auch getragen hat. Oder ein unverwechselbarer Geruch weckt alte Erinnerungen an ein Spielzeuggeschäft oder einen Urlaubsort, den Sie als Kind geliebt haben. Im Grunde kann jede Sinneswahrnehmung solche Assoziationen auslösen. Egal, ob wir etwas sehen, hören, riechen oder ertasten: Es werden Erinnerungen und Gefühle wach.

Dieses Prinzip wollen wir uns jetzt zunutze machen, um unseren gestressten Vierbeiner auf allen Sinnesebenen zu mehr Entspannung zu verhelfen. Durch das Berühren eines bestimmten Körperpunktes, durch den Klang von Worten und Melodien, aber auch durch bestimmte Gerüche kann Ruhe signalisiert und gefördert werden.

1. Ihr Liebling liegt ruhig und im Idealfall bereits mit Körperkontakt bei Ihnen. Wenn Sie möchten, können Sie während der Übung sanfte Musik auflegen oder einen »Relaxopet« verwenden. Dabei handelt es sich um ein kleines, tragbares Gerät, das Melodien abspielt, die auf Haustiere entspannend wirken.
2. Überlegen Sie bereits im Vorfeld, an welcher Stelle Ihr Hund Berührungen besonders angenehm empfindet. Oft handelt es sich hierbei um den Schulter- oder Nackenbereich. Ruht Ihr Hund wie im ersten Schritt beschrieben, berühren Sie nun sanft diese Stelle und beobachten, ob Ihr Tier weiterhin entspannen kann. Gute Indizien dafür sind ein Seufzen oder

Um das ausgewählte Entspannungssignal zu festigen, sollten Sie die Übung bei jeder Gelegenheit wiederholen, die sich dafür anbietet.

Schmatzen. Wichtig: Führen Sie diesen Schritt nur aus, wenn Ihr Hund gerade döst oder kurz vor dem Einschlafen ist. Überfallen Sie den Vierbeiner also niemals, wenn er sich gerade im Tiefschlaf befindet. Die Berührungen sollten eher einem Handauflegen gleichen – also bitte keine Streichel- oder Kraulattacken.

3. Als nächster Schritt kommt jetzt ein Wort hinzu, das der Vierbeiner zukünftig mit Entspannung verbinden soll. Hier bietet sich ein »Relax« oder »Chill mal« an. Während der Hund entspannt bei Ihnen ist und Ihre Hand weiterhin auf der ausgesuchten Stelle liegt, sagen Sie etwa alle 60 Sekunden das ausgewählte Signal. Nach circa fünf Minuten beenden Sie die Übung und lassen Ihr Tier einfach wie gewohnt weiterschlafen.
4. Wiederholen Sie die Übung nun bei jeder Gelegenheit, die sich dafür anbietet. Dadurch laden Sie das Entspannungssignal ähnlich einer Batterie auf. Nach und nach können Sie die Übung dann auch an anderen Orten durchfuhren, etwa während einer Pause beim Spazierengehen, wenn Sie gemütlich in einer Wiese sitzen oder beim Restaurantbesuch in einer ruhigen Ecke des Lokals. Achten Sie dabei immer auf die Körpersprache und die Reaktionen Ihres Lieblings.
5. Haben Sie die Übung viele Male durchgeführt, können Sie sich auch an den Ernstfall heranwagen: Nach einer anstrengenden Situation, etwa der Begegnung mit anderen Hunden, können Sie einen ruhigen Ort aufsuchen, Ihr Tier an der entsprechenden Körperstelle berühren und ihm das Entspannungssignal geben. Sie werden feststellen, dass sich der Organismus des Hundes beruhigt. Nach ein paar Sekunden oder Minuten gehen Sie dann wieder weiter. Haben Sie das Signal nach einer akuten Stresssituation angewendet, sollte es zu Hause und in Ruhe wieder aufgeladen werden. Wiederholen Sie dazu bei nächster Gelegenheit Schritt 3.

EXTRA

NOTFALL-KNIGGE FÜR DIE PSYCHE DES HUNDEHALTERS

Vielleicht haben Sie jahrelang von einem Hund geträumt, haben sich ausgemalt, wie Sie eng umschlungen mit ihm kuscheln und sich gegenseitig verliebte Blicke zuwerfen. Vielleicht ist aber auch alles ganz anders gekommen: Ihr junger Hund knurrt Sie an, schleppt im Hormonrausch das halbe Sofa durchs Wohnzimmer oder vergrault Freunde und Familie mit Wadenbissen.

So löst sich Ärger schnell in Luft auf

Jeder kennt das: Es gibt Situationen, in denen Erwartungen und Realität meilenweit auseinanderklaffen. Das passiert vor allem, wenn zwei – oder mehrere – Individuen mit unterschiedlicher Genetik sowie unterschiedlichen Talenten, Erfahrungen und Werten aufeinandertreffen. Bei jungen Hunden muss zudem berücksichtigt werden, dass sie noch keinen Plan von den Ordnungsgefügen dieser Welt haben. Die Wahrscheinlichkeit, dass sich die Bilder in Ihrem Kopf nicht mit der Realität decken, ist also hoch. Und was dazwischen passiert, das ist schlichtweg das Leben.

Ihr Hund hat vielleicht keine Lust darauf, Therapiebegleithund zu werden, sich mit allen Artgenossen gut zu verstehen oder Sie stundenlang verliebt anzusehen. Dafür hat er andere Talente, und die gilt es gemeinsam mit Ihnen herauszufinden. Sollten Sie also spüren, dass Ihr Blut wieder einmal in Wallung gerät und Sie kurz davor sind, Ihren Vierbeiner sprichwörtlich an die Wand zu klatschen, machen Sie besser Folgendes:

- Gewinnen Sie **Abstand:** Bevor Ihre Wut überschäumt, wenden Sie sich ab. Lassen Sie also alles stehen und liegen und verlassen Sie vielleicht sogar den Raum. Diskutieren Sie nicht weiter mit dem Hund, und versuchen Sie die emotionale Kettenreaktion zu durchbrechen, die das negative Erlebnis mit ihm in Ihnen ausgelöst hat.
- **Rechtfertigen Sie sich nicht** für Ihr Verhalten oder das Verhalten Ihres Hundes: Möch-

ten Ihnen andere Menschen gut gemeinte Ratschläge geben, lächeln Sie und bedanken Sie sich, bleiben aber Ihrer Linie treu.

- **Fokussieren Sie auf andere Dinge,** um sich zu beruhigen: Wie spät ist es? Was haben Sie heute gegessen? Oder Sie zählen bestimmte Gegenstände im Raum. Nehmen Sie wieder Verbindung mit Ihrem Körper auf, die Sie in der Wut verloren haben – und lassen Sie den Hund vorerst Hund sein. Bedenken Sie, dass Sie mit überbordenden Gefühlen nicht klar denken können, und tun Sie jetzt nichts, was Sie später garantiert bereuen werden.
- Versuchen Sie, in die **Reflexion** zu kommen: Setzen Sie sich dazu am besten an einen angenehmen Ort. Trinken Sie ein paar Schlucke Wasser, und sagen Sie sich selbst, dass die Situation zwar unangenehm war, aber dass auch wieder bessere Zeiten kommen werden.
- Versuchen Sie nun ganz bewusst, Ihre Gedanken auf **Erfolgserlebnisse** zu lenken: Was haben Sie beide schon gemeinsam verbessert und geschafft? Wo waren Sie noch vor Monaten, und was hat Ihr Hund schon alles dazugelernt? Der nächste große Fortschritt klopft schon an die Türe und will hereingelassen werden.
- **Haken Sie den Ärger ab,** und begegnen Sie Ihrem Hund anschließend so, als wäre nichts gewesen. Er wird es schon vergessen haben und sich höchstens wundern, wenn Sie ihm erneut mit geballter Faust begegnen. Verschwenden Sie nicht Ihre wertvollen Lebenszeit, und genießen Sie stattdessen die kostbaren Jahre, die Sie gemeinsam mit Ihrem Hund verbringen dürfen.

Kleine und größere Missgeschicke sollten Sie möglichst schnell abhaken und Ihren Hund nicht dafür bestrafen. Denn er hat sie vermutlich längst wieder vergessen.

Wie geht es Ihrem Hund – ist er entspannt und ausgeglichen? Achten Sie auf die Körpersprache und Signale Ihres Lieblings, und lernen Sie, diese richtig zu interpretieren.

Alarmsignale beachten

Eines Ihrer Trainingsziele ist es, mithilfe des Instinkt-Managements für Sie als Team eine ausgewogene Balance zwischen Anspannung und Entspannung zu finden. Behalten Sie Ihren Hund daher während der Übungen immer genau im Auge: Wie ist seine Körpersprache, und gibt es Auffälligkeiten in der Mimik? Ist er wirklich noch mit Freude bei der Sache, oder kippt er bereits Richtung Überforderung?

Nachfolgend habe ich Ihnen eine Liste mit typischen Alarmsignalen zusammengestellt. Zeigt Ihr Liebling eines oder mehrere der angeführten Symptome bzw. Verhaltensweisen, sind Sie über ein gesundes Maß an Aufregung hinausgeschritten und sollten schnell wieder für Entspannung sorgen:

- Beschwichtigungssignale (→ Seite 75)
- Hecheln mit Faltenbildung rund um die Fangwinkel
- Zittern, Speicheln
- Gerötete Augen, Juckreiz
- Hektisches Kauen auf Gegenständen oder eigenen Körperteilen, Schwanzjagen
- Spontaner Durchfall
- Vermehrtes Aufreiten
- Futterverweigerung oder komplette Trainingsverweigerung

Höchste Zeit für eine Pause!

Der Vollständigkeit halber sei noch erwähnt, dass die oben genannten Punkte auch bei Unterforderung auftreten können. Wenn der Stresspegel Ihres Hundes beim Training merklich ansteigt, sollten Sie die Übung noch ein letztes Mal wiederholen, allerdings auf einem leichteren, niedertourigen Level. Gönnen Sie Ihrem Schützling anschließend unbedingt eine Ruhepause.

Alternativ können Sie mit Ihrem Hund eine gemütlichere Trainingseinheit durchführen oder ihn beispielsweise mit der Übung »Erdung« (→ Seite 114) wieder ins Gleichgewicht bringen. Eine bewährte Methode gegen ein flatterndes Nervenkostüm nach stressigen Situationen ist zudem die sogenannte »Konditionierte Entspannung« (→ Seite 150).

AUSLASTUNGSIDEEN FÜR ENERGIEGELADENE HUNDE

Während der Pubertät schwirren Ihrem Hund Abertausende Dinge durch den Kopf. Überall betören ihn Gerüche, und alle seine Sinne sind jetzt auf Hochspannung. Er ist voller Tatendrang, und sein Körper strotzt vor Kraft und Energie. Damit Ihr Liebling in dieser Lebensphase ruhig und ausgeglichen bleibt, hilft nur eines, und das ist effektive Beschäftigung.

Nachfolgend will ich Sie mit einigen Ideen dazu animieren, Ihren Vierbeiner im Alltag sinnvoll auszulasten. Nicht jeder hat einen Garten oder Park vor der Haustür – oder das Wetter spielt nicht mit. Daher finden Sie auf den folgenden Seiten auch zahlreiche Übungen und Spiele, die Sie problemlos in geschlossenen Räumen durchführen können.

Gut zu wissen

Erfolgstipp »Wunder einrahmen«

Fragt man Topathleten nach ihren Erfolgsrezepten, wird meist auch »die Kraft der Vorstellung« genannt. Vor Wettkämpfen folgen sie oft schon in Gedanken einem roten Faden und wissen genau, wie ihr Zielbild aussehen soll. Diese Methode lässt sich auch sehr gut aufs Hundetraining übertragen.

Hierzu können Sie sich die sogenannte »Wunderfrage« stellen, die der Psychologie entstammt: Über Nacht hat sich Ihr Vierbeiner wie durch Zauberhand in einen perfekten Traumhund verwandelt. Was ist anders als gestern? Welche positiven Eigenschaften sind hinzugekommen, welche negativen verschwunden? Welche ganz neuen Potenziale bietet diese Verwandlung?

Stellen Sie sich das alles möglichst plastisch vor: Wie fühlen Sie sich, wenn Nachbars Katze nicht mehr gejagt wird, wie verändert sich Ihr Tagesplan, wenn Sie Ihren Hund ab sofort zum Einkaufen mitnehmen können? Fühlen Sie sich so gut es geht in diese positiven Zukunftsbilder ein. Sie werden spüren, dass dabei auch Ihre Trainingsmotivation steigt.

»Bällezauber« für Fortgeschrittene

Bestimmt sind Sie mit der Übung »Bällezauber« (→ Seite 126) bereits gut vorangekommen. Jetzt wollen wir die Schwierigkeit der Übung ein wenig steigern: Im nächsten Level des Spiels rollen Sie die Bälle nicht mehr nach links oder rechts weg, sondern nach vorne.

Führen Sie den Hund an Ihre linke Seite; dort lassen Sie ihn absitzen. Gerne können Sie auch dieses Verhalten schon loben und belohnen. Nun gehen Sie in die Hocke, rollen den ersten Ball nach vorne und schicken den Hund sofort voraus. Tun Sie dies mit einer Handbewegung, die auf den Ball deutet, und geben Sie dazu das gesprochenen Signal »Apport« oder »Bring's«. Während Ihr Vierbeiner loseilt, ergreifen Sie den eingesteckten zweiten Ball und beschäftigen sich damit. Ihr Hund kommt mit dem ersten Ball im Maul auf Sie zu, und das Spiel geht wie gehabt weiter. Nach zwei bis drei Durchgängen folgt eine Pause.

Training der Impulskontrolle

Sichern Sie den Hund zwischen den Übungsdurchläufen auch hin und wieder mit einer Leine ab, rollen Sie dann den Ball, und lassen Sie den Vierbeiner ein wenig warten, bevor er losgeschickt wird. Ab und an können Sie auch ein »Weitergehen« (→ Seite 122) verlangen. Belohnen Sie den Hund dann für die Schritte, die er mit Ihnen geht, und schicken Sie ihn als abschließende Belohnung zum Ball. Alternativ können Sie Ihren Schützling auch gelegentlich ins »Bleib« (→ Seite 116) schicken. Hierfür sammeln Sie den zuvor ausgelegten Ball einfach wieder ein; danach wird gemeinsam weitergegangen, gelobt und belohnt.

Mehr Abwechslung ins Spiel bringen

Nach einigen Durchläufen können Sie Folgendes tun: Sobald Ihr Hund den Ball zurückbringt, wird er nur noch mit einer tollen Leckerei belohnt, danach wird das Spiel beendet. Schließlich soll sich Ihr Tier auch daran gewöhnen, dass es Gegenstände mitunter nur ein einziges Mal apportieren soll, und nicht die Erwartungshaltung entwickeln, dass sich jedes Apportierspiel endlos fortsetzt.

Nach und nach können Sie den Ball jetzt durch andere Dinge ersetzen, etwa durch 250 Gramm schwere Dummys, unbenutzte Malerrollen, Apportierhölzer oder dergleichen. Ziel

»Apportierspiele sollen für den Hund etwas ganz Besonderes bleiben. Achten Sie auf Qualität anstatt auf Quantität.« ALEXANDRA WISCHALL-WAGNER

ist, dass Ihr Hund alles, auf das Sie deuten, apportieren möchte. Falls er Ihnen die Gegenstände noch etwas widerwillig zurückbringt, dürfen Sie ihm anfangs ein wenig entgegenkommen. Achten Sie aber darauf, dass der Tausch dann möglichst schnell vollzogen und anschließend rasch belohnt wird.

Bringt der Hund die Dinge dann zuverlässig in die Hand, können Sie die Zeit zwischen Herankommen und Abgabe ein wenig hinauszögern oder auch die Distanz vergrößern. Bei größerem Abstand dürfen Sie gerne auch den »Komm-Pfiff« (→ Seite 128) einbauen: Setzen Sie diesen, sobald der Hund den Dummy in seinen Fang genommen hat.

Bitte konzentriert bleiben!

Es sollte nicht passieren, dass sich Ihr Hund selbst mit Übungsgegenständen bespaßt, sie also herumschleudert, bespringt oder gar mit ihnen davonläuft. Machen Sie die Dinge daher so uninteressant wie möglich: Entfernen Sie potenzielle Verlockungen wie Bänder oder raschelndes Beiwerk und sichern Sie den Hund gegebenenfalls mit einer Leine ab.

Fällt ihm der Gegenstand frühzeitig aus dem Maul oder ist er bei der Abgabe in die Hand so hektisch, dass der Dummy zu Boden fällt, gehen Sie ein paar Schritte zurück und ermutigen Ihren Vierbeiner erneut zum Bringen in die Hand. Klappt es dann, loben Sie. Allerdings wird die Futter- oder Spielzeugbelohnung erst gezückt, wenn beim nächsten Mal wieder alles auf Anhieb funktioniert.

Hey, hiergeblieben! Es sollte nicht passieren, dass sich Ihr kleiner Racker mit Übungsgegenständen selbst bespaßt oder sogar mit ihnen davonläuft.

Übungen für drinnen

Das kennen Sie vermutlich: Es regnet seit Tagen in Strömen, und man ist nach jeder Gassirunde froh, schnell und trockenen Fußes wieder zu Hause anzukommen. Gleichzeitig explodiert Ihr Hund förmlich vor Tatendrang. Mit den folgenden Übungen können Sie ihn auch in geschlossenen Räumen auslasten.

Perfekte Unterhaltung für graue Regentage: In Schnüffelteppichen werden viele Leckerchen versteckt, die der Hund dann mit Nase und Pfoten aufspüren darf. Man kann sie kaufen oder auch einfach selbst basteln.

Korken rollen, Korken drehen

Für dieses Spiel benötigen Sie eine größere Menge an Korken aus dem Bastelladen. Füllen Sie die Korken in eine Kiste und streuen Sie Hundekekse darüber. Wenn Sie möchten, können Sie auch kleinere Leckerchen unter den Korken verstecken. Der Hund darf nun mit seiner Nase in die Kiste eintauchen und sich seine Belohnung zwischen den Korken erschnüffeln und sie dann fressen.

Halten Sie die Box während des Spiels am besten fest, damit sich Ihr Vierbeiner nicht mitsamt Inhalt davonstehlen kann. Ansonsten darf Ihr Liebling mit dem Karton aber machen, was er möchte: wühlen, hineinsteigen, graben usw. Achten Sie aber bitte darauf, dass sich keine Reißnägel oder andere gefährlichen Gegenstände in der Kiste befinden.

Übrigens macht es auch Kindern großen Spaß, diese Übung mit dem Hund durchzuführen. Und etwas Impulskontrolle können Sie zusätzlich ins Spiel bringen, wenn Sie Ihren Vierbeiner beim Befüllen zusehen lassen – und ihn erst zur Kiste schicken, wenn er zuvor brav und geduldig gewartet hat.

Lustiges Flaschendrehen

Für dieses Spiel benötigen Sie eine leere Plastikflasche – den Verschluss haben Sie zuvor entfernt. Jetzt nehmen Sie die Flasche, kerben sie an den Seiten ein und bohren dann ein chinesisches Essstäbchen hindurch. Wichtig ist, dass die Löcher so groß sind, dass sich das Holzstäbchen darin bewegen kann. Anschließend füllen Sie kleine, härtere Leckerchen in die Flasche und halten sie mit der linken und rechten Hand aufrecht am Stäbchen fest.

Der Hund wird nun versuchen, die Flasche mit der Nase oder mithilfe seiner Pfoten so zu drehen, dass die Leckerchen herausfallen. Unterstützen Sie Ihren Vierbeiner zu Beginn unbedingt bei seinen Bemühungen: Stupst er die Flasche mit der Schnauze an, helfen Sie nach,

FRAGE & ANTWORT

Hunde am Fahrrad auspowern?

Ich lese immer wieder, dass insbesondere Jagdhunde sehr viel Auslauf brauchen. Mir wurde nun empfohlen, den Hund einfach beim Radfahren an der Leine mitzunehmen. Angeblich wird er so schneller müde, und ich muss dann keine langen, anstrengenden Runden mehr mit ihm gehen. Ist das eine gute Idee, oder sollte ich ihn lieber auf andere Art und Weise auslasten?

Ich rate Ihnen vom Radfahren mit Hund ab. In Österreich ist dies übrigens auf öffentlichen Straßen und Wegen gar nicht erlaubt; werden Sie dabei erwischt, müssen Sie mit einer recht hohen Geldstrafe rechnen. In Deutschland darf man zwar mit Hund an der Leine radeln, allerdings sollte man hier auch tierschutzrelevante Aspekte beachten und sich die Frage stellen, ob das Fahrradfahren für den Hund mehr Leid als Freud bedeutet.

Nehmen wir mal an, Ihr Vierbeiner ist im Hinblick auf Alter, Körperbau und Veranlagung dazu überhaupt in der Lage: Wenn er ununterbrochen im flotten Dauerlauf neben Ihnen hereilen muss, werden ihm ganz natürliche Verhaltensweisen verwehrt. Er kann nicht pausieren, in Ruhe schnüffeln, Gerüche und andere Umweltreize verarbeiten, und er kann sich auch nicht lösen.

Hinzu kommt das Unfallrisiko für Mensch und Tier, das bei jungen, ungestümen Hunden besonders hoch ist. An Halsband und Leine können Hunde durch einen abrupten Richtungswechsel rasch unter die Räder kommen und dabei auch den Fahrradfahrer schwer verletzen. Ähnliches gilt, wenn Sie Ihren Vierbeiner an der Leine zum Inlineskaten oder Skateboardfahren mitnehmen wollen.

Wenn Sie mit Ihrem Hund joggen gehen möchten, achten Sie bitte auch hier auf genügend Pausen und lassen Sie ihn zwischen den Laufeinheiten immer mal wieder Gerüche aufnehmen und seine Umwelt beobachten.

Und noch ein Aspekt, der in diesem Zusammenhang häufig vergessen wird: Ihr Liebling wird durch das intensive Herz-Kreislauf-Training immer mehr Kondition aufbauen, und diese Fitness will er dann (als echter Jagdhund) natürlich weiterhin ausleben. Um die Bedürfnisse Ihres Tieres zu befriedigen, müssen Ihre Strecken also immer länger und herausfordernder werden. Zeitgleich wird sich durch die schnelle Fortbewegung die Leinenführigkeit Ihres Hundes bei normalen Spaziergängen verschlechtern. Sollten Sie selbst also nicht zum Typ »Sportskanone« zählen, wäre eine ruhigere Auslastungsidee wie Apportieren die bessere Wahl.

damit sich der Flaschenhals schneller Richtung Boden dreht. Mit der Zeit reduzieren Sie die Hilfestellung immer weiter und halten die Flasche nur noch am Stäbchen fest.

Klorollen-Recycling

Küchenrollen, Kaffeeschachteln, Eierkartons: Das alles und noch so manch anderes Verpackungsmaterial eignet sich hervorragend zur Wiederverwendung für lustige Hundespiele! Geben Sie dafür ein Leckerchen in die jeweilige Verpackung und verschließen Sie diese dann oben – und wenn nötig auch unten. Ihr Hund darf nun die Packung zerlegen und das Leckerchen vernaschen.

In die Kartonrollen können Sie auch Schlitze schneiden und in die Spalten Bierdeckel schieben: In jede Rolle kommen ein bis zwei Pappdeckel. Von oben wird die Rolle dann mit einem Leckerchen befüllt, das auf dem ersten Deckel zum Liegen kommt. Ihr Hund soll nun nach und nach die Bierdeckel wegziehen, damit das Leckerchen immer eine Etage tiefer fällt – bis es schließlich ganz unten auf den Boden rollt und schnabuliert werden darf.

Dieses Spiel müssen Sie in kleinen Schritten aufbauen: Zunächst lernt Ihr Spielkamerad, am Bierdeckel zu ziehen. Dafür bestätigen Sie anfangs jede Annäherung und später jedes Reinknabbern. Erst im nächsten Schritt übt Ihr Hund dann, die Kartonscheibe behutsam herauszuziehen und sie dann wegzulegen.

Schnüffelteppich & Co.

In sogenannten »Schnüffelteppichen«, die oft aus vielen dichten Fransen und Stoffteilen bestehen, werden Leckerchen versteckt. Solche Teppiche sind im Fachhandel erhältlich – oder Sie basteln sich einfach selbst einen. Auch Badezimmermatten vom Discounter können Sie zum Schnüffelteppich umfunktionieren, vor dem ersten Gebrauch sollte die Matte aber unbedingt gründlich gewaschen werden.

Ein ähnlich interessanter Zeitvertreib für Ihren Hund sind Produkte der Marken »Lickimat« und »Kong«. Auf und in diese Leckmat-

Der besondere Tipp

Spielen ja, aber nicht allein

Leckmatten und Schnüffelteppiche sind ein toller Zeitvertreib für Ihren Hund. Bitte denken Sie trotzdem immer daran, Ihren Vierbeiner mit solchen und ähnlichen Utensilien nicht allein zu lassen, denn die Gefahr, dass er sie zerbeißt oder sogar Teile davon verschluckt, ist einfach zu groß.

Gleiches gilt für Spiele, für die Sie ausrangierte Kartons bzw. Verpackungen oder andere Dinge aus dem Haushalt verwenden. Achten Sie immer darauf, dass die Materialien, mit denen Ihr Liebling in Kontakt kommt, sauber und ungefährlich sind.

ten bzw. Kauspielzeuge können Sie Quark, Hüttenkäse, Thunfischpastete oder ähnliche schmackhafte Substanzen schmieren. Im Sommer können Sie das Spielzeug für eine Stunde im Kühlschrank deponieren und anschließend dem Hund anbieten.

Der große Vorteil des Schleckens und Kauens ist, dass diese Verhaltensweisen beruhigend auf Ihren Vierbeiner wirken. Leckmatten, die an der Rückseite mit Saugnäpfen ausgestattet sind, lassen sich zudem hervorragend auf Fliesen und anderen glatten Bodenbelägen festkleben. Ihr Hund kann also an Ort und Stelle genüsslich schlecken, während Sie ihm zeitgleich die Pfoten abtrocknen, seine Krallen schneiden oder die Ohren putzen – so können Sie ihm also auch Dinge näherbringen, die er eigentlich nicht so angenehm findet.

Die Leckerlischnur

Zum Schluss noch eine unkomplizierte Spielidee, die jedoch vielen Hunden großes Vergnügen bereitet: Sie benötigen eine einfache, ungefähr einen Meter lange Schnur sowie ein paar Leckerchen mit einem Loch in der Mitte. Jetzt fädeln Sie die Schnur durch eines der Leckerchen und nehmen die Enden der Kordel vor Ihrem sitzenden Hund in beide Hände.

Ihr Vierbeiner wird nun versuchen, das Leckerchen von der Schnur knabbern, die leicht aufgespannt vor seiner Nase baumelt. Alternativ können Sie die Kordel auch etwas fester um das Leckerchen wickeln und die Schnur dann nur mit einer Hand halten.

Gut zu wissen

Arbeit mit hoher und tiefer Nase

Suche ist nicht gleich Suche: Bei der »Fährte« geht es darum, dass der Hund mit tiefer Nase einer geschleppten, getupften oder gesprühten Spur folgt. Beim »Suchen« im offenen Feld – etwa bei der Fahndung nach vermissten Personen durch Rettungshunde oder bei der Jagd, wenn Hunde aktiv Wild auffinden sollen – holen sich die Vierbeiner auch mit hoher Nase Informationen. Wind und Witterung spielen hier immer eine große Rolle und sollten vom Hundehalter bereits vor Trainingsbeginn (am besten mit Seifenblasen) geprüft und berücksichtigt werden.

Man unterscheidet also verschiedene Varianten der Nasenarbeit, und für jede sollten Sie ein anderes Signal verwenden. Bleiben Sie dabei konsequent und vermischen Sie die Wörter nicht: Während der Hund nach einem »Such« in einem bestimmten Radius frei umherstöbern kann, um seine Beute zu finden, soll er beim Signal »Fährte« mit tiefer Nase wie auf Schienen eine Spur verfolgen. Trennen Sie diese beiden Signale von Anfang an strikt.

STRESSFREI DURCHS *Erwachsenenalter*

Wie schön, Ihr Hund ist jetzt viel souveräner und hat eine starke Bindung zu Ihnen aufgebaut. In dieser Lebensphase geht es darum, Gelerntes zu vertiefen und zu perfektionieren.

VOLLE POWER!

Der letzte Schliff für Hundehelden

Ihr Hund reagiert gut auf Ihre Signale, aber klappt das auch aus weiter Entfernung? Zudem will ich Sie in diesem Kapitel ermutigen, ab und an Ihre Komfortzonen zu verlassen.

> »Unter hundert Menschen liebe ich nur einen, unter hundert Hunden neunundneunzig.«
>
> MARIE VON EBNER-ESCHENBACH

Man hört häufig, dass eine solide Erziehung im Welpenalter das A und O ist. Manches Mal dringt sogar der Glaubenssatz durch, dass nie wieder Zeit in die Ausbildung eines Vierbeiners investiert werden muss, wenn er in der Welpenschule war. Diese Annahme ist schlichtweg falsch. Säugetiere – und dazu zählen Menschen und Hunde – lernen ihr gesamtes Leben lang. Und wie auch wir Menschen, durchläuft Ihr Hund unterschiedlichste Entwicklungsstadien, erlebt Positives wie Negatives und braucht in schwierigeren Zeiten mal mehr Unterstützung, dann wieder etwas weniger.

Die Welpen- und Jugendzeit haben Sie gemeinsam erfolgreich gemeistert, und Ihr Liebling ist jetzt erwachsen geworden. Die Grundsignale sollten funktionieren, und Ihr treuer Freund weiß mittlerweile ziemlich gut über die »Spezies Mensch« Bescheid. Sie wiederum haben verinnerlicht, dass es unerlässlich ist, Ihren Hund in Wald und Flur im Griff zu haben; und erste Kniffe, wie Sie gemeinsame Spaziergänge als Mensch-Hund-Team einfacher und angenehmer gestalten können, haben Sie sich mit der Aufmerksamkeitsübung (→ Seite 106) und dem »Radius-Spiel« (→ Seite 136) erarbeitet. Wenn Sie zudem regelmäßig die Übung »Unsichtbare Leine« (→ Seite 134) und den »Treue-Test« (→ Seite 140) trainiert haben, ist Ihr Schützling bestimmt schon viel interessierter an seiner Bezugsperson und wird versuchen, Ihre Signale frühzeitig zu erkennen und umzusetzen, damit er sich über Ihre Zuwendung und Ihr Lob freuen darf.

INSTINKT-MANAGEMENT FÜR PROFIS

Auf den folgenden Seiten finden Sie einige Anregungen, wie Sie Ihren Hund auch aus größeren Entfernungen dirigieren können. Im Kapitel Lernen (→ Seite 42) wurde bereits besprochen, wie wichtig es ist, richtig und exakt zu üben, damit Signale auch in unerwarteten oder stressigen Situationen ausgeführt werden. Immer wieder gibt es Notsituationen, in denen Sie für ein zuverlässiges »Halt« oder »Stopp« dankbar sein werden: Stellen Sie sich vor, der Karabiner der Leine geht plötzlich auf, die Schnur reißt oder gleitet Ihnen im Regen aus den Händen. In solchen Fällen kann es schnell passieren, dass Ihr Vierbeiner plötzlich auf sich allein gestellt ist. Jetzt entscheiden Millisekunden, ob die Bindung zwischen Ihnen und Ihrem Hund stark genug ausgeprägt ist und Ihre Übungssignale so gut sitzen, dass er sie weiterhin empfangen kann. Andernfalls kann es sein, dass er hemmungslos seinen Instinkten folgt. Sehen wir uns jetzt also an, wie Sie größere Herausforderungen des Alltags meistern und der Bindung zu Ihrem Hund einen weiteren Schub verleihen können.

Gut zu wissen

Was Sie fürs Training brauchen

Auch für dieses Kapitel möchte ich Ihnen wieder ein paar Einkaufsempfehlungen geben. Für das Training mit Ihrem erwachsenen Hund ist es sinnvoll, Ihr Dummy-Sortiment zu erweitern. Hier können Sie nun diverse Qualitäten und Materialien wie Stoff, Plastik oder Gummi ausprobieren und auch mit unterschiedlichen Gewichten experimentieren. Für das punktgenaue Senden in diverse Richtungen (→ Seite 170) benötigen Sie eventuell Markierungsstäbe und Absperrbänder. Für die Perfektionierung des Rückrufs und anderer Signale können kleine, rutschfeste Podeste nicht schaden. Diese sogenannten »Placeboards« (→ Seite 178) können Sie aber auch selbst anfertigen.

Neue und alte Herausforderungen

Ihr Hund ist nun der Pubertät und somit den gröbsten Flegelphasen entwachsen. Einige Leserinnen und Leser wünschen sich an dieser Stelle vermutlich, dass sie Gleiches behaupten könnten und ihr Hund endlich erwachsen wird – um sich ungefähr zehn Jahre später die aufregenden und agilen Jahre ihres Lieblings wieder herbeizuwünschen.

Ab welchem Alter Ihr Vierbeiner tatsächlich ausgewachsen und somit letztlich erwachsen ist, hängt von Genetik, Sozialisierung und anderen Faktoren ab. Jeder Hund entwickelt sich also ein wenig schneller oder langsamer.

Mit Rückfällen müssen Sie rechnen

Im Durchschnitt betrachtet, kann jedoch gesagt werden, dass ein dreijähriger Hund – bei normaler Entwicklung – gut und stabil in sein Umfeld eingegliedert wurde. Der Einfluss, den Hormone bislang auf sein Empfinden und

Verhalten hatten, nimmt ab, und sein Gehirn ist wieder mehr auf Empfang geschaltet. Natürlich kann es sein, dass Ihr Vierbeiner auch jetzt noch ab und an rückfällig wird und Ihre Nerven auf die Probe stellt. Wenn das passiert, agieren Sie am besten genau so wie in den bisherigen Fremdelphasen (→ Seite 77): Bewahren Sie Ruhe, und festigen Sie altbekannte Übungen, ehe Sie neue hinzunehmen.

Geräusche und Bewegungsreize

Auch im Erwachsenenalter gibt es wieder typische Trigger, die Ihren Hund in freier Natur schnell aus der Ruhe bringen und somit auch Jagdverhalten auslösen können. Dabei kommen Ihnen vermutlich sofort Rehe, Hasen, Eichhörnchen oder Vögel in den Sinn, die vor Ihrem geistigen Auge aufspringen oder erschrocken davonflattern. Eher seltener werden Sie hingegen an Laute und Geräusche denken, die Wildtiere von sich geben oder verursachen, wenn sie sich fortbewegen.

Ein krächzender Rabe oder schimpfender Fasan kann einen Hund jedoch genauso rasch in Alarmbereitschaft versetzen wie ein Fuchs, der durchs Unterholz eilt und dabei kleine Äste zusammentritt. Auch taktile Faktoren, etwa die Bodenbeschaffenheit unter den Pfoten Ihres Gefährten, oder plötzliche Temperaturveränderungen der Luft können auf Vierbeiner aktivierend wirken.

Sie tun sich und Ihrem Hund daher Gutes, wenn Sie sich besser früher als später einbringen: Loben Sie ihn für seine Geduld und sein ruhiges Verhalten, wenn in der Ferne ein Vogel klagt, holen Sie ihn bei Geräuschen im Wald zu sich zurück, und halten Sie beide kurz leise inne, bevor Sie Ihren Liebling belohnen und langsam weitergehen. Seien Sie achtsam mit sich und der Naturwelt und genießen Sie gemeinsam mit Ihrem Vierbeiner Ihre Streifzüge durch die Welt der Sinne.

Ihr Hund ist zwar der Pubertät entwachsen, aber auch jetzt gibt es noch Situationen, in denen seine Impulskontrolle auf die Probe gestellt wird.

Vielleicht ist Ihr Hund noch nie zuvor auf einem schmalen Baumstamm balanciert – und vielleicht ist genau das eine Aufgabe, die ihn positiv fordert und an der er wachsen kann.

Nur Mut – Komfortzonen verlassen

In diesem Buch lesen Sie häufiger von »On and off«, von »Entspannung und Anspannung« oder von »Management und Training«: Gemeint ist damit immer, dass es wichtig ist, seine Balance und Mitte zu finden. Ebenso wichtig ist es jedoch, ab und an die eigenen Komfortzonen zu verlassen, um sich und Ihrem Hund eine kleine Dosis positiven Stress zu verpassen. Diesen mutigen Schritt können Sie gehen, indem Sie einzelne Übungen deutlich schwieriger gestalten – oder gelegentlich mit vertrauten Gewohnheiten brechen und etwas gänzlich anderes unternehmen. Dazu sollten Sie zunächst die Frage stellen: Wo beginnen und enden überhaupt Ihre Komfortzo-

»Es ist wichtig, ab und an die eigenen Komfortzonen zu verlassen und sich eine kleine Dosis positiven Stress zu verpassen.« ALEXANDRA WISCHALL-WAGNER

nen, in welchem Umfeld fühlen Sie und Ihr Vierbeiner sich wohl? Was brauchen Sie beide, um entspannen und Kraft tanken zu können? Dann überlegen Sie weiter: Welche Situation oder Umgebung könnte Sie beunruhigen oder sogar aus der Bahn werfen? Jeder Mensch antwortet auf diese Fragen unterschiedlich – und das ist auch völlig in Ordnung. Während einige beim Gedanken an einen Fallschirmsprung mit Hund kaum mit der Wimper zucken, geraten andere schon ins Schwitzen, wenn sie sich ausmalen, mit ihrem Liebling auf bislang unbekanntem Terrain Gassi zu gehen.

Wachsen Sie über sich hinaus!

Schlussendlich notieren Sie noch, wo Ihre »roten Zonen« liegen: Was wäre gar nicht möglich und versetzt Sie bereits beim leisesten Gedanken in Angst und Schrecken? Diese Zonen werden vorerst ausgespart; angesteuert wird hingegen die mittlere Stufe. Ziel ist also nicht, dass Sie und Ihr Hund sich ultimativ überfordern und so in ein Trauma hineinschlittern. Ziel ist vielmehr, dass Sie sich ein paar Schritte aus der Komfortzone wagen, um zu sehen, was Sie eigentlich schon alles können.

Eventuell neigen auch Sie dazu, sich und Ihren Hund chronisch zu unterschätzen? Und vielleicht bremsen Sie Ihr gemeinsames Wachstum dadurch ein wenig aus und verhindern so richtig große Fortschritte. Wenn Sie Ihre Komfortzone hingegen jeden Monat kurzzeitig verlassen, werden Sie beide noch enger aneinander- und über sich hinauswachsen.

Der Jäger-Tipp

Angst vor dem Knall

Schussscheue Hunde sind für Jäger oft eine echte Belastung. Sie können diesem Problem vorbeugen, indem Sie Ihren neuen Jagdpartner frühzeitig zum Schießstand mitnehmen und in der Nähe der Anlage entspannt spazieren gehen oder Suchspiele anbieten.

Verhalten Sie sich bei Schussgeräuschen so ruhig wie möglich und vermitteln Sie Ihrem Hund Sicherheit. Lassen Sie ihn zudem anfangs nicht allein in Ihrem Fahrzeug warten, während Sie am Schießplatz zugange sind, denn wenn sein Stresspegel steigt, haben Sie keinen Einfluss auf die Situation.

Wenn Sie Ihren Gefährten aktiv, also mit Pistole oder Gewehr, an Schüsse gewöhnen möchte, sollten Sie mit leiseren Platzpatronen beginnen und die Intensität langsam steigern, bis Sie bei Schrot oder Kugel angekommen sind. Gehen Sie dabei wie auf Seite 185 beschrieben vor: Schießen Sie erst, wenn der Hund rund zehn Meter entfernt ist und gerade einer für ihn spannenden Aufgabe (z. B. Dummysuche) nachgeht.

ÜBUNG

»KREUZ UND QUER«

Ziel dieser Übung ist es, dass Sie Ihren Hund sicher und aus größerer Entfernung nach vorne, links, rechts und hinten schicken können. Das ist wichtig, wenn etwa links von ihm ein Reh aufspringt. Jetzt müssen Sie blitzschnell reagieren: Eine Option ist ein gut eingeübter Rückruf, eine andere das rasche Weiterschicken nach rechts.

Was Sie für die Übung brauchen

Sie benötigen eine 8–10 Meter lange Leine, Ihre Pfeife und zudem 4–6 gleichwertige Dummys sowie Leckerchen oder ein attraktives Spielzeug als Belohnung. Als Übungsort eignet sich eine größere, längliche Wiese, die links und rechts durch Bäume begrenzt ist. Sie können aber auch selbst im Freien mit Pfählen und Bändern ein Übungsareal abstecken.

Wie Sie die Übung aufbauen

1. Ihr Hund sitzt aufmerksam neben Ihnen; Sie stehen mittig an der Kopfseite des Geländes und halten die lange Leine so, dass keiner von Ihnen verletzt werden kann, wenn der Vierbeiner gleich startet. Zwei Dummys haben Sie griffbereit.
2. Jetzt schicken Sie Ihren Hund per Handzeichen zum rechten Rand des Areals. Wenn er vor Ihnen freudig in die richtige Richtung läuft, werfen Sie einen Dummy – und zwar über den Hund und so weit, dass er einige Meter vor ihm landet. Lassen Sie ihn weiterrennen, und ermuntern Sie ihn, den Dummy zu apportieren. Tauschen Sie die Beute nun inklusive Lob gegen eine Belohnung. Selbiges wiederholen Sie in die linke Richtung. Sollte sich Ihr Hund nur zögerlich von Ihnen lösen, machen Sie mehr Tempo und gehen mit ihm zügig in die angedachte Richtung. Der Dummy wird erst geworfen, wenn Ihr Hund in Schwung gekommen ist!
3. Führen Sie den zweiten Schritt dreimal hintereinander durch – jede Wiederholung besteht also aus einer Rechts- und einer Linksbewegung. Anschließend machen Sie eine Pause, mit der Sie wieder für Entspannung und Ruhe sorgen.
4. Nach einigen Durchgängen können Sie Signalwörter ins Training einbinden: Sie zeigen nach rechts und sagen »Lauf rechts«, dann zeigen Sie zur linken Begrenzung und sagen »Lauf links«. Gerne können Sie

2. Erst wenn Ihr Hund in die von Ihnen gewünschte Richtung vorausläuft, wird der Dummy geworfen.

6. Verdiente Belohnung: Am Ende des Areals liegt ein Dummy, den Ihr Schützling apportieren darf.

auch nach jeder Dummyaufnahme den »Komm-Pfiff« (→ Seite 128) setzen. Sorgen Sie im Anschluss immer für Erholung.

5. Wiederholen Sie Schritt 4 einige Male. Anschließend dürfen Sie kontinuierlich immer mehr Richtungswechsel einfordern: Werfen Sie die Dummys also immer seltener – zunächst nach jedem zweiten oder dritten, dann nach jedem vierten Wechsel. Ab und an sollte der Dummy aber auch gleich nach dem Losstarten fliegen. Andernfalls entwickelt Ihr Vierbeiner eine unerwünschte Erwartungshaltung.

6. Ziel ist es, dass Ihr Hund das Gelände über die gesamte Länge im Zickzackkurs durchsucht, ohne dass Sie dabei Dummys werfen. Zur Belohnung liegt aber ganz am Ende ein Dummy, der apportiert werden darf. Jetzt können Sie die Übung auch benennen und Ihren Hund z. B. mit dem Signal »Revier los« auf die Suche schicken.

Was Sie beachten sollten

Diese Übung funktioniert sogar in die entgegengesetzte Richtung, also nach hinten. Trainieren können Sie das wie folgt: Sie lassen Ihren Hund absitzen und schicken ihn ins »Bleib«. Dann werfen Sie den Dummy so, dass er circa einen Meter hinter Ihrem Schützling landet. Jetzt animieren Sie ihn mit dem gesprochenen Signal »Back« umgehend zum Umdrehen und danach zum Apportieren. Als unterstützendes Sichtzeichen verwenden Sie Ihre beiden Arme, mit denen Sie hinter Ihrem Hund auf den Boden deuten.

Wurde dieser Schritt einige Male durchgeführt, wird der Dummy nicht mehr geworfen, sondern ausgelegt; Hund und Dummy sollten dabei stets eine senkrechte Linie bilden. Allmählich können Sie die Distanz zwischen Tier und Dummy vergrößern. Achten Sie beim Üben unbedingt darauf, immer wieder Pausen und etwas längere Ruhezeiten einzulegen.

Im zweiten Level der Halt-Triade wird der Hund angeleint. Jetzt geht es darum, dass Ihr Vierbeiner noch verlässlicher zum Stehen kommt und nach dem Stopp-Pfiff möglichst gar keine Schritte mehr macht.

DIE HALT-TRIADE – BESTENS GERÜSTET FÜR NOTFÄLLE

Stellen Sie sich vor, Sie könnten Ihren Hund aus der Entfernung anhalten, wenn plötzlich ein Radfahrer vorbeibraust – oder ihn elegant hinter einem aufspringenden Hasen zum Liegen bekommen. Trainieren können Sie das mit der »Halt-Triade«. Das Zielbild dieser Übung sieht so aus: Sie geben Ihr Signal (das kann ein gerufenes Wort oder ein Pfiff sein) und Ihr Vierbeiner setzt oder legt sich unmittelbar an Ort und Stelle hin. Dabei sollte ganz egal sein, welcher Reiz in welcher Intensität diesem Verhalten vorausgegangen ist.

Es folgen nun drei Übungsteile, die Sie gerne getrennt voneinander trainieren können. Der erste Baustein der Triade wird in der Übung »Drop to stop« (→ Seite 174) beschrieben. Sie werden sehen: Mit jedem Level wird Ihr Zielbild klarer und sich immer weiter festigen.

Einige Hundetrainer behaupten, den Hund zu stoppen bzw. ins »Halt« zu schicken, sei besonders schwierig und könne nur mit Zwang und Härte eingeübt werden. Manchmal wird dazu der Hals des Tieres gewaltsam nach unten gezogen oder sein ganzer Körper mit den Händen zu Boden gedrückt. Solche Methoden sind nicht nur aus Tierschutzgründen äußerst bedenklich, sondern zudem mit viel zu viel Kraftaufwand verbunden. Beides tut weder Ihnen noch Ihrem Vierbeiner nachhaltig gut. Mit der Halt-Triade kommen Sie genauso ans Ziel, allerdings mit deutlich mehr Vergnügen und einem Hund, dem man ansieht, dass er spielerisch arbeiten und lernen durfte.

Level 2 – punktgenaues Anhalten

Während Ihr Hund im ersten Level der Halt-Triade gelernt hat, anzuhalten und sich zurückzuorientieren, wollen wir ihn jetzt noch verlässlicher zum Stehen bringen: Er soll keinen Schritt mehr nach vorne machen.

Fürs Training ist es hilfreich, wenn Ihr Hund daran gewöhnt ist, dass ihn eine andere Person an der Leine hält – oder diese problemlos für kurze Zeit an einem Baum oder Ast festgebunden werden kann. Im Vorfeld haben Sie bereits überlegt, ob Ihr Schützling sitzen oder liegen soll, sobald der Stopp-Pfiff ertönt.

- Jetzt entfernen Sie sich einige Meter vom Tier; währenddessen sichert Ihre Hilfsperson oder ein Baum den Hund ab, damit er nicht nach vorne gehen und Ihnen folgen kann. Achten Sie darauf, dass die Leine von Anfang an leicht angespannt ist und nicht zu locker durchhängt. Andernfalls könnte Ihr Liebling mit vollem Karacho in die lange Leine preschen und sich dabei verletzen.
- Heben Sie nun – wie im ersten Level der Triade gelernt – den ausgestreckten Arm nach oben, in Ihrer Faust befindet sich wieder ein Leckerbissen. Gleich im Anschluss folgt das Signal »Sitz« oder »Platz«.
- Setzt oder legt sich Ihr Hund, loben Sie, gehen zu ihm zurück und belohnen ihn adäquat. Anschließend geben Sie das Tier mit einem »Weiter« frei und wiederholen die Übung drei- bis fünfmal.
- Klappt das zuverlässig, nehmen Sie auch bei dieser Übungsvariante den Triller-Pfiff hinzu und kombinieren dann die Signale: Erst kommt der Pfiff, dann die Faust, abschließend folgt das gesprochene Signal »Sitz« oder »Platz«.

Nun erhöhen Sie wieder die Schwierigkeit, indem Sie verschiedene Ablenkungen und Außenreize in die Übung integrieren. Gehen Sie dabei ganz ähnlich vor, wie in Schritt 8 des ersten Levels der Halt-Triade beschrieben.

Der Jäger-Tipp

Quersuche und Bögeln

Mit der Übung »Kreuz und quer« (→ Seite 170) kann man Vorsteh- oder Stöberhunden auch gut die Quersuche näherbringen. Hier wird ein Feld systematisch von einer Seite zur anderen abgesucht, ohne dass dabei Wild übergangen wird. Sucherfolge werden im Idealfall durch Vorstehen angezeigt; der Hund verharrt also sitzend vor dem Fund.

Das Vorstehen bauen Sie am besten separat mit dem Fasanenwerfer oder einer Ballwurfmaschine auf. Drücken Sie den Fernauslöser erst, wenn der (mit Leine abgesicherte) Hund eine Sequenz des Vorstehens zeigt, also sichtbar verharrt oder eine Vorderpfote anhebt. Nur dann darf er den begehrten Dummy fangen und wird dadurch belohnt. Achten Sie darauf, dass Sie Ihren Hund erst nach erfolgtem Signal (z. B. ein »Fetch« oder »Fang es«) losrennen lassen.

ÜBUNG

»DROP TO STOP«

Bei dieser Übung handelt es sich um das erste Level der in diesem Kapitel ausführlich beleuchteten »Halt-Triade« (→ Seite 172). Ihr Hund soll zunächst verstehen, dass ein bestimmtes Handzeichen, kombiniert mit einem Pfiff und einem Schritt nach vorne, bedeutet, dass er sofort anhalten und sich absetzen oder hinlegen soll.

Was Sie für die Übung brauchen

Die Belohnungen werden in dieser Übung geworfen. Die Happen sollten daher so groß sein, dass Ihr Vierbeiner sehen kann, wie und wo sie zu Boden fallen. Gut geeignet sind beispielsweise geschnittene Käsewürfel. Zudem werden Sie im weiteren Verlauf des Trainings wieder Ihre Hundepfeife benötigen.

Wie Sie die Übung aufbauen

Für diese Übung ist es wichtig, dass Ihr Schützling die Signale »Sitz« oder »Platz« gut beherrscht. Zudem müssen Sie überlegen, mit welcher der beiden Verhaltensweisen Sie zunächst trainieren möchten (→ Seite 176).

1. Ihr Hund ist Ihnen zugewandt und befindet sich mit einigen Metern Abstand in Ihrer Nähe. Jetzt zeigen Sie ihm eine Leckerei und werfen diese ungefähr einen halben Meter hinter ihn; visieren Sie dabei am besten die Schwanzspitze Ihres Gefährten an. Achten Sie bitte darauf, dass das Sichtzeichen und der Wurf natürlich wirken: Es sollte eine möglichst runde, geschmeidige Bewegung sein, in die kaum andere Gesten einfließen, denn das würde Ihren Hund nur verwirren.
2. Wenn Sie jetzt noch das gesprochene Signal »Such« geben, wird deutlich, dass Ihr Schützling den Happen am Boden auch wirklich fressen darf. Anschließend greifen Sie sofort zum nächsten Leckerchen, umschließen es aber noch mit der Faust.
3. Ihr Hund ist inzwischen schon längst Richtung Käsestück losgelaufen. Hat er es verschlungen, wird er sich wieder auf Sie konzentrieren. Geht er nun 1–2 Schritte auf Sie zu, heben Sie die Faust mitsamt Leckerchen senkrecht in die Höhe und gehen einen kleinen Schritt auf Ihren Vierbeiner zu. Hält dieser dabei auch nur ein paar Sekunden inne, loben Sie, öffnen Ihre Faust und werfen den Happen dann erneut und so schnell es geht hinter den

Hund. Anschließend laden Sie wieder nach, umschließen das Belohnungsstück aber wie gehabt zunächst mit der Faust.

4. Nach dem Fressen des zweiten Happens wird Ihr Hund wieder mit Ihnen Kontakt aufnehmen, und das Spiel beginnt von vorne. Wiederholen Sie den dritten Schritt der Übung jetzt drei- bis fünfmal. Ihr Vierbeiner hat dann schon bald verstanden, dass er auf Ihr Handzeichen hin (erhobene Faust) abrupt stoppen soll.
5. Nun wird das zuvor festgelegte Verhalten (Setzen oder Hinlegen) in die Übung integriert. Dazu gehen wir wie gehabt vor: Ihr Tier ist wenige Meter von Ihnen entfernt und kommt auf Sie zu. Sie heben die Faust mitsamt Belohnung, und der Hund hält an. Jetzt sagen Sie »Sitz« oder »Platz«. Setzt bzw. legt sich Ihr Hund, folgt sofort Ihr Lob. Dann fliegt das Leckerchen – begleitet von einem gesprochenen »Such« – erneut über die Schwanzspitze und löst somit die Ruheposition auf.
6. Klappen die Übungsschritte bis hierhin gut, können Sie die Belohnung abwechselnd werfen oder aus der Hand füttern. Dazu wiederholen Sie die Übung wie bisher: Sie heben Ihre Faust, und der Hund setzt oder legt sich hin. Jetzt loben Sie mit Worten, werfen die Belohnung diesmal aber nicht, sondern gehen ruhig auf Ihren Vierbeiner zu. Bei ihm angekommen, wird er nochmals gelobt, aus der Hand belohnt und mit dem Signal »Weiter« aus seiner Ruheposition entlassen. Wechseln Sie bei den nachfolgenden Wiederholungen gerne die beiden Belohnungsvarianten ab.
7. Nun ist es an der Zeit, die Pfeife hinzuzunehmen: Als Stopp- oder »Down-Pfiff« empfiehlt sich ein längerer Trillerton. Gehen Sie zunächst wie gehabt vor. Den Pfiff setzen Sie dann noch, bevor Ihre Faust

1. Zu Beginn zeigen Sie dem Vierbeiner die Leckerei und werfen sie dann einen halben Meter hinter ihn.

6. Klappen die ersten Schritte gut, darf der Hund zur Abwechslung auch aus der Hand belohnt werden.

nach oben geht und Sie das Signal »Sitz« oder »Platz« gegeben haben. Sitzt oder liegt Ihr Hund, loben Sie ihn wieder und werfen die Belohnung hinter den Vierbeiner bzw. füttern ihn aus der Hand.

8. Erhöhen Sie jetzt langsam die Distanz – oder steigern Sie die Schwierigkeit, indem Sie Ablenkungen in die Übung einbauen. Werfen Sie dazu beispielsweise einen nicht allzu spannenden Gegenstand in die Nähe des Hundes. Vermutlich zeigt er sich interessiert und will die Verlockung inspizieren. In diesem Moment setzen Sie den Triller-Pfiff. Die nachfolgenden Signale »Sitz« oder »Platz« können Sie nach einigen Trainingseinheiten langsam ausschleichen lassen und nicht mehr verwenden.

Der besondere Tipp

Training frühzeitig anpassen

Machen Sie sich schon vorab klar, ob Ihr Hund im Notfall sitzen oder liegen soll. Möchten Sie fleißig Dummyarbeit betreiben, empfiehlt sich ein Absitzen, damit Ihr Vierbeiner anschließend weiterhin den Überblick behält. Wollen Sie Ihren Hund jagdlich führen, ist vermutlich das Hinlegen oder »Down« die sinnvollere Alternative. Wichtig ist in diesem Zusammenhang auch: Welche Verhaltensweise fällt Ihrem Tier leichter? Denken Sie bereits vor dem Training der Halt-Triade darüber nach, wie Ihr Schützling reagieren soll, und überlassen Sie dies nicht einfach dem Zufall. Soll er einmal sitzen und einmal liegen, wird alles nur noch verwirrender.

Was Sie beachten sollten

Wichtig ist, dass Sie den Käse zu Beginn der Übung stets hinter den Hund werfen, damit Ihr Futterpunkt (→ Seite 51) zu den Trainingskriterien der Übung passt. Belohnen Sie den Vierbeiner immer nur in Ihrer Nähe, wird er schon bald nur kurz an Ort und Stelle ausharren und schnell wieder auf Sie zulaufen.

Wenn Sie mit Ablenkungen arbeiten, die Ihr Hund besonders attraktiv findet, empfehle ich Ihnen wieder das Absichern mit der langen Leine. So vermeiden Sie, dass Ihr Hund ungewollt an die Beute kommt.

Fortgeschrittene können den Grad der Ablenkung immer weiter erhöhen. Sie können beispielsweise das Stoppen üben, während Ihr Liebling weit geworfenen Bällen hinterhersaust oder von anderen, sehr verführerischen Geruchs- und Bewegungsreizen abgelenkt wird. Hier sind Ihrer Fantasie wirklich keine Grenzen gesetzt. Mit der Zeit wird Ihr Hund lernen, nach dem Pfiff zuverlässig und ganz ohne Druck abzustoppen, sich zu setzen oder abzulegen und so lange zu warten, bis Sie ihm ein neues Signal geben oder ihn abholen.

Level 3 – Tempo, Tempo!

Im dritten und letzten Level der Halt-Triade konzentrieren wir uns voll und ganz auf den Stopp-Pfiff, den wir vertiefen und perfektionieren wollen. Je schneller und zuverlässiger Ihr Hund auf den Pfiff reagiert, desto besser haben Sie ihn im Ernstfall unter Kontrolle – und das auch in größerer Entfernung.

Mit der Signalabfolge Pfiff – Faust nach oben – »Sitz« bzw. »Platz« ist Ihr Hund bereits vertraut. Führen Sie diese Sequenz nun immer wieder und in unterschiedlichsten Situationen und Umgebungen durch. Ihr Augenmerk sollte dabei ganz klar auf der Geschwindigkeit liegen, mit der Ihr Vierbeiner nach Ertönen des Pfiffs anhält und zu Boden geht.

Belohnen Sie Ihren Schützling großzügig, wenn er sofort nach dem Pfiff und mit hohem Eifer das gewünschte Verhalten zeigt und sich hinsetzt oder -legt. Tut er dies nicht innerhalb von zwei Sekunden, brechen Sie die Übung ab, gehen ein paar Schritte weiter und beginnen von Neuem. Es sollte Ihrem Hund deutlich werden, dass es nun darum geht, sich bei Ertönen des Pfiffs ohne Verzögerung sofort in die Ruheposition zu begeben.

Immer am Ball bleiben

Sie können die einzelnen Bausteine der Halt-Triade gerne immer wieder abwechseln. Üben Sie also an einem Tag nur die dritte, an einem anderen nur die erste Übung. Natürlich können Sie die einzelnen Schritte auch in unterschiedlicher Reihenfolge trainieren.

Auch in der Stadt ist die Halt-Triade im Ernstfall Gold wert: Je schneller und zuverlässiger Ihr Hund auf den Stopp-Pfiff reagiert, desto besser.

Auch und insbesondere bei der so wichtigen Halt-Triade gilt: Übertreiben Sie es bitte nicht mit dem Training und achten Sie zwischendurch immer wieder auf Ruhe- und Entspannungsphasen. Das Einüben der Levels sollte für Ihren Hund ein ganz besonderes Ereignis sein, daher sollten Sie seine Mitarbeit und alle Lernfortschritte stets königlich belohnen.

Früher hat man Hunden mit Zwang und Härte das Apportieren beigebracht. Es geht aber auch gewaltfrei und mit viel Freude. Placeboards sind dabei ein praktisches Hilfsmittel.

PLACEBOARDS – TRAINIEREN WIE IM ZIRKUS

Wenn Sie sich schon etwas länger mit dem Thema Hundetraining beschäftigen, ist Ihnen wahrscheinlich der altbekannte »Apportiertisch« noch ein Begriff. Auf solchen Tischen wurden Hunde – meist völlig unvorbereitet – an einer Anhängevorrichtung mit Halsband fixiert und dann regelrecht zum »Apportieren« gezwungen. Dazu hat man ihnen den Dummy einfach in den Fang gedrückt, oder den Tieren wurden so lange Schmerzen zugefügt, bis sie den Gegenstand ins Maul nahmen. Erst dann folgte eine Belohnung, bzw. der Schmerzreiz wurde wieder reduziert (→ Seite 47).

Dieser sogenannte »Zwangsapport«, der vielerorts noch heute praktiziert wird, hat eine Reihe von Nachteilen: Zum einen verknüpft der Hund damit Stress, Druck und unangenehme Gefühle. Sehr häufig zeigen die Tiere nach dem Signal »Apport« ein starkes Meide- oder sogar Aggressionsverhalten gegenüber Ihren Hundeführern oder Artgenossen. Oftmals wird die Übung vom Hund auch abgebrochen, weil er sie durch die auftretenden negativen Gefühle schlichtweg nicht ausführen kann.

Zum anderen wird aber auch die Beziehung zum Hundehalter beschädigt. Denn er lässt seinen Gefährten wissentlich und willentlich leiden und setzt ihn somit einer hohen emotionalen Belastung aus.

Auf die Bretter, fertig, los!

Bei Aktivitäten zur sportlichen Auslastung sollten Spiel und Spaß immer an oberster Stelle stehen – und nicht Druck und Drill. Deshalb gelten heute kleine Tische oder Kisten, sogenannte »Placeboards«, als gute Alternative. Im Fachhandel muss man dafür allerdings recht tief in die Tasche greifen. Wer sparen möchte, besorgt sich ein paar günstige Dämmplatten aus dem Baumarkt – oder bastelt sich mit etwas Geschick sein Placeboard einfach selbst aus Holz oder anderen Materialien.

Kleines, cleveres Podest

Anders als beim Zwangsapport, wird dieses praktische Hilfsmittel gewinn- und spaßbringend aufgebaut. Die ursprünglich aus dem Zirkustraining stammenden Placeboards dienen dem Vierbeiner dabei als Zielhilfe und bieten darüber hinaus eine sichere Zone für Übungen und Tricks, die noch erlernt werden sollen: Egal, ob Sie Ihrem Hund das Bleiben, Stoppen, Richtungswechsel beim Laufen oder das Apportieren beibringen wollen: Solche und viele andere Fertigkeiten und Tricks können auf einem Placeboard wunderbar antrainiert und gefestigt werden. Mit der Zeit baut man das Hilfsmittel dann wieder ab, sodass der Hund auch imstande ist, ohne Placeboard zu arbeiten. Wie Sie Ihren Hund mit den Podesten vertraut machen, erfahren Sie in der nächsten Übung (→ Seite 180).

Auch für Jäger interessant

Die Arbeit mit Placeboards lohnt sich übrigens auch, wenn Sie Ihren Hund jagdlich führen: Sie können beispielsweise das Heranbringen einer Beute mit Vorsitz und Abgabe perfektionieren. Hierzu schicken Sie Ihren Hund einige Meter vor dem Podest ins »Bleib« und treten dann hinter das Trainingsgerät. Nun rufen Sie den Hund heran und fordern direkt vor Ihnen (also auf dem Placeboard) ein schönes »Sitz« ein, indem Sie die Belohnung über den Kopf des Vierbeiners ziehen. Sitzt das Tier auf dem Brett, wird gelobt und belohnt.

Wenn das gut klappt, kommen die Apportiergegenstände ins Spiel: Ihr Tier darf sie aus allen möglichen Höhen und Entfernungen aufnehmen, soll sich dann absetzen und Ihnen die Dummys in die Hand apportieren. Die Abfolge ist dabei stets: aufnehmen – auf dem Board absitzen – Beute in die Hand geben. Anschließend wird gelobt und belohnt.

»Placeboards dienen dem Hund als Zielhilfe und bieten darüber hinaus eine sichere Zone für viele Übungen und Tricks.« ALEXANDRA WISCHALL-WAGNER

Erste Annäherung: Machen Sie den Hund langsam und in seinem Tempo mit dem Placeboard vertraut.

Jede Pfote zählt: Belohnen Sie Ihren Vierbeiner, wenn er nach und nach aufs Brett steigen möchte.

ÜBUNG

»BOARDEN«

Mit dieser Übung können Sie Ihren Hund langsam und behutsam an ein Placeboard gewöhnen. Wenn Sie geduldig am Ball bleiben, wird er das neue Hilfsmittel schon bald lieben – und Ihnen beiden stehen dann ganz neue, kreative Trainingsmöglichkeiten offen.

Was Sie für die Übung brauchen

Das verwendete Placeboard (→ Seite 178) sollte keine scharfen Kanten und eine raue, möglichst griffige Oberfläche haben, damit sich Ihr Hund beim Training nicht verletzen kann. Zudem benötigen Sie wie immer Leckerchen oder andere attraktive Belohnungen.

Wie Sie die Übung aufbauen

Platzieren Sie zunächst das Placeboard auf festem, ebenem Untergrund, damit es nicht rutschen oder umkippen kann.

1. Im ersten Schritt bestätigen Sie jede Annäherung Ihres Hundes an das Placeboard mit Lob und einer kleinen Leckerei: Lassen Sie Ihren Schützling schauen und schnüffeln – und freuen Sie sich über jedes Interesse, das Ihr Vierbeiner an der neuen Trainingshilfe zeigt.
2. Legen Sie jetzt ein Leckerchen an den Rand des Placeboards, das sich Ihr Hund dort abholen darf. Lassen Sie zu, dass sich der Vierbeiner nach dem Schnabulieren des Kekses immer wieder vom Podest abwendet – er muss sich also noch nicht intensiv mit dem neuen Gegenstand auseinandersetzen und darf gehen, wenn er will. Wiederholen Sie die Annäherungen circa fünfmal, dann folgt eine Pause.

Geschafft: Mit etwas Übung werden sich bald alle vier Beine Ihres Lieblings auf dem Podest befinden.

Schwierigkeit steigern: Verlängern Sie die Verweildauer und variieren Sie die Distanz zum Hund.

3. Ihr Hund wird weiterhin Interesse zeigen und will sich vermutlich schon bald aufs Brett stellen. Sie dürfen ihm dabei helfen, indem Sie das Leckerchen mittig platzieren. Idealerweise sind zuerst die Pfoten am Board, dann folgt eine Belohnung. Ziel ist, dass Ihr Hund mit allen vier Beinen auf dem Podest steht. Gelingt dies, können Sie ein gesprochenes Signal (z. B. »Boarding«) einführen und als Geste zusätzlich Richtung Placeboard deuten.
4. Ähnlich wie bei der Übung »Entspannungsplatz« (→ Seite 72) können Sie nun nach und nach Verweildauer und Entfernung steigern bzw. variieren. Ist Ihr Hund erst einmal vom neuen Placeboard begeistert, können Sie damit alle weiteren Übungen spielerisch aufbauen. Seien Sie kreativ, und überlegen Sie gerne, welche bereits bekannten Signale mit dem Brett besonders viel Spaß machen könnten: Sie können z. B. den »Komm-Pfiff« (→ Seite 128) erweitern und Ihrem Hund beibringen, dass er nach dem Herankommen auf dem Placeboard vorsitzt, oder Sie üben das Schicken in verschiedene Richtungen.

Was Sie beachten sollten

Falls Ihr Hund dem Placeboard anfangs sehr skeptisch oder ängstlich begegnet, sollten Sie keine Kekse auf dem Brett ablegen, sondern die Leckereien zunächst lieber im Umfeld platzieren, damit er sich langsam mit dem neuen Hilfsmittel vertraut machen kann.

Selbstverständlich können Sie diese Übung auch schon mit Ihrem Welpen oder Junghund aufbauen. Achten Sie aber bitte darauf, dass das verwendete Board nicht zu hoch ist und Ihr Liebling die Wirbelsäule nicht überstrecken muss, um aufs Podest zu gelangen. Auch das Verlassen des Placeboards sollte immer rasch und gefahrlos möglich sein.

Ihrem Hund das Suchen und Apportieren beizubringen, hat auch ganz praktische Vorzüge, etwa wenn Sie beim Gassigehen etwas verloren haben.

APPORTIEREN UND SUCHEN: KREATIVE KOMBINATIONEN

Vielleicht sind Sie und Ihr Vierbeiner mit dem Apportieren schon so gut vorangekommen, dass Sie sich bereits an eine besonders herausfordernde Disziplin gewagt haben: das Apportieren mehrerer Dummys hintereinander.

Dazu sollten die Dummys anfangs mit möglichst großem Abstand zueinander platziert werden. Echte Profis unter den Vierbeinern werden es schaffen, in einer Linie aufgelegte Gegenstände Stück für Stück und ganz ohne Tausch heranzubringen. Denken Sie daran, dass Sie das Niveau – wie bei jeder anderen Übung auch – in kleinen, vorsichtigen Schritten steigern und nicht zu viele Trainingskriterien (Suchfläche, Anzahl der Dummys, Distanz, Windrichtung, Bodenbeschaffenheit etc.) auf einmal verändern.

Spannende Herausforderungen

Nun können Sie auch viele weitere Kombinationsmöglichkeiten ausprobieren und das Apportieren kontinuierlich perfektionieren. Lassen Sie Ihrer Fantasie dabei freien Lauf.

Sie können Ihren Hund beispielsweise ins »Bleib« schicken, während Sie weiter weg ein Marking setzen. Dann gehen Sie zu einem angrenzenden Suchfeld und verstecken dort einen zweiten Dummy. Wenn Sie wieder bei Ihrem Vierbeiner sind, lassen Sie ihn zunächst das erste Marking apportieren. Dann gehen Sie gemeinsam »bei Fuß« Richtung Suchfeld, setzen Ihren Liebling dort erneut an und schicken ihn jetzt in die Verlorensuche (→ Seite 145), um den zweiten Dummy aufzuspüren.

Natürlich können Sie nach und nach auch Richtungswechsel (→ Seite 170) in die Übung integrieren oder zur Ablenkung während der Suche weitere Dummys werfen, die vom Hund aber zunächst ignoriert werden sollen.

Insbesondere wenn es dann darum geht, sich die Liegeorte aller verstreuten Dummys zu merken bzw. wenn sogenannte »Blinds« (→ Seite 145) ins Spiel gebracht und in großen Abständen ausgelegt werden, wird der Apportiersport zu einer hoch spannenden Herausforderung für Mensch und Hund.

HOBBYS FÜR HUNDEHELDEN: SPIELERISCHE AUSLASTUNG

Sie sind in diesem Buch nun schon weit vorangekommen und haben mit Ihrem Hund bereits etliche Gehorsamsübungen aufgebaut. Wie sich dieses Training für Sie beide anfühlt, haben Sie dabei selbst bestimmt, nämlich durch Ihre innere Einstellung. Lernen sollte Spaß machen und nicht in Drill ausarten, das habe ich bereits mehrfach betont. Der Meister hebt sich vom Schüler dadurch ab, dass er die Dinge mit Ruhe, Konzentration und Freude angeht und umsetzt. Es folgen nun einige Auslastungsideen, mit denen Sie und auch andere Familienmitglieder Ihren Liebling spielerisch beschäftigen und fordern können.

»Lost and found« – die Rückspur

Spätestens, wenn Sie beim Spazierengehen merken, dass Ihnen der Autoschlüssel aus der Jackentasche gefallen ist oder Sie einen Handschuhe vermissen, werden Sie diese Übung feiern: Ihr Hund lernt, den zurückgelegten Weg nach Dingen abzuscannen, die nach Ihnen riechen, und im Idealfall wird er verlorene Gegenstände sogar zurückbringen!

Anfangs können Sie die Übung mit Dummys in herkömmlicher Größe aufbauen oder auch jeden anderen Gegenstand verwenden, den Ihr Hund zuvor schon apportiert hat. Wichtig ist, dass er die Objekte zu Beginn des Trainings rasch erkennen kann. Später können

Der Jäger-Tipp

Jetzt wird’s etwas schwerer

Nun ist es an der Zeit, dass Ihr Hund beim Apportieren auch mit unterschiedlichen Gewichten klarkommt. Je schwerer ein Dummy oder Wildtier, desto mehr Kraft benötigt er. Erhöhen Sie das Gewicht daher nicht zu rasch, denn das kann zu Kiefer- und Nackenschmerzen sowie heftigem Muskelkater führen. Steigern Sie neben dem Gewicht auch die Tragezeit kontinuierlich und arbeiten Sie sich so vom Apport einer kleineren Ente bis zum ausgewachsenen Fuchs vor. Gerne dürfen Sie auch kleine Sprünge über Stämme oder andere Hindernisse einbauen, gehen Sie aber auch das wieder strategisch und langsam an.

die ausgelegten Gegenstände immer kleiner werden; 80 Gramm schwere »Pocket Dummys« eignen sich hier hervorragend.

Und so bauen Sie die Übung auf: Gehen Sie zunächst ein paar Schritte mit dem Hund, und warten Sie ab, bis dieser ungefähr einen Meter vor Ihnen steht. Dann lassen Sie den Dummy oder ein anderes Objekt fallen und gehen weiter. Nach zwei bis drei Schritten sprechen Sie Ihren Vierbeiner freudig an und deuten mit einer einladenden Handbewegung zurück Richtung Dummy. Ihr Hund läuft hin, und Sie ermutigen ihn zum Bringen. Gibt er Ihnen den verlorenen Gegenstand in die Hand, bekommt er seine Belohnung.

Nach einigen Wiederholungen dürfen Sie zur Handbewegung auch noch ein gesprochenes Signal – etwa »Ups, verloren!« – hinzufügen. Von nun an erhöhen Sie langsam die Distanz, verändern das Trainingsumfeld oder verwenden unterschiedliche Suchobjekte.

Der besondere Tipp

Arbeit oder Freizeit?

Bitte beachten Sie, dass alle Hunde, die mit der Nase arbeiten sollen und speziell dafür ausgebildet werden, an der Leine ziehen. Vor allem im städtischen Bereich kann Ihnen dieses Gezerre zum Verhängnis werden. Daher empfehle ich, Mantrailing und die Fährtenarbeit von Anfang an konsequent unter Signalkontrolle zu stellen. So weiß der Hund, wann sein selbstständiger Part beginnt und er sich mit vollem Eifer in die Leine hängen darf. Bewährt haben sich auch Start- und Endrituale. Dafür können Sie beispielsweise zwei verschiedene Brustgeschirre verwenden: Eines dient dem Hund quasi als »Arbeitskleidung« – und wird nur beim Mantrailing angelegt.

Mantrailing – Flucht unmöglich

Eine weitere hervorragende Methode, um Ihren Vierbeiner auszulasten, ist das sogenannte »Mantrailing«. Dabei werden Hunde auf den Individualgeruch bestimmter Personen angesetzt und sollen dieser Spur dann folgen.

Die Disziplin ist anspruchsvoller, als viele denken, und erfordert eine gezielte, intensive Ausbildung. Schließlich sollen die Hunde in der Lage sein, auch ältere Geruchsspuren völlig fremder Personen zuverlässig und bei fast jedem Wetter auszuarbeiten. Zudem funktioniert Mantrailing nur in eingespielter Teamarbeit: Die Nase des Vierbeiners eilt den Beinen des Hundeführers selbstbestimmt und oft mit hohem Tempo voraus, was Tier und Mensch einiges an Fitness abverlangt.

Sollten Sie sich fürs Mantrailing interessieren, dürfen Sie sich gerne an einen fachkundigen Hundetrainer wenden, der Ihnen eventuell auch spezialisierte Kurse anbietet.

FRAGE & ANTWORT

Knallen und Scheppern

Mein Hund ist ziemlich geräuschempfindlich. Obwohl mir gesagt wurde, dass Knalllaute Jagdhunden eigentlich nichts ausmachen, zuckt er bei jedem lauten Geräusch zusammen. Nun wurde mir empfohlen, ihn abzuhärten und mit einer Leine festzuhalten, während eine andere Person neben uns ein paar Böller zündet. Ist das eine gute Idee? Vielleicht reicht es ja auch, neben ihm auf Töpfe zu schlagen oder mit einer Dose zu scheppern?

Dass Jagdhunde per se »schussfest« sind, stimmt so leider nicht. Und von der Idee mit den Knallkörpern oder Töpfen rate ich dringend ab! Denn mit dieser Methode würden Sie Ihren Vierbeiner regelrecht mit Reizen überfluten, die ihm große Angst machen.

In der Psychotherapie spricht man hier vom »Flooding«, einer speziellen Form der Konfrontationstherapie. Menschen, die unter Phobien leiden, werden dabei gezielt und freiwillig stark angstauslösenden Reizen ausgesetzt. Im Idealfall nimmt die Angst dann nach einigen Sitzungen ab. Auf Tiere kann dieses Verfahren aber nicht übertragen werden: Ihr Hund weiß ja nicht, dass es sich um eine Therapie handelt und kann sich (anders als menschliche Patienten) auch nicht der Situation entziehen. Irgendwann wird er aufhören, sich zu wehren, und sich aufgeben. Er rutscht also in die »Erlernte Hilflosigkeit« (→ Seite 34) – ein Zustand, der oft als Entspannung missinterpretiert wird; tatsächlich handelt es sich aber um eine weitere Traumatisierung.

Bei einem geräuschempfindlichen Hund sollte das Ziel sein, unangenehme Töne zunächst aus der Distanz in kleinen Schritten positiv zu belegen: Sind in größerer Entfernung Geräusche zu hören, können Sie mit ihm Spiele spielen, die ihm viel Spaß machen. Oder Sie können ihn zur Gegenkonditionierung so schnell wie möglich loben und belohnen.

Zeigt das Tier Interesse an einem entfernten Knallen oder Scheppern, können Sie sich dem Geräusch ein wenig annähern und ihn wieder loben und belohnen. Falls Ihr Hund Angst zeigt, entfernen Sie sich von der Geräuschquelle und belohnen Ihren Vierbeiner dadurch, dass Sie ihm Abstand geben. Blickt Ihr Schützling nach einigen Metern Entfernung dann wieder in Richtung Geräusch, belohnen Sie mit Keksen oder einem Spielzeug.

Wichtig ist, dass all das möglichst ruhig und ohne große Aufregung geschieht. Auf diese Weise vermitteln Sie Ihrem Hund, dass auch lautere Umgebungsgeräusche völlig normal und kein Grund zur Panik sind.

ÜBUNG

»GEOCACHING FÜR HUNDE«

Dieses spannende Spiel ist nicht nur für jagdlich motivierte Hunde reizvoll, es macht fast allen Vierbeinern Spaß. Und auch Ihre Kinder werden sich freuen, wenn sie gemeinsam mit ihrem Liebling auf Schatzsuche gehen dürfen. Ob das Wetter mitspielt, ist dabei egal, denn die Übung eignet sich für drinnen und draußen.

Was Sie für die Übung brauchen

Vorab sollten Sie sich in Ihrem Haushalt nach kleineren, handlichen Dosen bzw. Vorratsbehältern aus Blech oder Kunststoff umsehen. Sie sollten sicher verschließbar sein und sich möglichst rasch und unkompliziert öffnen lassen. Zudem benötigen Sie Kekse oder andere Leckereien, die Ihr Hund köstlich findet.

Wie Sie die Übung aufbauen

Für das Spiel werden 1–2 Vorratsbehälter mit einer Handvoll Keksen befüllt und dann in einem bestimmten Suchradius versteckt. Ihr Hund darf sich dann auf die Suche machen und die Behälter aufstöbern.

1. Im ersten Schritt machen Sie Ihren Vierbeiner mit den neuen, zunächst noch leeren Plastik- bzw. Blechdosen vertraut. Dazu halten Sie eine verschlossene Dose in einer Hand und bestätigen den Hund, sobald er sich dem neuen Gegenstand annähert; zur Belohnung füttern Sie ihm ein Leckerchen aus der anderen, noch freien Hand. Tun Sie dies aber unbedingt nahe der Dose bzw. über dem Behälter.
2. Wiederholen Sie den ersten Schritt der Übung jetzt aus unterschiedlichen Richtungen: Sie halten die Dose also das eine Mal in Ihrer linken, das andere Mal in der rechten Hand. Sobald sich Ihr Schützling dem Behälter zuwendet und ihn mit seiner Nase schon fast berührt, loben und belohnen Sie ihn wie gehabt. Lassen Sie aber nicht zu, dass der Vierbeiner nach der Dose schnappt, sie klaut oder sich anderweitig mit ihr bespaßt.
3. Gehen Sie weiterhin vor, wie im ersten und zweiten Schritt beschrieben. Arbeiten Sie sich dabei aber langsam und ruhig Richtung Boden vor. Zwischendurch können Sie den Behälter auch immer wieder gut sichtbar auf einem Regal oder Sessel platzieren. Es sollte für Ihren Hund jetzt schon aus ungefähr zwei Metern Entfer-

nung möglich sein, sich dem neuen Gegenstand freudig zu nähern. Zeigt er das gewünschte Verhalten, wird er wieder gelobt und nahe der Dose belohnt.

4. Wenn alle Übungsschritte bis hierhin reibungslos funktionieren, können Sie die Dose mit Keksen befüllen. Sobald Ihr Hund den Behälter entdeckt und zu ihm hinläuft, wird der Deckel geöffnet. Ihr Vierbeiner wird dann direkt aus der Dose gefüttert und belohnt.

5. Nun ist es an der Zeit, ein gesprochenes Signal für die Schatzsuche einzuführen: Schicken Sie Ihren Schützling dazu bei weiteren Wiederholungen mit »Zeig Schatz!« oder einem anderen Begriff Ihrer Wahl in die Suche. Allmählich dürfen Sie auch weitere Parameter der Übung variieren und so die Schwierigkeit steigern: Lassen Sie Ihren Hund im Garten oder in anderen Zimmern suchen, integrieren Sie Ablenkungen und Störfaktoren (etwa Menschen oder Spielzeug), verstecken Sie mehrere Dosen, oder steigern Sie die Distanz zwischen Hund und Schatz, um so den Suchradius zu erweitern.

Was Sie beachten sollten

Achten Sie wieder darauf, die Schwierigkeit der Übung nur langsam zu steigern. Bevor Sie das »Geocaching« unter freiem Himmel durchführen, sollten Sie ohne große Ablenkung in den eigenen vier Wänden trainieren.

Besonders Kindern macht diese Übung viel Spaß, da sie gemeinsam mit ihrem Haustier – ruhig und konzentriert – die Suche antreten können. Hat der Hund den Behälter gefunden, darf das Kind ihn öffnen und dem stolzen Vierbeiner den Inhalt verabreichen. Wenn Sie möchten, dürfen Sie natürlich auch für Ihr kleines zweibeiniges Familienmitglied eine Belohnung in der Dose verstecken.

1. Machen Sie den Hund langsam mit dem »Schatz« vertraut; jede Annäherung wird dabei bestätigt.

4. Später wird Ihr Vierbeiner direkt aus der Dose belohnt – natürlich erst, wenn er sie gefunden hat.

BURNOUT – MENSCH UND HUND IM DAUERSTRESS

Fast jeder kennt jemanden, der schon einmal einen Burnout erlebt hat – oder sich zumindest irgendwie ausgebrannt fühlte. Typischstes Symptom ist ein tiefer emotionaler Erschöpfungszustand, der zu verringerter Arbeitsleistung und sozialem Rückzug führt. Während Betroffene in den ersten Phasen eines Burnouts noch all ihre zur Verfügung stehenden Ressourcen zusammenraffen, um das ungute Gefühl auszublenden oder in Schach zu halten, bricht der Organismus in der letzten Krankheitsphase komplett zusammen.

Die totale Erschöpfung

Zu Beginn des Burnouts tritt also noch gesteigerter Ehrgeiz zutage; es wird versucht, alles bestmöglich abzuarbeiten. Eigene Bedürfnisse werden dabei zunehmend vernachlässigt, und Pausen bringen nicht mehr den gewünschten Erholungseffekt. Mit der Zeit werden betroffene Individuen immer reizbarer und ruheloser, bis schließlich innere Leere, Angst, Depression und die totale Erschöpfung eintreten.

Ein Erklärungsansatz für die Entstehung des Burnout-Syndroms ist, dass Körper und Geist ununterbrochen unter Stress stehen. Wie Sie bereits am Modell der »Erlernten Hilflosigkeit« (→ Seite 34) sehen konnten, gibt es auch im Bereich der Psychologie Parallelen zwischen Menschen und Säugetieren. Es liegt daher auf der Hand, dass auch Hunde Symptome entwickeln können, die denen des menschlichen Burnouts zumindest ähneln.

Überforderung im Alltag

Freilich kann nach heutigem Stand der Wissenschaft nicht behauptet werden, dass sich im Gehirn eines Vierbeiners die gleichen Gedanken auftürmen wie bei uns Zweibeinern. Es ist daher fraglich, ob ein Hund seine noch zu erledigenden Aufgaben zählt, Selbstzweifel hat oder in Melancholie verfällt, weil der nächste Urlaub so lange auf sich warten lässt.

Mit Sicherheit kann jedoch gesagt werden, dass moderne Hunde einer Vielzahl von Stressoren ausgesetzt sind: Schlechte Ernährung, Bewegungsmangel oder zu viel Verantwortung und ständige Überforderung – all das kann an den Energiereserven Ihres Lieblings zehren

»Es liegt auf der Hand, dass auch Hunde Symptome entwickeln können, die denen des menschlichen Burnouts ähneln.« ALEXANDRA WISCHALL-WAGNER

Zu viel, zu schnell, zu hohe Erwartungen: All das kann Zwei- und Vierbeiner rasch überfordern. Achten Sie daher auf Ihre innere Balance und ein wohldosiertes Trainingspensum.

und ihn langsam auslaugen. Wenn Frauchen mal wieder mit ihrem Vierbeiner von Hundeschule zu Hundeschule hastet, Herrchen den Ball pausenlos zum Apportieren schleudert oder das Tier jede Woche auf einer Kinderparty glänzen soll, sind körperliche und seelische Probleme auch beim Hund programmiert.

Leistungsdruck beim Training

Selbstverständlich kann auch zu häufiges, langes oder intensives Training negative Auswirkungen haben. Könnte Ihr Hund lesen, würde ihn vermutlich allein schon die Fülle an Übungen in diesem Buch überfordern. Und vielleicht geht es Ihnen ja ganz ähnlich. Deshalb möchte ich an dieser Stelle noch einmal betonen: Das alles sind nur Vorschläge! Es gibt zweifellos Menschen, die ganz ohne gezieltes Training auskommen und mit ihrem Hund trotzdem konfliktfrei und harmonisch unter einem Dach leben. Wahrscheinlich liegt dies daran, dass sie das Training durch Erfahrung, Souveränität und emotionale Stabilität ganz unbewusst in ihren Tagesablauf integrieren.

Menschen, die diese natürliche Gabe nicht haben, brauchen hingegen Anleitungen und Handlungsoptionen, die dem Mensch-Hund-Team zu mehr Sicherheit verhelfen. Welche Übungen das sind und in welcher Intensität sie durchgeführt werden sollten, hängt dabei immer vom Einzelfall ab. Grundsätzlich gilt jedoch: Gut ist, was Ihnen beiden guttut!

Finden Sie Ihren eigenen Weg

Wie erzieht man Hunde richtig? Was ist zu viel des Guten, und wann fehlt es an Kontrolle, Konsequenz und Training? An diesen Fragen scheiden sich heute immer mehr die Geister. Egal ob Züchter, Tierärzte, Trainer, Tierkommunikatoren oder der freundliche Fachverkäufer aus der Zoohandlung: Alle haben die vermeintlich besten Tipps auf Lager – und wenn man gar nicht mehr weiterweiß, fragt man einfach »Doktor Google«.

Insbesondere Besitzer von Jagdhunden werden mit Ratschlägen überschüttet. Am häufigsten bekommen sie zu hören, dass Sie ihren Vierbeiner im großen Stil auslasten müssen. Oft werden die Bedürfnisse der Hunde dann aber mit einer Fülle an falschen Aktivitäten befriedigt: Man lässt sie stundenlang Löcher graben, neben Fahrrädern und Autos herlaufen – oder Herrchen und Frauchen gönnen ihrem Liebling immer wieder Jagderfolge.

Natürlich, und das wurde ja bereits hinreichend erwähnt, ist es genauso kontraproduktiv, die Talente der Jagdhunde zu unterdrücken. Es liegt nun an Ihnen, mit Fingerspitzen- und Bauchgefühl herauszufinden, wie viel Ihrem Tier guttut und wann es zufrieden und ausgeglichen ist. Das ist ein Prozess, für den Sie etwas Geduld aufbringen müssen.

Die beste Prophylaxe

Manche Aktivitäten sind aufregender als andere. So kann es etwa sein, dass Ihr Hund nach einem Apportiertraining nicht mehr zur Ruhe kommt, nervös an seinen Pfoten leckt oder sich gegenüber Menschen, Artgenossen oder anderen Tieren plötzlich unpassend verhält. Möglicherweise verhält er sich aber nach einer gut durchgearbeiteten Fährte ganz anders und schläft schnell und friedlich ein.

Daraus können Sie schlussfolgern, dass der Apportiervorgang – aus welchem Grund auch immer – zu aufregend war: Vielleicht haben Sie zu intensiv trainiert oder an einem Ort geübt, an dem zu viele Reize auf Ihren Hund

Gut zu wissen

Wenn die Seele ausbrennt

Der Begriff des Burnout-Syndroms wurde 1974 erstmals beschrieben und vom amerikanischen Psychotherapeuten Herbert J. Freudenberger geprägt. »Burnout« bedeutet so viel wie »ausbrennen«. Anfangs wurden die typischen Symptome vor allem Menschen zugeschrieben, die mit viel Engagement in sozialen Berufen – etwa als Pflegekräfte oder Lehrer – arbeiten. Mittlerweile kann das Krankheitsbild aber in allen Branchen und Berufsgruppen beobachtet und nachgewiesen werden.

eingeprasselt sind? Eventuell war aber auch die Belohnung zu hochwertig. Gehen Sie nochmals alle Schritte und »Zutaten« Ihres Trainings durch, und machen Sie sich am besten Notizen, um in Zukunft Stressoren zu vermeiden, die Ihren Schützling überfordern.

Die Bindung zu Ihnen, regelmäßige Pausen, ein geregelter Tagesablauf, aber auch gelegentlich eine kleine Stressimpfung durch Verlassen der Komfortzone (→ Seite 168), sind für Ihren Hund die beste Prophylaxe, damit Burnout-Symptome gar nicht erst entstehen.

Hunde sind nicht alles!

Erwähnt sei abschließend noch, dass Menschen auch unter einem »Hunde-Burnout« leiden können. Vielleicht geht es Ihnen ja auch so: Ihr Handy quillt über vor lauter Hundefotos, und Google schlägt Ihnen bei der Suche mittlerweile alle gängigen Fachbegriffe aus der Welt der Hundeerziehung ganz von selbst vor.

Spätestens wenn das der Fall ist, wird es Zeit, »Hundestress« abzubauen. Mein wirklich ernst gemeinter Tipp: Machen Sie zumindest ab und zu auch etwas komplett anderes. Beschäftigen Sie sich mit Dingen, die mit Hunden gar nichts zu tun haben: Malen Sie, singen Sie – aber bitte nicht Hunde oder über Hunde. Und treffen Sie regelmäßig auch mindestens eine Personen, die nicht hundebegeistert ist!

Hat Ihr Vierbeiner gelernt, ohne Stress allein zu Hause zu bleiben, können Sie das optimal nutzen und sich immer wieder kleine Auszeiten gönnen. Ihr Hund wird es Ihnen nicht verübeln, denn auch er braucht gelegentlich Abstand von seinen Menschen.

Betrachten Sie die getrennt erlebte Freizeit daher als Chance, Ihre Akkus aufzuladen, sei es beim Sport oder bei einem Glas Wein mit Freunden. Sie werden spüren, es entspannt Sie und auch Ihren Hund – der in Ihrer Abwesenheit zufrieden vor sich hin schnarchen wird.

Natürlich lieben Sie Ihren Vierbeiner heiß und innig. Trotzdem dürfen Sie sich hin und wieder auch anderen schönen Dingen des Lebens zuwenden.

EXTRA

RICHTIGES VERHALTEN IN WALD UND FLUR

Sonnige Frühlings- oder Herbsttage locken nicht nur Hundefreunde, sondern auch Spaziergänger ohne Vierbeiner, Wanderer, Jogger oder Radfahrer in die Wälder und hinaus ins Grüne. Schön ist die Vorstellung, dass alle Lebewesen in freier Natur entspannen und respektvoll miteinander umgehen können. Sie und Ihr Hund dürfen dabei gerne mit gutem Beispiel vorangehen!

Zu Gast in der Natur

Keine Frage: Kommen Ihnen beim Spazierengehen andere Menschen entgegen, ist es nur höflich und wirkt Konflikten entgegen, wenn Sie mit Ihrem Hund zur Seite gehen und dem Gegenverkehr Platz machen. Aber wie sieht es mit anderen Regeln aus?

Bevor Sie sich mit Ihrem Vierbeiner auf den Weg machen, sollten Sie sich erkundigen, was Mensch und Hund in freier Natur alles dürfen – und was nicht. Das ist einfacher gesagt als getan, denn die Gesetze und Vorschriften des Waldes und der Jagd unterscheiden sich nicht nur zwischen, sondern oft auch innerhalb der einzelnen Länder. Am besten, Sie informieren sich dazu auf den Webseiten des für Ihre Region zuständigen Jagdverbandes.

Das Jagdrecht ist immer mit Eigentum an Grund und Boden verbunden. Das heißt, Wald und Flur gehören jemandem. Verhalten Sie sich daher im Wald wie ein Gast: Führen Sie Ihren Hund an der Leine, hinterlassen Sie keinen Müll und seien Sie so leise wie möglich. Auch Rehe & Co. haben ihre Schon- und Setzzeiten, in denen sie viel Ruhe benötigen. Gerade in den Monaten Februar bis April bringen viele Wildtiere Nachwuchs zur Welt und schätzen es nicht, wenn ihre Jungen belästigt oder sogar gefährdet werden.

Achten Sie in dieser Zeit besonders auf Tierkinder, die vielleicht am Wegesrand liegen, und lassen Sie Ihren Hund nicht an einer zehn Meter langen Leine den Wald durchstreifen, sondern nehmen Sie ihn an eine möglichst kurze Leine. Auf keinen Fall darf Ihr Vierbeiner ausbüxen und wildern! Abgesehen davon, dass das für Ihren Liebling tödlich enden kann – einige Jäger sind ja berechtigt, wildernde Hunde zu erschießen –, ist es auch den Bewohnern des Waldes nicht zuzumuten, dass sie in Angst und Schrecken versetzt oder sogar in den Tod gejagt werden. Kurzum: Haben Sie Respekt vor allen Lebewesen, die hier ungestört existieren wollen. Die Natur und alle Jäger werden es Ihnen danken.

Respekt vor Wild und Jägerschaft

Hier noch eine kleine Liste mit Tipps und Verhaltensregeln, an die Sie sich bei Ihren wohlverdienten Spaziergängen erinnern dürfen:

- Bitte bleiben Sie auf freigegebenen (Forst-) Straßen oder markierten Routen, gehen Sie also möglichst nicht querfeldein.
- Führen Sie Ihren Hund bitte an der Leine und lassen Sie ihn nicht Wald und Felder durchstreifen. Das Betreten noch nicht abgeernteter Felder ist generell verboten.
- Auch Fütterungsbereiche im Umkreis von 200 Metern und andere Sperrzonen dürfen bitte nicht betreten werden.
- Auch wenn es Spaß macht oder Sie nach einem Plätzchen für Ihre Pause suchen: Benützen Sie keine Reviereinrichtungen wie Hochstände, Jagdhütten oder Ansitzleitern.
- Verhalten Sie sich in Wald und Flur so ruhig wie möglich (auch im Umgang mit Ihrem Hund) und beenden Sie Ihren Ausflug vor Einbruch der Dunkelheit.
- Halten Sie sich vom Wild fern und beunruhigen Sie es nicht. Dazu zählen auch das Nachstellen von Wild, die Verfolgung von Fährten sowie Camping und laute Musik.

Die wichtigste Regel: Bitte niemals ohne Leine im Wald! Zu groß ist die Gefahr, dass Ihr Hund davonläuft und wildert. Schlimmstenfalls kann das für ihn tödlich enden.

SORGLOS DURCH DEN *Lebensabend*

Seien Sie stolz: Sie und Ihr Hund haben schon so vieles erlebt und geschafft! Jetzt kommen ruhigere Zeiten, in denen Sie aber verstärkt auf die Gesundheit Ihres Vierbeiners achten sollten.

ALTES EISEN?

Ihr Hund will nicht aufs Abstellgleis

Auch wenn Ihr Liebling vielleicht nicht mehr so gut hören, sehen oder laufen kann: Mit Umsicht und wohldosiertem Training wird er seinen Lebensabend genießen.

»Ein Hund hat die Seele eines Philosophen.«

PLATON

Wie wir Menschen werden auch unsere Vierbeiner älter. Das gilt für eher gemütliche Familienhunde ebenso wie für Jagdhunde, die in der Blüte ihrer Jahre besonders aktiv und stürmisch waren. Ihr Gesicht ergraut, die Bewegungen sind oft nicht mehr so geschmeidig wie früher, hier und dort zwickt und zwackt es, und die Sinneswahrnehmung lässt nach. Letzteres geschieht meist in Schüben.

Wie schnell der Alterungsprozess der Tiere voranschreitet, hängt von vielen Faktoren ab: Zum einen spielen Rasse, Körpergröße und der emotionale Zustand des Hundes eine Rolle, zum anderen aber auch Ernährung, Bewegung und Pflege. Es ist keine Seltenheit, dass Hunde längst taub oder blind sind, bevor Frauchen oder Herrchen das mitbekommen. Unsere Vierbeiner – oder manchmal auch Dreibeiner bzw. Hunde mit Lähmungen und anderen Handicaps – sind nämlich wahre Meister darin, den Verlust eines Sinnesorgans zu kompensieren, indem sie sich verstärkt auf ein anderes verlassen. Meist ist das die Nase. Natürlich verschlechtern sich auch der Geruchs- und Geschmacksinn über die Jahre – auf ihre Nase können Hunde aber in der Regel bis ins hohe Alter zählen. Deshalb sollten Sie auch nicht aufhören, dieses außergewöhnlich leistungsfähige Organ (→ Seite 98) weiterhin zu beschäftigen und zu fordern.

SPIEL, SPASS UND VORSORGE FÜR BETAGTE VIERBEINER

Ich werde häufig gefragt, ab welchem Alter Hunde die Fähigkeit und Motivation verlieren, Neues zu lernen und beim Training bestimmte Leistungen zu erbringen. Die einfache Antwort lautet: niemals – vorausgesetzt, die Aufgabenstellung passt zum Alter und zur Verfassung des Hundes und überfordert ihn nicht. Natürlich werden Sie beim Übungsprogramm in Sachen Tempo und Frequenz einen (oder auch mehrere Gänge) zurückschalten müssen.

Gut zu wissen

Verhaltensänderungen im Alter

Jeder Vierbeiner altert ein wenig anders, das wurde bereits erwähnt. Wissenschaftler haben jedoch einige Eigenschaften identifiziert, die fast alle Seniorhunde teilen: Sie verlieren schneller die Orientierung, können Hindernisse nicht mehr so gut überwinden, wandeln öfter ziellos umher und bellen auch häufiger. Unruhe und Erregbarkeit steigen, gleichzeitig wird neues Verhalten nur noch langsam erlernt.

Das Thema Sicherheit ist im Alter besonders wichtig: Gruben, abfallendes Gelände und heranflitzende Radfahrer oder Jogger können rasch zum Risiko werden, wenn der Hund bereits in seiner Wahrnehmung beeinträchtigt ist. Führen Sie Ihren – vielleicht nicht mehr ganz so geländegängigen – Hund daher an der Leine, um Unfälle zu vermeiden.

Bauen Sie auch den »Sicheren Hafen« (→ Seite 78) weiter aus, denn Ihr Hund ist jetzt noch stärker auf Körperkontakt angewiesen. Sollte er kaum noch auf Wortsignale reagieren, lohnt sich der Aufbau eines taktilen Aufmerksamkeitssignals (→ Seite 202).

Hier kann Ihnen bestimmt der Tierarzt Ihres Vertrauens gute Tipps geben. Wenn Sie dann auch die Ernährung an die Bedürfnisse Ihres Lieblings anpassen und dem einen oder anderen Zipperlein mit Physiotherapie entgegenwirken, können Sie Ihren älteren Hund noch lange fit halten.

Auslastung und Ausrüstung

Wenn Ihr Vierbeiner sein Leben lang Freude am Apportieren hatte, sollten Sie ihm diese Routine und diesen Spaß im Alter nicht nehmen, weil Sie glauben, er sei dazu nicht mehr in der Lage oder es schade seiner Gesundheit. Natürlich müssen die Dummys jetzt leichtgewichtiger und die Distanzen kürzer werden – und vermutlich können Sie nicht mehr wie früher mit Stop-and-go und voller Geschwindigkeit arbeiten. Treten Sie also etwas kürzer, bleiben Sie aber trotzdem dran! Gleiches gilt natürlich auch für die Fährtenarbeit und andere Hundehobbys. Es gibt für Ihren Senior nichts Schlimmeres, als sich abgeschrieben zu fühlen und bemitleidet zu werden.

Suchspiele und die Suche allgemein – egal ob nach Dummys, Keksen oder kleinen Schatztruhen (→ Seite 186) – werden im höheren Alter immer spannender, und Sie ernten nun den Dank für parallel aufgebaute optische und akustische Signale. Testen und probieren Sie jetzt regelmäßig aus, was Ihr Hund noch hören bzw. sehen kann: Welchen Pfeifton kann er noch wahrnehmen, aus welcher Entfernung reagiert er noch auf Ihre Sichtzeichen?

Brustgeschirr und Hundebett

In puncto Ausrüstung sollten Sie nun insbesondere auf ein qualitativ hochwertiges Brustgeschirr achten. Es sollte an der Oberseite mit einer Unterlage ausgestattet sein, damit der Leinenkarabiner nicht an der Wirbelsäule anschlägt. Zudem sollte es so gut sitzen und gepolstert sein, dass es beim Tragen nicht an Lipomen oder Liegeschwielen reibt, die im Alter häufiger entstehen können. Letztere sind übrigens vermeidbar, wenn Sie sich in dieser Lebensphase auch nach einem Hundebett umsehen, das den veränderten (orthopädischen) Bedürfnissen Ihres Seniors entspricht.

Zudem kann ein erhöhter Fressnapf für ältere Hunde sinnvoll sein. Hier muss allerdings beachtet werden, dass es bei größeren Rassen durch die veränderte Kopfhaltung beim Fressen rascher zu lebensgefährlichen Magendrehungen kommen kann.

Ob sich Ihr Vierbeiner als Senior noch fürs Jagen begeistert, hängt neben seiner Gesundheit auch von seiner Vorgeschichte und seiner Ausbildung ab.

Lebenslange Lust aufs Jagen?

»Drei Jahre ein junger Hund, drei Jahre ein brauchbarer Hund, drei Jahre ein lehrender Hund« ist ein beliebter Jägerspruch. Fragt man die Profis, ob die Jagdmotivation ihrer Gefährten im Alter abnimmt, erhält man unterschiedlichste Antworten. Einige berichten, dass ihre Vierbeiner mit wachsender Lebenserfahrung immer effizienter und effektiver jagen, während andere erzählen, dass sie langsam träge werden und ihre Kräfte lieber für gemütlichere Hobbys einsparen. Egal, zu welcher Kategorie Ihr Liebling zählt: Wenn Sie die Jagdmotivation Ihres Hundes bereits in jungen Jahren umgelenkt und sich eine solide Basis an Aufmerksamkeit und Verbundenheit erarbeitet haben, dürfen Sie nun die Lorbeeren ernten: Beim Anblick von Wild wird er sich wahrscheinlich gleich an Ihnen orientieren – oder eines Ihrer mit Sorgfalt eingeübten und gefestigten Signale freiwillig anbieten.

DIE ZWEITE CHANCE – ÄLTERE JAGDHUNDE ADOPTIEREN

Ganz anders kann dies aussehen, wenn Sie einen bereits älteren Hund adoptieren möchten. Eventuell wissen Sie wenig bis gar nichts von seiner Vorgeschichte und ahnen noch nicht einmal, dass in ihm ein echtes Jagdgenie schlummert, das von seinem Vorbesitzer – aus welchen Gründen auch immer – ausgemustert wurde. Dies sollten Sie unbedingt im Hinterkopf behalten, wenn Sie beispielsweise einen Jagdhund aus dem Tierschutz bei sich aufnehmen. Etwas Vorsicht und gesunde Skepsis ist in solchen Fällen natürlich nicht nur bei Seniorhunden, sondern bei Vierbeinern aller Altersklassen empfehlenswert (→ Seite 24).

Fürs Training ist es nie zu spät

Haben Sie sich für ein älteres Tier entschieden, das zudem nicht mehr so gut hört, sieht oder andere Reize nur noch eingeschränkt verarbeiten kann, ist Sicherheit das oberste Gebot: Führen Sie den neuen Hund gut abgesichert an der Leine und beobachten Sie sein Verhalten. Wie reagiert er auf Wild und andere Tiere, arbeitet seine Nase lieber tief oder hoch, und wie weit ist er bereits in der Jagdverhaltenskette (→ Seite 35) vorangekommen? Wo muss Ihr Training also ansetzen?

Natürlich dürfen Sie auch mit Ihrem Seniorhund alle Übungen des vorliegenden Buches durchgehen. Sprechen Sie sich aber im Zweifel zuvor mit einem Tierarzt und Trainer Ihres Vertrauens ab, um emotionale oder physische Überforderung zu vermeiden.

Suchen und schnüffeln mit Kniff

Wie schon erwähnt, möchten Hundenasen bis ins hohe Alter beschäftigt werden. Daher eignen sich auch die in den vorausgehenden Kapiteln vorgestellten Schnüffelspiele bestens für Senioren. Insbesondere Schüffelteppiche (→ Seite 160) sind für graue Schnauzen eine beliebte Abwechslung. Solche Suchspiele können Sie noch etwas kniffliger gestalten, indem Sie z. B. eine alte Jeans mit Knoten versehen und darin viele kleine Leckereien verstecken. Denn auch die geistigen Fähigkeiten Ihres Vierbeiners sollten Sie im Alter nicht vernachlässigen. Hier gibt es ein breites Angebot an Intelligenzspielzeugen auf dem Markt.

»Es gibt für Ihren Senior nichts Schlimmeres, als sich abgeschrieben zu fühlen und bemitleidet zu werden.« ALEXANDRA WISCHALL-WAGNER

FRAGE & ANTWORT

Hilfe, mein Hund stinkt!

Mein Hund wird langsam älter, und sein Fell riecht recht unangenehm – zudem hat er starken Mundgeruch. Über den Gestank beschweren sich immer häufiger auch Freunde und Bekannte. Was kann ich tun?

Für die unangenehmen Gerüche kann es viele Gründe geben, die von minderwertiger Ernährung bis hin zu ernst zu nehmenden organischen Problemen reichen können.

Häufig schafft zwar schon eine Futterumstellung Abhilfe, trotzdem sollten Sie zunächst alle möglichen medizinischen Ursachen abklären lassen. Vor allem, wenn Ihr Hund stark aus dem Maul riecht, sollten Sie unbedingt beim Tierarzt Ihres Vertrauens vorstellig werden. Denn auch Hunde sind beispielsweise nicht vor Zahnproblemen und -schmerzen gefeit. Dauern die Schmerzen an und bleiben sie unbehandelt, kann das bei älteren Vierbeinern zu Aggressivität und anderen unerwünschten Verhaltensänderungen führen.

Sie tun sich und vor allem Ihrem Liebling also etwas Gutes, wenn Sie sich frühzeitig um seine Körperpflege und seine Gesundheit kümmern. Ihr Tier wird es Ihnen danken!

Hörst du mir noch zu?

Mein geliebter Cocker Spaniel ist bereits zwölf Jahre alt und hat mich durch dick und dünn begleitet. Er sieht schon seit einiger Zeit nicht mehr so gut, und neuerdings hört er leider auch nichts mehr. Ich möchte trotzdem weiterhin mit ihm sprechen. Ist das dumm?

Das ist überhaupt nicht dumm, ganz im Gegenteil: Auch wenn unsere Vierbeiner im Alter bestimmte Fähigkeiten verlieren, empfehle ich immer, so wenig wie möglich am gewohnten Umgang mit den Tieren zu verändern.

Wir können nie ganz genau wissen, wie viel unsere Begleiter tatsächlich noch sehen oder hören. Und manche Menschen merken gar nicht, dass ihr Hund langsam blind oder taub wird – oder bekommen das erst viel später mit. Sprechen Sie daher ruhig weiter mit Ihrem Liebling, und hören Sie auch nicht auf, ihm körpersprachliche Signale zu geben. Haben Sie mit Ihrem Hund bisher im Training sowohl mit Sicht- als auch mit Hörzeichen gearbeitet, kommt Ihnen das jetzt zugute.

ÜBUNG

»DER GIPFEL DER SICHERHEIT«

Ziel der Übung ist, dass sich der Hund auf Ihr Signal hin umorientiert und sich Ihnen zuwendet. Er soll also abrupt aufhören, das zu tun, was er gerade tut, seinen Blick nach hinten wenden und dann warten, bis Sie bei ihm sind.

Geben Sie dem Hund das ausgewählte Signal, ziehen Sie leicht am Geschirr und belohnen Sie ihn.

Was Sie für die Übung brauchen

Sie benötigen ein gut passendes Brustgeschirr, eine Leine und zudem viele kleine und möglichst weiche Leckereien.

Wie Sie die Übung aufbauen

Ihr Hund trägt sein Brustgeschirr und befindet sich stehend in Ihrer unmittelbaren Nähe. Beginnen Sie am besten in einem vertrauten Umfeld mit dem Training. Die Belohnungskekse haben Sie griffbereit.

1. Begeben Sie sich neben Ihren Vierbeiner und sprechen Sie ihn mit einem zuvor ausgewählten Signalwort an – beispielsweise mit »SOS«. Dabei ist es unerheblich, ob Sie wissen, dass er Sie noch hört oder nicht. Gleich darauf greifen Sie in den Ring des Brustgeschirrs am Rücken und ziehen ein wenig daran, während Sie Ihrem Liebling mit der anderen Hand einige Leckerchen verabreichen. Sobald Ihr Hund sie gefressen hat, lässt der leichte Zug am Geschirr wieder nach.
2. Wiederholen Sie den ersten Schritt nun einige Male. Achten Sie darauf, dass sich das Tier nach und nach immer ein wenig weiter nach rechts drehen muss, um seine Belohnung zu fressen. Ziel ist, dass sich Ihr Hund deutlich zu Ihnen nach hinten dreht und im Idealfall sogar Ihren Blickkontakt sucht, sobald Sie ihm das gesprochene Signal geben und dazu leicht am Brustgeschirr ziehen. Dieses Verhalten wird dann selbstverständlich belohnt.
3. Funktioniert die Grundlage der Übung zuverlässig, kommt nun die Leine an das Brustgeschirr: Lassen Sie Ihren Vierbeiner

Heben Sie die Leine an, sodass wieder ein sanfter Zug am Brustgeschirr entsteht.

Hält Ihr Hund inne und dreht sich um, gehen Sie ruhig auf ihn zu und füttern die Belohnung.

circa einen Meter vor Ihnen im gemächlichen Tempo laufen. Dann heben Sie die Leine so an, dass am Geschirr ein leichter Zug entsteht. Hält Ihr Schützling daraufhin an und wendet sich Ihnen zu, loben Sie ihn begeistert. Dann gehen Sie ruhig, aber entschlossen auf ihn zu und füttern ihm eine Belohnung. Wiederholen Sie diesen Schritt drei- bis fünfmal und machen Sie dann eine längere Pause.

4. Abschließend steigern Sie wie immer ganz langsam die Schwierigkeit der Übung, indem Sie in unterschiedlicher Umgebung trainieren, Ablenkungen und Störfaktoren integrieren und die Entfernung erhöhen, in der Ihr Hund vor Ihnen an der Leine läuft. Mit etwas Geduld und konsequentem Training wird Ihr Senior bald auch in stressigen Situationen auf Ihr Signal hin abstoppen und sich Ihnen zuwenden, damit Sie ihm neue Orientierung geben.

Was Sie beachten sollten

Ziehen Sie immer ganz leicht an der Leine; es sollte niemals ein kräftiger Ruck sein. Generell gilt ja, dass weder Hund noch Mensch an der Leine ziehen sollten. Hängt Ihr Hund also ständig hechelnd in der Leine, sollten Sie an der Leinenführigkeit (→ Seite 130) arbeiten, bevor Sie mit dieser Übung beginnen. Funktioniert das Signal gut, können Sie auch versuchen, Ihren Hund nur mit dem gesprochenen Wort – etwa »SOS« – umzuorientieren. Sie werden staunen, wie gut das klappt!

ENRICHMENT – FRISCHER WIND FÜR GRAUE SCHNAUZEN

Vierbeiner jeden Alters freuen sich, wenn ihnen Gerüche in die Nase strömen, die sie bislang noch nicht kannten. Gerne dürfen Sie hier nachhelfen und Ihren Hund mit etwas völlig Neuem überraschen. Vielleicht schicken Sie Ihre Kinder los, um sich auf die Suche nach losen Tierhaaren, Hölzchen oder Blättern bestimmter Sträucher (bitte ohne Dornen!) zu machen. Oder Sie sammeln gemeinsam Kräuter, die Sie dann in kleinen Döschen für Ihren Liebling aufbereiten, um zu erfahren, welche der ihm vielleicht noch fremden Düfte er besonders gerne mag – und welche nicht.

Eine neue olfaktorische Bereicherung können auch ätherische Duftöle sein, die Sie dem Hund aber bitte nur in homöopathischen Dosen anbieten und niemals direkt auf sein Fell oder seine Nase träufeln sollten. Geben Sie jeweils einen winzigen Tropfen auf ein Taschentuch, verteilen Sie die Tücher großzügig in einem Raum oder auf offenem Feld und lassen Sie den Hund dann alles erforschen.

Wer rastet, der rostet

Hunden geht es wie uns Menschen: Wenn sie in die Jahre kommen, sausen und springen sie nicht mehr ganz so schnell und unbeschwert durch die Gegend. Degenerative Veränderungen, etwa an Knochen, Gelenken, Sehnen und Muskeln, bleiben auch ihnen nicht erspart. Zudem haben auch vierbeinige Senioren häufiger Probleme mit dem Gleichgewichtssinn, verlieren öfter mal die Orientierung oder leiden verstärkt unter Höhenangst.

Mit behutsamem Training können Sie aber immer noch gut gegensteuern. Seniorhunden macht es beispielsweise viel Spaß, über Bodenstangen zu stolzieren, kleinere Sprünge zu bewältigen oder auf dicken Baumstämmen zu balancieren. Ein großes Vergnügen sind auch der Slalom durch die Beine oder gelaufene Achterschleifen, um den Hundekörper ein wenig zu biegen. Und auch die Arbeit mit Placeboards ist empfehlenswert (→ Seite 178).

Der besondere Tipp

Altern mit Pfiff!

Falls Sie merken, dass Ihr Hund im Alter nicht mehr auf Ihre Pfeifsignale reagiert, müssen Sie die Hundepfeife nicht gleich ausrangieren: Es gibt Modelle mit unterschiedlichen Frequenzbereichen, die von schwerhörigen Hunden eventuell besser wahrgenommen werden. Es lohnt sich, hier ein wenig zu experimentieren. Den Frequenzbereich können Sie übrigens auch variieren, indem Sie stärker oder schwächer in die Pfeife blasen. Vielleicht löst ja schon dieser kleine Trick Ihr Problem.

Auch wenn andere Sinnesorgane vielleicht schwächeln: Auf ihre Nase können sich Seniorhunde meist noch verlassen. Das Schnuppern und Erforschen neuer Gerüche macht ihnen daher bis ins hohe Alter großen Spaß.

Bewegung mit Wohlfühlfaktor

Um Ihr Tier nicht zu überfordern oder zu verletzen, sprechen Sie die Übungen am besten im Vorfeld mit Ihrem Tierarzt oder einem auf Hunde spezialisierten Physiotherapeuten ab. Besonders wichtig ist in diesem Alter, dass Sie Ihren Hund niemals unaufgewärmt in eine anstrengende Dummysuche schicken, sondern ihm mit leichteren Übungen langsam Lust auf mehr machen. Auch einen »Cool-Down« sollten Sie einplanen. Der Hundekörper sollte also nach dem Sport nicht abrupt heruntergefahren werden, sondern Zeit bekommen, sich abzuwärmen – etwa durch lockeres Laufen, eine kleine Muskelmassage oder mithilfe eines wärmespendenden Hundemantels.

Viele Hundesenioren genießen auch eine Behandlung beim Chiropraktiker, Physiotherapeuten oder Hundemasseur. Die Möglichkeiten, Tieren ein langes, gesundes Leben zu bieten, sind heute zum Glück vielfältig. Probieren Sie gerne aus, welche Methoden zu Ihnen beiden am besten passen, und vergessen Sie dabei nicht, auch sich selbst etwas Gutes zu tun. Denn nur wenn es auch Ihnen gut geht, sind Sie in der Lage, Ihren Liebling souverän zu führen – und das wird er Ihnen danken.

»Achten Sie jetzt besonders auf das Aufwärmen und Abkühlen vor bzw. nach dem Training – und überfordern Sie Ihren Hund nicht.« ALEXANDRA WISCHALL-WAGNER

ÜBUNG

»SCHNÜFFELSTRASSE«

Hunde schnüffeln für ihr Leben gern – und lieben dabei Abwechslung. Vor allem im Alter können viele Tiere diesem Hobby aber nicht mehr ganz so leidenschaftlich frönen, weil diverse Zipperlein ihren Bewegungsradius oder ihre Orientierung im Gelände einschränken. Wenn Ihr Hund also spannende Gerüche nicht mehr so gut erreichen kann, müssen die verlockenden Düfte eben zu ihm kommen. Mit diesem Spiel bescheren Sie Ihrem Liebling ein kleines Fest für die Sinne!

Was Sie für die Übung brauchen

Im Vorfeld dürfen Sie möglichst unterschiedliche Objekte zusammensuchen, die Ihr Hund noch nicht kennt, von denen Sie aber glauben, dass er sie spannend oder zumindest interessant finden könnte. Hier gibt es eine Fülle an Möglichkeiten: Sie können Haare oder Federn einer anderen Tierart verwenden, das geborgte Lieblingsspielzeug eines Hundefreundes, bestimmte Kräuter, ein Eimerchen mit Herbstlaub, in dem sich viele Leckerchen verstecken, Tannenzapfen oder auch ausrangierte Kleidungsstücke. Zur Absicherung benötigen Sie wie immer Leine und Brustgeschirr. Wenn Sie alles parat haben, suchen Sie sich einen Ort, an dem Sie und Ihr Hund ungestört sind.

Wie Sie die Übung aufbauen

Bevor es für Ihren Liebling losgeht, müssen Sie die Schnüffelstraße auslegen. Dazu platzieren Sie alle gesammelten Gegenstände in einem Abstand von fünf Metern auf einer Linie. Ihr Schützling sollte Ihnen dabei nicht zusehen; lassen Sie ihn währenddessen in einem anderen Raum oder im Auto warten.

1. Sobald Sie alle Objekte ausgelegt haben, holen Sie Ihren Vierbeiner dazu: Führen Sie ihn kontrolliert zum Startpunkt der Schnüffelstraße. Wenn Sie die Übung in freier Natur – etwa am Waldrand oder auf einer öffentlichen Wiese – durchführen, sollten Sie das Tier absichern. Im eigenen Garten oder in den eigenen vier Wänden können Sie hingegen auf Brustgeschirr und Leine verzichten.
2. Ihr Hund darf nun einen Gegenstand nach dem anderen ausgiebig beschnuppern. Beobachten Sie ihn dabei genau und zeigen Sie auch selbst Interesse an den ausgelegten Gegenständen.

Schließt Ihr Hund einen der ausgelegten Gegenstände besonders ins Herz, können Sie diesen natürlich aufbewahren und später immer wieder anbieten.

3. Wichtig ist, dass Sie Ihrem Hund ausreichend Zeit zur Verarbeitung der neuen Eindrücke geben. Reden Sie so wenig wie möglich und lassen Sie ihn voll und ganz in die Welt der Sinne eintauchen. Vielleicht will er ja kurz am Tannenzapfen knabbern oder im Laub nach den Leckerchen stöbern. Oder er ist begeistert vom Spielzeug seines Artgenossen, will es ins Maul nehmen oder ein wenig daran lecken. Das alles ist erlaubt und erwünscht.
4. Ihr Hund hat Ihnen nun gezeigt, wofür er sich besonders interessiert. War es Frauchens verschlissene Jeansjacke, der Tannenzapfen oder doch das Fellbüschel vom Kaninchen der Cousine? Machen Sie sich gerne Notizen – und an einem der nachfolgenden Tage erneut auf die Suche: Nun gilt es, weitere ähnliche Gegenstände zu finden und für die nächste Schnüffelstraße zu sammeln. Besonders lieb gewonnene Objekte der ersten Runde können Sie auch in einer Box sammeln und Ihrem Liebling von Zeit zu Zeit anbieten.

Was Sie beachten sollten

Legen Sie bitte keine Gegenstände oder Substanzen aus, die Ihr Hund nicht verträgt oder die ihm sogar gefährlich werden können. Dazu zählen neben spitzen oder scharfen Objekten auch Birkenzucker, Kakao, Zimmerpflanzen sowie Zwiebeln, Pfeffer, Chili, Curry und ähnliche Gewürze. Ätherische Öle oder andere hoch konzentrierte Düfte sollten Sie, wenn überhaupt, nur in homöopathischen Dosen verwenden (→ Seite 204). Wenn Ihr Hund den Kopf schüttelt oder niest, ist das ein eindeutiges Zeichen, dass er den Geruch als unangenehm empfindet.

Falls Sie im Haus oder Garten wenig Platz haben: Keine Sorge, Ihre Schnüffelstraße muss nicht gleich zehn Meter lang sein. Einige wenige, aber möglichst unterschiedliche Objekte reichen aus, um das Spiel für Ihren Hund interessant zu machen. Bei Platzmangel können Sie die Schnüffelstraße natürlich auch bogenförmig oder in mehreren Spuren anlegen.

EXTRA

VON WEGEN FESTGEFAHREN: ALTE HUNDE, NEUE VORLIEBEN

Jackie mag ihre Lieblingskekse nicht mehr, und Kira hetzt neuerdings im Wald jeder Spur hinterher, obwohl sie das früher nie getan hätte. Und Charly? Der lässt sein rotes Kauspielzeug, das er bis vor Kurzem noch vergötterte, plötzlich links liegen. Nicht selten stellen Hundehalter verdutzt fest, dass sich die Vorlieben ihrer Vierbeiner im Alter verändern. Was ist da passiert?

Solche und ähnliche Verhaltensänderungen können einem natürlich Sorgen bereiten. Generell gilt aber: Ist Ihr Liebling einigermaßen gesund, kann es einfach sein, dass sich seine Interessen verändern. Schließlich essen wir ja auch nicht 30 Jahre lang das gleiche Gericht – oder begeistern uns bis ins hohe Alter für die Stars und Popmusik unserer Jugendzeit.

Gewohnheiten verändern sich

Der Geschmacksinn verändert sich über die Jahre, und auch Spielzeug und Berührungen werden anders wahrgenommen: Kleinere Hunde finden raschelndes Katzenspielzeug interessant, größere eventuell Frauchens Socken. Als Welpe ruht Ihr Hund vielleicht am liebsten in seinem Körbchen, als Senior lieber auf dem Teppich neben der Heizung. Hunde haben die großartige Angewohnheit, uns genau zu zeigen, was sie wollen. Wir müssen sie nur beobachten und können uns ihre Vorlieben dann zunutze machen und sie damit belohnen.

Das »Jackpot-Match«

Eine gute Methode, um herauszufinden, was Ihr Hund gerne bzw. lieber mag und als tolle Belohnung ansieht, ist das sogenannte »Jackpot-Match«. In diesem Spiel, das sich für Hunde jeden Alters eignet, buhlen immer zwei Dinge um die Gunst des Vierbeiners. Beginnen Sie das Match mit Futter: In der ersten Runde treten zwei ähnliche Lebensmittel gegeneinander an, etwa ein Stück Gouda und ein Stück Parmesan. Präsentieren Sie Ihrem

Hund den Gouda auf der linken, den Parmesan auf der rechten Handfläche. Er wird nun an beiden Händen knabbern und lecken, sich aber deutlich für eine Seite entscheiden. Der Sieger tritt dann gegen verschiedene Gemüsesorten, Fleischstücke usw. an. Sie führen dieses Spiel so lange durch, bis nur noch zwei Lieblingsleckerbissen übrig bleiben. Diese Jackpot-Belohnungen (→ Seite 48) bekommt der Hund dann zukünftig für vorbildliches Verhalten.

Eventuell werden Sie staunen, für welche Jackpot-Belohnung sich Ihr Liebling entscheidet. Meine 16 Jahre alte Seniorhündin hätte z. B. fast alles für ein Stückchen Gurke oder Karotte gegeben. Wie bereits erwähnt, verändern sich Gewohnheiten. Wiederholen Sie das Jackpot-Match daher von Zeit zu Zeit: Für Ihren Hund bleiben Sie immer im Spiel, wenn Sie seine Vorlieben und Interessen kennen.

Schnuppern und Wühlen

Nicht nur Futter, auch Übungen oder Spiele können Jackpot-Belohnungen sein. Einige Hunde entdecken beispielsweise im Alter ihre Liebe zum Graben. Wenn Sie Ihrem Vierbeiner dieses Jagdverhalten ermöglichen, ist das also eine großartige Sache für ihn: Nehmen Sie z. B. einen alten Karton und befüllen Sie ihn mit geknülltem Zeitungspapier. In und zwischen den Papierkugeln verstecken Sie dann Leckereien (→ Seite 158). Die Augen Ihres Lieblings werden leuchten, wenn er danach im Karton wühlen und schnüffeln darf.

Andere Hunde beschnuppern ihren Besitzer andächtig, wenn dieser von der Jagd zurückkehrt. Lassen Sie ihm das Vergnügen: Sie wissen gar nicht, wie großartig Sie für Ihren Liebling riechen und wie viele spannende Informationen Sie ihm mit nach Hause bringen!

Die Gewohnheiten und Vorlieben unserer Hunde verändern sich auch im Alter noch. Nur wenn Sie Ihren Vierbeiner genau beobachten, können Sie herauszufinden, was er gerade besonders gerne mag und als hochwertige Belohnung ansieht.

NACHWORT

Mit dem vorliegenden Buch habe ich Ihnen einen Überblick über die wichtigsten Elemente meines Jagdkontrolltrainings gegeben. Sie haben über die Geschichte und Entstehung der Jagdhunderassen ebenso gelesen wie über die Grundlagen der modernen Lerntheorie und die Auslastungsmöglichkeiten für jagdlich interessierte Hunde – von Welpen über erwachsene Vierbeiner bis hin zu Hunden im fortgeschrittenen Alter. Ich hoffe, die Lektüre hat Ihnen Spaß gemacht und Sie konnten einige der Tipps mit Ihrem treuen Begleiter umsetzen.

Es ist mir ein Anliegen, nochmals zu betonen, dass alle verschriftlichten Übungen lediglich Anhaltspunkte und Vorschläge für Sie als Mensch-Hund-Team darstellen sollen. Nicht jede Übung ist für jedes Trainingspaar gleich gut geeignet. Haben Sie daher »Mut zur Lücke«, und picken Sie sich gerne die Anregungen und Vorschläge heraus, die am besten zu Ihnen und Ihrem Vierbeiner passen.

Meine Empfehlung: Lassen Sie sich auf Ihrem Weg von einem professionellen, nach hohen Standards ausgebildeten Hundetrainer begleiten. Er oder sie kann sich mit Empathie und geschultem Auge auf Ihre besonderen Stärken und Schwächen einlassen und Ihre sowie die speziellen Talente Ihres Hundes fördern und fordern. In Österreich finden Sie solche Spezialisten bei der »Vereinigung österreichischer Hundeverhaltenstrainer« (VÖHT) und in Deutschland beim »Internationalen Berufsverband der Hundetrainer & Hundeunternehmer« (IBH).

Sollten Sie dieses Buch als Prophylaxe oder schlichtweg aus Interesse und Neugierde gelesen haben, möchte ich mich übrigens besonders herzlich bei Ihnen bedanken. Sich fortzubilden und zu informieren, obwohl kein Leidensdruck besteht, zeugt von wahrem Interesse an der Mensch-Hund-Beziehung.

Wie und in welcher Reihenfolge Sie die Übungen zusammenstellen, bleibt wie gesagt ganz Ihnen überlassen. Übertreiben Sie es aber bitte nicht und vermeiden Sie Überforderung. Im Kapitel »Burnout« (→ Seite 188) wollte ich deutlich machen, dass ein Zuviel des Guten nicht nur Nachteile, sondern manchmal sogar schlimme Folgen haben kann.

Ich hoffe, Sie finden für sich den richtigen Mittelweg aus Anspannung und Entspannung und verleben eine intensive, persönlichkeitsbildende und vor allem auch harmonische Zeit mit Ihrem Vierbeiner.

»Sich ohne Leidensdruck fortzubilden, zeugt von wahrem Interesse an der Mensch-Hund-Beziehung.«

Abschließend möchte ich mich noch ganz besonders bei meinen besten Freunden bedanken, die mir mit kreativem Input und unendlicher Geduld in meinen schöpferisch schwierigen Phasen geholfen haben. Denn bei der Entstehung dieses Herzensprojekts waren meine Nerven manchmal bis zum Zerreißen angespannt. Ich danke euch und auch meinen Eltern, die stets ein offenes Ohr für mich haben. Schön, dass ihr in meinem Leben seid!

Mit hundelieben, herzlichen Grüßen
Mag. Alexandra Wischall-Wagner

REGISTER

Halbfette Seitenzahlen verweisen auf Fotos

A

B

D

E

F

G

H

M

N

O

P

R

S

T

U

V

W

Z

ADRESSEN, DIE WEITERHELFEN

HUNDE

Fédération Cynologique Internationale
Place Albert 1er, 13,
B-6530 Thuin,
www.fci.be

Verband für das Deutsche Hundewesen
Westfalendamm 174,
44141 Dortmund,
www.vdh.de

Österreichischer Kynologenverband
Siegfried-Marcus-Str. 7,
A-2362 Biedermannsdorf,
www.oekv.at

Schweizerische Kynologische Gesellschaft
Sagmattstr. 2,
CH-4710 Balsthal,
www.skg.ch

Berufsverband der Hundeerzieher und Verhaltensberater
Alt Langenhain 22,
65719 Hofheim,
www.hundeschulen.de

Internationaler Berufsverband der Hundetrainer & Hundeunternehmer
Ernst-Gremler-Str. 17,
58239 Schwerte,
www.ibh-hundeschulen.de

Vereinigung österreichischer Hundeverhaltenstrainer
Quellenweg 10,
A-5162 Obertrum am See,
www.voeht.at

Verband Schweizer Hundeschulen
Rietweg 12,
CH-9478 Azmoos,
www.vsh-verband-hunde schulen.ch

Deutscher Tierschutzbund
In der Raste 10,
53129 Bonn,
www.tierschutzbund.de

Österreichischer Tierschutzverein
Berlagasse 36, A-1210 Wien,
www.tierschutzverein.at

Schweizer Tierschutz
Dornacherstr. 101,
CH-4018 Basel,
www.tierschutz.com

Bundesverband praktizierender Tierärzte
Hahnstr. 70,
60528 Frankfurt (Main),
www.tieraerzteverband.de

Über das Portal können Sie Tierärzte in Ihrer Nähe finden.

JAGD

Deutscher Jagdverband
Chausseestr. 37, 10115 Berlin,
www.jagdverband.de

Dachverband Jagd Österreich
Gumpendorfer Str. 15/1/9,
A-1060 Wien,
www.jagd-oesterreich.at

Jagd Schweiz
Forstackerstr. 2 a,
CH-4800 Zofingen,
www.jagdschweiz.ch

KRANKENVERSICHERUNG

AGILA Haustierversicherung
Breite Str. 6–8,
30159 Hannover,
www.agila.de

Allianz Versicherung
Königinstr. 28,
80802 München,
www.allianz.de/gesundheit/ tierkrankenversicherung

Uelzener Versicherungen
Veerßer Str. 65/67,
29525 Uelzen,
www.uelzener.de

HAFTPFLICHTVERSICHERUNG

Viele große Versicherungsunternehmen bieten auch Haftpflichtpolicen für Hunde bzw. spezielle Policen für Jäger und ihre vierbeinigen Begleiter an. Informationen erhalten Sie bei Ihrem Versicherungsanbieter.

REGISTRIERUNG VON HUNDEN

Findefix –Haustierregister des Deutschen Tierschutzbundes
In der Raste 10,
53129 Bonn,
www.findefix.com

TASSO e. V.
Abt. Haustierzentralregister,
Otto-Volger-Str. 15,
65843 Sulzbach/Taunus,
www.tasso.net

LITERATUR UND QUELLEN

BÜCHER, DIE WEITERHELFEN

Arce, J.: **Liebe deinen Hund. Wie Sie beim Gassigehen die Beziehung stärken.** Gräfe und Unzer Verlag, München

Bloch, G.: **Der Wolf im Hundepelz: Hundeerziehung aus unterschiedlichen Perspektiven.** Kosmos Verlag, Stuttgart

Garfield, S.: **Des Hundes bester Freund.** Gräfe und Unzer Verlag, München

Hegewald-Kawich, H.: **Hunderassen von A bis Z.** Gräfe und Unzer Verlag, München

Numßen, J.: **Welpen-Training für Jagdhunde.** BLV, München

Schlegl-Kofler, K.: **Hundesprache: Damit wir uns richtig verstehen.** Gräfe und Unzer Verlag, München

Teppe, C.: **Der kleine Jäger-Knigge.** BLV, München

Wischall-Wagner, A.: **Entspannter Mensch – entspannter Hund.** Gräfe und Unzer Verlag, München

QUELLEN

Affenzeller, N.; Palme, R.; Zulch H.: **Playful activity post-learning improves training performance in Labrador Retriever dogs.** Physiology & Behavior 168 (2017)

Ajmani, G. S. et al.: **Effects of ambient air pollution exposure on olfaction.** Environmental Health Perspectives 124/11 (2016)

Antonisse-Zijda, T. J.: **Das Arbeitshandbuch Apportieren – Schritt für Schritt.** Selbstverlag

Bauer, J.: **Schmerzgrenze: Vom Ursprung alltäglicher und globaler Gewalt.** Heyne Verlag, München

Berns, G. S. et al.: **Functional MRI in awake unrestrained dogs.** PLOS ONE 7/5 (2016)

Berns, G. S. et al.: **Scent of the familiar: An fMRI study of canine brain responses to familiar and unfamiliar human and dog odors.** Behavioural Processes 110 (2016)

Csikszentmihalyi, M.: **Das Flow-Erlebnis. Jenseits von Angst und Langeweile: im Tun aufgehen.** Klett-Cotta Verlag, Stuttgart

Elbert, T. et al.: **Fascination violence: on mind and brain of man hunters.** European Archives of Psychiatry and Clinical Neuroscience 260 (2010)

Fischer-Tenhagen, C. et al.: **Training dogs on a scent platform for oestrus detection in cows.** Applied Animal Behaviour Science 131/1–2 (2010)

Gansloßer, U.; Käufer, M.: **Auszeit auf Augenhöhe.** Kosmos Verlag, Stuttgart

Gansloßer, U.; Kitchenham K.: **Hunde-Forschung aktuell: Anatomie, Ökologie, Verhalten.** Kosmos Verlag, Stuttgart
Gröning, P.: **Spiele und Action für Jagdhunde.** Ulmer Verlag, Stuttgart

Hall, N. J. et al.: **Performance of Pugs, German Shepherds and Greyhounds on an odor-discrimination task.** Journal of Comparative Psychology 129/3 (2015)

Hense, M.: **Grenzen setzen – fair und wirksam.** Animal Learn Verlag, Bernau am Chiemsee

Kis, A. et al.: **The interrelated effect of sleep and learning in dogs (canis familiaris); an EEG and behavioural study.** Scientific Reports 7 (2015)

Landsberg, G.: **Behavior problems in geriatric pets.** Veterinary Clinics of North America: Small Animal Practice 35/3 (2005)

Lee, M.: **Eine Weltgeschichte in 50 Hunden.** Suhrkamp Verlag, Berlin

Patronek, G. J.; Waters, D. J.; Glickman, L.T. : **Comparative longevity of pet dogs and humans: implications for gerontology research.** The Journals of Gerontology, Series A 52/3 (1997)

Rosell, F.: **Secrets of the Snout: The Dog's Incredible Nose.** University of Chicago Press, Chicago (Illinois)

Salvin, H. E. et al.: **Under Diagnosis of canine cognitive dysfunction: a cross-sectional survey of older companion dogs.** The Veterinary Journal 184 (2010)

Scandura, A. et al.: **Should I fetch one or the other? A study on dogs on the object choice in the bimodal contrasting paradigm.** Animal Cognition 21 (2018)

Schöberl, I. et al.: **Effects of owner-dog relationship and owner personality on cortisol modulation in human-dog dyads.** Anthrozoös 25/2 (2012)

Schöberl, I. et al.: **Social factors influencing cortisol modulation in dogs during a strange situation procedure.** Journal of Veterinary Behavior 11/2 (2016)

Schöberl, I.: **Factors affecting stress coping in human-dog dyads.** Dissertation, Universität Wien (2017)

Syrotuck, W. G.: **Scent and the scenting dog.** Barkleigh Productions, Mechanicsburg

West, D. C.; Acar, O. A; Caruana, A.: **Choosing among alternative new product development projects: The role of heuristics.** Psychology & Marketing 37/11 (2020)

Wolf, K. H.: **Wir sind einander so vertraut. Die Sentimentalisierung der Beziehung zum Rassehund im neunzehnten und frühen zwanzigsten Jahrhundert.** Dissertation, Universität Wien (2009)

INTERNET & MAGAZINE

www.freud-und-hund.at
Hundetrainings und Coachings mit Alexandra Wischall-Wagner, Ausbildung von Therapiebegleit- und Assistenzhunden, Ernährungsberatung für Hunde

www.hundewelt.at
Wissenswertes über Rassehunde

www.dogforum.de
Beliebtes Online-Hundeforum

www.spass-mit-hund.de
Viele Ideen rund ums Spiel

www.tierklinik.de
Erste-Hilfe-Informationen und Notdienstadressen

Der Hund. Forum Zeitschriften und Spezialmedien, Merching, www.derhund.de

Partner Hund. Ein Herz für Tiere Media, München, www.partner-hund.de

Pirsch. Deutscher Landwirtschaftsverlag, München, www.pirsch.de

Wild und Hund. Paul Parey Zeitschriftenverlag, Singhofen, www.wildundhund.de

Wuff. Petmedia Verlagsgesellschaft, Maria-Anzbach/Sankt Pölten, www.wuff.eu

Alexandra Wischall-Wagner ist professionelle Verhaltenstrainerin für Hunde und hat in Wien Psychologie studiert. Ihre Hundeschule »Freud & Hund« im niederösterreichischen Baden erfreut sich großer Beliebtheit. Hier widmet sie sich mit viel Leidenschaft den alltäglichen Herausforderungen im Umgang mit Vierbeinern und hat sich zudem der Ausbildung von Assistenz- und Therapiebegleithunden verschrieben. Als Vortragende liegt ihr nicht zuletzt die Aus- und Weiterbildung angehender Hundetrainer sehr am Herzen. Der Fokus liegt dabei klar auf den Themen Kommunikation, Kundenkontakt und Psychohygiene. Wischall-Wagners Interesse an der Jagd erwachte nach der Adoption des sehbeeinträchtigten Weimaraners »Linus«, der heute fröhlich mit ihr gemeinsam seine Runden im Revier dreht. Nach dem Erfolgstitel »Entspannter Mensch – entspannter Hund« ist dies das zweite bei GU erschienene Buch der Autorin.

LIEBE LESERINNEN UND LESER,

wir wollen Ihnen mit diesem Buch Informationen und Anregungen geben, um Ihnen das Leben zu erleichtern oder Sie zu inspirieren, Neues auszuprobieren. Wir achten bei der Erstellung unserer Bücher auf Aktualität und stellen höchste Ansprüche an Inhalt und Gestaltung. Alle Anleitungen und Rezepte werden von unseren Autoren, jeweils Experten auf ihren Gebieten, gewissenhaft erstellt und von unseren Redakteur*innen mit größter Sorgfalt ausgewählt und geprüft.

Haben wir Ihre Erwartungen erfüllt? Sind Sie mit diesem Buch und seinen Inhalten zufrieden? Wir freuen uns auf Ihre Rückmeldung. Und wir freuen uns, wenn Sie diesen Titel weiterempfehlen, in Ihrem Freundeskreis oder bei Ihrem Online-Kauf.

Sollten wir Ihre Erwartungen so gar nicht erfüllt haben, tauschen wir Ihnen Ihr Buch jederzeit gegen ein gleichwertiges zum gleichen oder ähnlichen Thema um.

KONTAKT ZUM LESERSERVICE

GRÄFE UND UNZER VERLAG
Grillparzerstraße 12
81675 München
www.gu.de

Ein Unternehmen der GANSKE VERLAGSGRUPPE

IMPRESSUM

GU ist eine eingetragene Marke der GRÄFE UND UNZER VERLAG GmbH, www.gu.de

ISBN 978-3-8338-8194-7
1. Auflage 2022

Projektleitung: Anita Zellner
Lektorat: jvr media, München
Bildredaktion: Petra Ender
Korrektorat: Annette Baldszuhn
Umschlaggestaltung & Layout: ki36 Editorial Design, München, Bettina Stickel
Herstellung: Susanne Fuhrmann
Satz: Ludger Vorfeld, München
Reproduktion: Longo AG, Bozen
Druck & Bindung: aprinta GmbH, Wemding

UMWELTHINWEIS

Dieses Buch ist auf PEFC-zertifiziertem Papier gedruckt. Somit werden ökologische, soziale und ökonomische Aspekte in der Verarbeitungskette unabhängig überwacht und sind zudem lückenlos nachvollziehbar.

BILDNACHWEIS

Cover: Trio Bildarchiv

Fotos: Adobe Stock: 19, 28, 25; Anna Auerbach: 30, U4-1, U4-2; Getty Images: 2, 5, 7, 41, 86, 89, 96, 99, 153, 154, 167, 177, 189; Tanja Hofer: 209; Julia Machan: 8, 11, 73-1, 73-2, 79, 83, 90, 91-1, 91-2, 101, 102, 103-1, 103-2, 107, 114, 115-1, 115-2, 116-1, 116-2, 117-1, 117-2, 123, 124, 125-1, 125-2, 126-1, 126-2, 127, 128, 129-1, 129-2, 135-1, 135-2, 137, 141, 148, 149-1, 149-2, 151, 171-1, 171-2, 175-1, 175-2, 180-1, 180-2, 181-1, 181-2, 182, 187-1, 187-2, 202, 203-1, 203-2, 210, 222; Mauritius: 6, 12, 42, 62, 108; Shutterstock: Icons, 4 (Hintergrund), 55; Stocksy: 12, 16, 21, 36, 50, 75, 110, 162, 172, 193; Tierfotoagentur: 22, 27, 57, 67, 69, 112, 120, 191, 196; Trio Bildarchiv: 24, 39, 44, 46, 60, 64, 70, 74, 80, 84, 92, 94, 119, 130, 138, 142, 147, 157, 158, 164, 168, 178, 194, 199, 205, 207.

Syndication: www.seasons.agency

WICHTIGER HINWEIS

Die Gedanken, Methoden und Tipps in diesem Buch basieren auf den Erfahrungen der Verfasserin. Sie wurden von ihr nach bestem Wissen erstellt und mit größtmöglicher Sorgfalt geprüft. Weder Autorin noch Verlag können jedoch für eventuelle Nachteile oder Schäden, die aus den im Buch gegebenen praktischen Hinweisen resultieren, eine Haftung übernehmen.

Daniel Boberg

VERLASSENE ORTE IN NIEDERSACHSEN

LOST PLACES – DIE FASZINATION DES VERGÄNGLICHEN

SUTTON

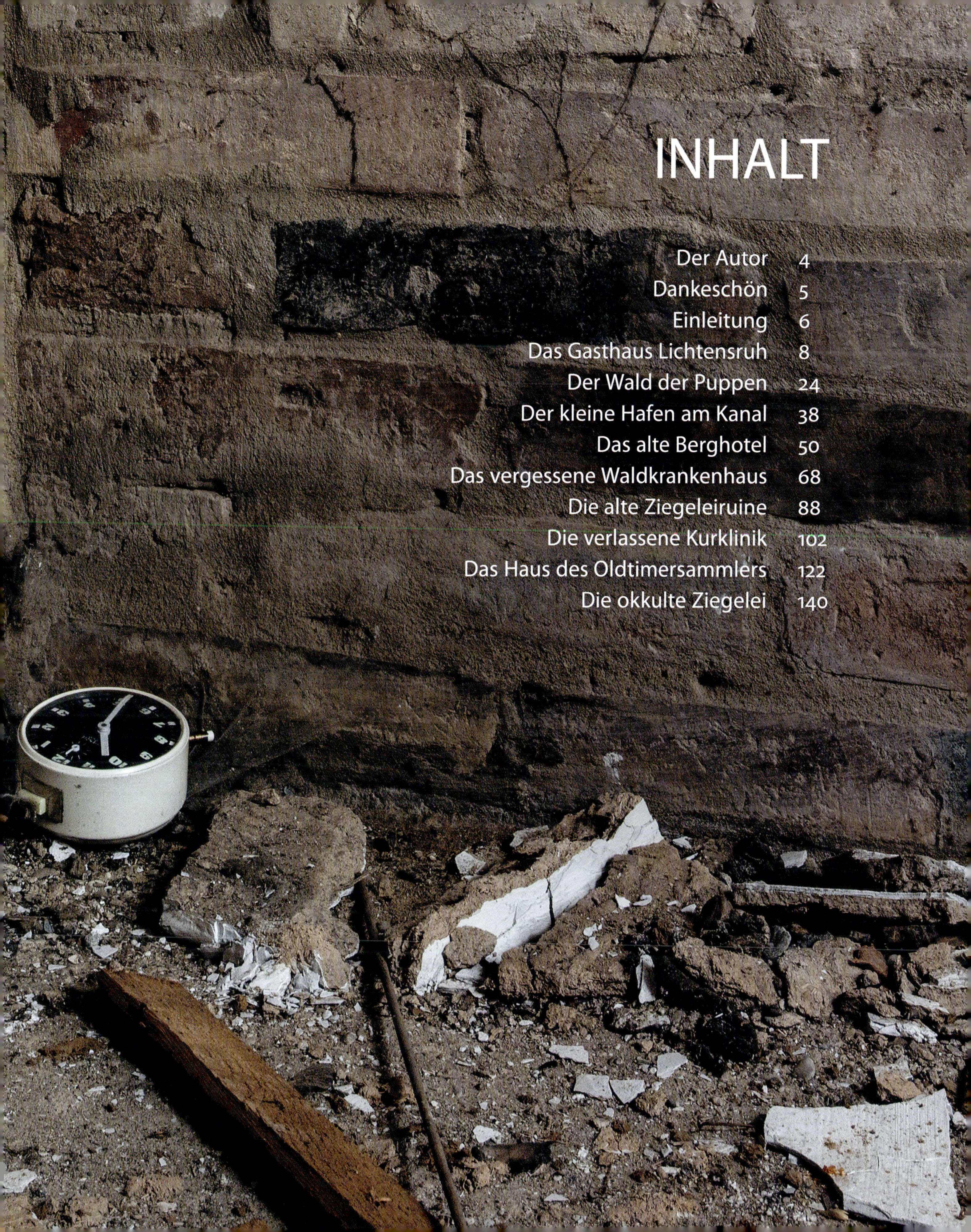

INHALT

DER AUTOR

FOTOGRAFIE – DER PERFEKTE AUSGLEICH

In Bad Oeynhausen verbrachte ich die Hälfte meines Lebens, bis mich das Studium des Medienmanagements und Digital Designs nach Berlin führte. Für den Master in Medientechnik und Kommunikation zog ich nach Braunschweig, bevor es nach Bielefeld ging, um in einer kleinen Werbeagentur erste Berufserfahrungen zu sammeln. Doch schon bald verschlug es mich wieder nach Berlin, um die selbstständige Arbeit aufzunehmen, die sieben Jahre andauern sollte. All diese Zwischenstopps waren wichtig, um wieder nach NRW zurückzukehren und mich mit meiner Familie in vertrauten Gefilden niederzulassen. Hier gehe ich nun nebst meiner Arbeit als technischer Leiter bei Octily und meiner Leidenschaft für die Softwareentwicklung liebend gern meinen Hobbys Fotografie, LEGO und Musik nach.

Die Nähe zu meiner Familie und meinen Freunden sorgt regelmäßig dafür, dass sich alte Erinnerungen melden und mir beispielsweise ins Gedächtnis rufen, wie mein Vater ständig mit einer Kamera in den Händen unterwegs war. Ob eine Wanderung oder ein Familienfest, der lang ersehnte Urlaub oder die Einschulung: Alles wurde von ihm festgehalten. Kein Wunder, dass auch ich irgendwann begann, mich für die Fotografie zu interessieren und zu begeistern, wuchs ich schließlich mit dieser Leidenschaft auf, Momente festhalten zu wollen.

Die anfänglichen Gehversuche machte ich 2003 mit einer Canon EOS 20D, mit der ich Langzeitbelichtungen von Autobahnen und HDR-Bilder anfertigte. Doch ich musste wie jeder Anfänger bald feststellen, dass die Fotografie viel mehr kann und es noch ganze Welten zu entdecken gibt. Entsprechend hat sich meine Einstellung zu diesem Hobby von Grund auf geändert und mit ihr auch das Equipment, mit dem ich nun arbeite. Auch ist aus dem Hobby nicht zuletzt durch die Veröffentlichung meiner Fotobücher mittlerweile mehr geworden; meine Ansprüche sind gestiegen, mein Stil findet sich und ich lerne ständig Neues dazu. Zurzeit fotografiere ich bevorzugt mit einer Canon EOS R5. Zumindest so lange, bis der nächste Entwicklungssprung ansteht, auf den ich mich bereits freue. Denn wenn es etwas gibt, was ich nicht möchte, dann ist es auszulernen.

Wenn auch du einfach nicht genug bekommen kannst und mehr willst, findest du hier weitere, ergänzende und neue Infos und Kontaktmöglichkeiten:

Blog: pixelgranaten.de
Podcast über verlassene Orte in Deutschland: pxgr.de/podcast
Portfolio: danielboberg.de
Mail: daniel@boberg.rocks
Instagram: instagram.com/dnlbbrg, instagram.com/pixelgranaten, instagram.com/verlasszination
Facebook: facebook.com/pixelgranaten
Twitter: twitter.com/pixelgranaten

DANKESCHÖN

DAS WAR KEIN ALLEINGANG

Was vor wenigen Jahren noch ein Hobby war, ist zu dem geworden, was du gerade in den Händen hältst. Und so ganz kann ich immer noch nicht glauben, dass es sich hierbei um meinen fünften Bildband handelt, der im Sutton Verlag erschienen ist. Daher ist es nun an der Zeit, all den Menschen zu danken, die mir das überhaupt erst ermöglicht haben.

Obwohl der Leser und Betrachter in erster Linie meine Bilder sieht und mich als Fotografen und Autor wahrnimmt, so waren doch von Anfang an viele verschiedene Menschen an all dem beteiligt. Diese Menschen sollen nicht nur Dank erfahren, sondern auch Sichtbarkeit erlangen. Denn ohne sie wäre diese Reise nur halb so spannend und besonders geworden.

An erster Stelle gilt mein Dank dem Team des Sutton Verlags, das mich seit Anfang 2018 begleitet. Zum fünften Mal habe ich nun die Möglichkeit erhalten, meine Bilder und Texte zu veröffentlichen. Vielen Dank für euer Vertrauen und dass ihr an dieses Projekt geglaubt habt.

Ebenfalls ganz vorne mit dabei steht meine Familie, die mir stets den Rücken freihält, damit ich genügend Zeit habe, um all dem nachgehen zu können. Ohne sie hätte ich weder die Zeit, um Touren zu organisieren, geschweige denn, um länger auf Entdeckungstour zu gehen. Danke, dass ihr immer für mich da seid.

Mein Dank gilt auch Thorben, ohne den es unseren Blog pixelgranaten.de nicht gäbe. Ohne ihn hätten wir keine Plattform gehabt, um all die Bilder und Erinnerungen zu teilen, auf denen dieses Buch letztendlich basiert. Danke, dass wir gemeinsam unser 10. Jubiläum als Pixelgranaten feiern konnten, was hoffentlich nur der Anfang ist.

Danke an Lisa. Du stehst seit Jahren stärkend an meiner Seite, damit ich meinem Hobby nachgehen kann.

Vielen Dank für alles.

Lea, dieses Buch ist für dich.

EINLEITUNG

DIE FASZINATION VERLASSENER ORTE

Vor über zehn Jahren besuchte ich in NRW den für mich ersten Lost Place, als mir der Begriff „Lost Places" noch gar nicht geläufig war. Hier hat damals alles begonnen. Zu dieser Zeit waren es noch verlassene Orte und ich fand es wahnsinnig spannend, dort auf Erkundungstour zu gehen. Gemeinsam mit Freunden zog ich los und so entstanden meine ersten Fotos in der Villa Schöning und dem Hotel und Restaurant Bismarckburg. Seitdem hat mich die Faszination dieser menschenleeren Orte nicht mehr losgelassen. Diese beiden Orte sind der Grund dafür, dass du jetzt diesen Bildband in den Händen halten kannst.

Nebst den Anfängen gibt es einen weiteren verlassenen Ort, an den ich immer wieder zurückdenken muss, wenn ich gefragt werde, warum ich diesem Hobby nachgehe. 2011 war ich mit zwei Freunden in der verlassenen Kurklinik Weserbergland. Als wir dort eintrafen, wirkte es, als hätte das Personal spontan die Stifte fallen gelassen und erst vor wenigen Stunden mit den PatientInnen die Flucht ergriffen. Die Betten waren gemacht, die Tische im Speisesaal gedeckt und auch die medizinischen Geräte waren alle noch dort, wo sie zuletzt benutzt worden waren. Die Patientenakten lagen für jeden einsehbar offen herum – nur dass da niemand mehr war, den es interessieren konnte. Dieses Bild hat mich bis heute nicht losgelassen.

Leider ist es nur sehr selten der Fall, dass ein Lost Place so genuin der Nachwelt erhalten bleibt, ohne dass Menschen ihn verwüstet oder in Brand gesteckt haben. Auch Graffitis und andere Arten des Reviermarkierens, die man an solchen Orten vorfindet, sind keine Seltenheit. So erzählt jeder der verlassenen Orte letztendlich mehr als nur eine Geschichte einer einzigen Zeitperiode.

Der gute Zustand der Klinik war jedenfalls ein Grund dafür, dass mich die Faszination für Lost Places bis heute nicht mehr loslässt. Was sich allerdings seitdem geändert hat, sind meine Beweggründe.

Was früher ein Abenteuerausflug mit meinen Freunden war, ist heute der Versuch, die Geschichten dieser Orte einzufangen und für immer zu konservieren. Denn niemand weiß, wie lange es sie noch in dieser Form geben wird. Ich möchte die Geschichten erzählen, die seit Jahren hinter den maroden Wänden darauf warten, erzählt zu werden. Meine Bilder sind dabei die Botschafter, die Zeitzeugen des Verfalls. Jedoch stellen meine Bilder weder hochglanzpolierte Kunstwerke noch die Anstrengung dar, andere Menschen zu übertreffen. Stattdessen möchte ich dich als BetrachterIn auf eine Reise in längst vergangene Zeiten mitnehmen und damit den alten Gebäuden aus der Ferne wieder Leben einhauchen.

Was auf den Bildern nicht sichtbar wird, ist die Arbeit, die in dieses Buch eingeflossen ist: 600 Stunden an der Zahl. Jede einzelne Tour muss sorgsam geplant und organisiert werden. Selbst mit guter Planung kann es passieren, dass man, am Zielort angekommen, vor einer Baustelle oder verschlossenen Türen steht. Das gehört zu diesem Hobby dazu, auch wenn das nach einer mehrstündigen Autofahrt und tagelanger Organisation ganz schön deprimierend sein kann. Für dieses Buch bin ich mehrere Tausend Kilometer mit dem Auto durch Niedersachsen gefahren und habe dabei etliche Rückschläge einstecken müssen. Ich bin stolz darauf, dass die vielen Stunden auf der Autobahn, der Landstraße und im Stau zwischen zwei Baustellen dazu geführt haben, dass du nun dieses Buch in den Händen halten kannst.

Übrigens nehme ich auf meinen Touren nicht nur Fotos, sondern auch Videos zu den verlassenen Orten auf. Diese findest du auf pixelgranaten.de, wo du den jeweiligen Ort ganz einfach in die Suche eingeben

kannst, und bei YouTube. Die QR-Codes in diesem Buch führen dich direkt zu dem Video des jeweiligen Objekts. Zusätzlich halte ich meine Beobachtungen auch schriftlich fest, die mittlerweile für den Podcast »Verlasszination« vertont wurden. Dieser ist kostenlos überall dort zu hören, wo es Podcasts gibt, und auf pxgr.de/podcast.

Was du unbedingt beachten solltest

Wenn ich alles richtig gemacht habe, spielst du bereits beim Lesen der Einleitung mit dem Gedanken, dich selbst auf Erkundungstour zu begeben. Ich kann das verstehen, diese Faszination hat mich schließlich selbst gepackt und nicht mehr losgelassen. So möchte ich dir in diesem Fall einige Tipps mit an die Hand geben, damit deine erste Tour erfolgreich wird.

Erkundige dich im Vorhinein, ob es sich bei deinem ausgewählten Lost Place um ein Privatgrundstück handelt oder er ohne Probleme besucht werden darf. So entgehst du der Gefahr, dich aus Versehen strafbar zu machen. Achte darüber hinaus darauf, dass du festes Schuhwerk trägst. Nicht selten finden sich in den verlassenen Objekten Scherben, benutzte Spritzen oder rostige Nägel. Nimm vorsichtshalber eine Atemschutzmaske mit, da in älteren Gebäuden schon mal Schimmel wütet.

Ebenfalls wichtig: Unternimm deine Touren nicht im Alleingang, sondern mit mindestens einer anderen Person, die im Notfall Hilfe rufen könnte. Nicht immer kann man sicher sein, dass der Boden einen trägt oder keine Deckendielen herunterfallen. Die Gefahren sind allgegenwärtig.

Bitte geh respektvoll mit diesen Lost Places um, selbst wenn vor dir bereits jemand Dinge kaputt geschlagen oder verschmutzt hat.

Achte außerdem darauf, dass du außer deinen Aufnahmen und einem coolen Erlebnis nichts weiter von diesen Orten mitnimmst. Nur so kannst du mit dafür sorgen, dass auch andere Menschen diese Objekte ungestört für sich entdecken können.

Und nun viel Spaß! Komm mit auf eine spannende Reise in die Vergangenheit, wo dich bereits Nervenkitzel, Faszination und Zeitzeugnisse, festgehalten in einzigartigen Fotografien, erwarten.

DAS GASTHAUS LICHTENSRUH

DAS GASTHAUS LICHTENSRUH

MORSCHE DECKEN UND MARODE BÖDEN

SHORT FACTS

Kategorie: Gaststätten
Erkundet am: 27.06.2021
Baujahr: um 1900
Verlassen seit: ca. 1980er-Jahre
Gesamtfläche: unbekannt
Weitere Informationen: pxgr.de/lichtensruh

Das Gasthaus Lichtensruh liegt direkt an der Weser und war einst ein bekanntes Ausflugsziel mit einer tollen Aussicht. Heute ist es in Vergessenheit geraten. Für die einen ist es ein faszinierender Lost Place, für die anderen eine illegale Müllkippe.

Das Thermometer meines Autos zeigt 31,7 Grad Außentemperatur an und hinter der nächsten Kurve erwartet mich eine Vollsperrung. Die Straße, die mich zum Gasthaus Lichtensruh bringen soll, wird gerade saniert. Nach dem Blick auf die Temperaturanzeige habe ich eigentlich gar keine Lust mehr, das gekühlte Innere meines Autos zu verlassen. Von hier aus muss ich wohl zu Fuß weiter.

Der alte Gasthof ist noch knapp drei Kilometer weit entfernt. Ich packe meinen Rucksack, schultere mein Stativ und laufe los. Die Landstraße bietet nur wenig Schatten und der frische Asphalt reflektiert die Sommerhitze. Der Weg zieht sich und ich bin mir nicht sicher, was mich an meinem Ziel erwarten wird. Immerhin ist die Aussicht schön. Rechts von mir liegt das Weserufer und außer dem Fluss und ein paar Campern ist hier weit und breit nichts zu sehen. Es ist wunderbar still. Das einzige, was ich hören kann, sind die Vögel, die sich in den Bäumen vor der Sonne schützen.

Hin und wieder ist ein Knacken zu hören. Ich hoffe, dass die Decke dort bleibt, wo sie ist.

Irgendwann ist es so weit und das verlassene Gasthaus taucht vor mir auf. Die Fassade ist grau und unscheinbar. Man nimmt das Gebäude zwischen den mittlerweile sehr dichten Bäumen und Büschen kaum wahr. Was mich hier wohl erwartet? Hinter den Mauern kann sich alles oder nichts befinden. Der erste Blick an der rechten Gebäudeseite entlang ist dann aber schon vielversprechend. Zwar haben auch hier Menschen wieder illegal ihren Müll entsorgt, aber trotzdem scheint das Gebäude noch ein paar Geschichten erzählen zu können.

Über eine vergilbte Matratze, die auf der Treppe ins Obergeschoss liegt, steige ich vorsichtig in die ersten Räume hinauf. Schnell wird mir klar, dass ich hier sehr vorsichtig sein muss. Die Decken hängen durch, sind teilweise sogar schon eingestürzt. An vielen Stellen ist der Putz abgebröckelt und die tragenden Holzbalken damit freigelegt. Die Zwischenräume sind mit Stroh und Lehm gefüllt. Sie haben nun schon so viele Jahre überdauert. Im Treppenhaus befindet sich eine schöne Holztreppe. Das Sonnenlicht scheint hindurch und liefert ein tolles Fotomotiv. Zu betreten ist sie allerdings nicht mehr. Die dünnen Holzstufen sind morsch und zum Teil schon durchgebrochen.

Ich bewege mich langsam und vorsichtig weiter durch den alten Gasthof. Nun stehe ich im Durchgang zur alten Veranda. Hier haben die Menschen also früher gesessen, Kaffee getrunken und dabei die Aussicht auf die Weser genossen. Heute sind die Holzdielen durchgefault und das Inventar wurde verwüstet.

In einem anderen Teil des alten Gemäuers ist es sehr düster. Nur wenig Tageslicht gelangt hier hinein, sodass ich mich erst einmal mit einer Taschenlampe umschauen muss, bevor ich hier in Ruhe fotografieren kann. Ich möchte schließlich nicht versehentlich in irgendwelche Löcher treten. Vor mir liegt ein großer hölzerner Tresen. Ich könnte mir vorstellen, dass hier einmal eine gemütliche kleine Kneipe gewesen ist.

Es hat zwar nun schon einige Tage nicht mehr geregnet und trotzdem tropft Wasser an einigen Stellen durch die kaputte Decke. Hin und wieder ist ein Knacken zu hören. Ich hoffe, dass die Decke dort bleibt, wo sie ist. So richtig wohl fühle ich mich hier nicht, aber ein paar Motive möchte ich noch einfangen.

Der Fußmarsch hat sich wirklich gelohnt. Im hinteren Teil entdecke ich einen Bereich, in dem sich einmal das Lager befunden haben muss. Hier liegen die Rahmen der riesigen Panoramafenster herum, die früher auf der Veranda eingebaut waren. Nachdem ich mir nun im Inneren alles angeschaut habe, laufe ich noch einmal, soweit es das Gestrüpp zulässt, um das verlassene Gebäude herum und mache mich anschließend auf den Rückweg. Unterwegs frage ich mich, wie lange dieser verlassene Ort wohl noch existieren wird. Es scheint sich niemand mehr darum zu kümmern und die Substanz wird immer schlechter. Vermutlich wird das Gebäude eines Tages einfach in sich zusammenfallen.

Die Geschichte

Schon um 1900 war das Gasthaus Lichtensruh ein bekanntes Ausflugsziel für Wanderungen, Kutschfahrten sowie rauschende Feste und wurde zu dieser Zeit von Heinrich Lichte betrieben. Von ihm hat das Gasthaus auch seinen Namen.

Der Gasthof überstand den Zweiten Weltkrieg unbeschadet und wurde danach noch einmal erweitert. An der zur Weser gelegenen Seite wurde eine große Veranda mit riesigen Glasfronten angebaut. Die Gaststätte zog so immer mehr Ausflügler und Wanderer an und machte sich einen Namen weit über die Region hinaus. Das Gasthaus blieb lange in Familienhand.

In den 1980er-Jahren wurde das Haus dann umgenutzt. Ab sofort fand sich hier Rosis Nachtbar, in der nun auf einmal ganz andere Bedürfnisse erfüllt wurden. Als dieses Etablissement einige Jahre darauf geschlossen wurde, begann der Verfall.

Der Gasthof ist in Vergessenheit geraten und die Natur erobert sich das Gelände Stück für Stück zurück. Zwischen dichten Büschen und Bäumen ist das Gebäude im Vorbeifahren kaum noch wahrzunehmen. Es scheint, als würde sich niemand mehr für das Gasthaus Lichtensruh interessieren.

AROTH 27

DER WALD
DER PUPPEN

DER WALD DER PUPPEN

SIE BAUMELN AN DEN BÄUMEN

SHORT FACTS

Kategorie: Ruinen & Zufallsfunde
Erkundet am: 28.12.2020
Baujahr: unbekannt
Verlassen seit: unbekannt
Gesamtfläche: unbekannt
Weitere Informationen: pxgr.de/puppenwald

Sie hängen an Bäumen und Ästen, sie schaukeln leicht im Wind, der durch das Blätterdach pfeift, und starren mit leerem Blick durch das Geäst. Einigen Puppen sind die Köpfe eingedrückt und die Haare versengt. Andere sind gefesselt und bluten aus den leeren Augenhöhlen. Dutzende verstümmelte Puppen haben im „Wald der Puppen" ein neues düsteres Zuhause gefunden.

Als ich an dem kleinen Wäldchen ankomme, bin ich mir zuerst nicht mehr sicher, ob ich hier überhaupt richtig bin, denn ich sehe nichts außer einem einsamen Wäldchen. Die Äste der Bäume bewegen sich im Wind hin und her. Ein kleiner Trampelpfad am Rande des Waldes zeigt mir aber, dass ich hier nicht der erste Besucher bin. Ich laufe einfach mal drauf los.

Die Redewendung „Den Wald vor lauter Bäumen nicht sehen" könnte hier wohl gar nicht treffender sein. Schon nach wenigen Metern kann ich in einiger Entfernung die ersten Puppen entdecken. Bereits aus dieser Entfernung ist es ein wirklich beklemmender Anblick.

Ich bewege mich weiter auf die unheimlichen Puppen zu. Die erste Puppe ist mit einer Kette um den Hals an den Baum gefesselt. Die Haare und das Gesicht sind versengt. Die Puppe starrt mich an, als würde sie vor diesem Ort warnen wollen. Natürlich sind das Gedanken, die allein meiner Fantasie entspringen.

An einem kleinen Ast sind mehrere Puppen wortwörtlich aufgehängt worden. Von einer Puppe hängt dort sogar nur der Kopf. Es ist windig und so drehen sich die Gesichter der Puppen langsam zu mir, als ich mir die bizarre Szenerie anschaue. Ich fühle mich beobachtet. Je länger man sich hier umschaut, desto mehr Augenpaare tauchen zwischen den Zweigen auf. Der Wind und die biegsamen Äste lassen die Puppen beinahe lebendig wirken. Ich bin froh, dass es noch hell ist. Im Dunkeln möchte ich mich hier nicht aufhalten. Dafür haben Filme wie „Chucky – Die Mörderpuppe" gesorgt. Einige der entstellten Horror-Puppen erinnern stark an diese Horrorfilm-Reihe.

Auch wenn es sich vielleicht bei dem „Wald der Puppen" nicht um einen Lost Place im eigentlichen Sinne handelt, ist er doch auf eine seltsame Art und Weise anziehend. Ich frage mich, wer sich so viel Zeit nimmt, die Puppen hier in Szene zu setzen.

Der Wind und die biegsamen Äste lassen die Puppen beinahe lebendig wirken.

Die Geschichte

Irgendwann im Jahr 2019 machte der „Wald der Puppen" Schlagzeilen in vielen Tageszeitungen. Die Puppen dienten als Dekoration rund um einen Geocache und auch heute scheint es noch so zu sein. Den Zeitungsberichten zufolge hat dieser Lost Place sogar die Polizei beschäftigt. Diese nahm die Puppen ab und kontaktierte den Inhaber des Geocaches. Geocaching ist übrigens eine Art elektronische Schnitzjagd, bei der mithilfe von GPS-Daten Verstecke gesucht werden.

Der „Wald der Puppen" geht wahrscheinlich auf die Isla de las Muñecas (spanisch für Insel der Puppen oder Puppeninsel) zurück, eine Insel in Mexiko-Stadt. Auf der gesamten Insel hängen Hunderte verstümmelte Spielzeugpuppen in den Bäumen. Eben genau so, wie es auch an diesem Ort der Fall ist. Sie sollten ursprünglich den Geist eines Mädchens vertreiben, das angeblich nahe der Insel ertrunken ist. Heute ist die gruselige Insel eine weltbekannte Touristenattraktion.

DER KLEINE HAFEN AM KANAL

DER KLEINE HAFEN AM KANAL

BAUSCHUTT, SCHERBEN UND MÜLL

SHORT FACTS

Kategorie: Industrie
Erkundet am: 21.06.2020
Baujahr: unbekannt

Verlassen seit: 2016
Gesamtfläche: unbekannt
Weitere Informationen: pxgr.de/kleinerhafen

Der kleine Hafen am Mittellandkanal ist seit 2016 verlassen und wartet seitdem darauf, was in der Zukunft mit ihm passieren soll. Langsam aber sicher beginnt sich auch hier die Natur das Gebiet zurückzuerobern.

Mit dem Auto geht es kilometerweit eine Landstraße entlang, bis ich endlich an dem kleinen Hafen ankomme. Ich kann hier direkt am Gelände parken, steige aus und sehe mich erst einmal um. Zu Fuß geht es einmal komplett um den Hafen herum. Alleine bin ich hier heute auf jeden Fall nicht. Alle paar Minuten kommen Radfahrer, Jogger und Spaziergänger vorbei. Auch sie fahren über das Gelände dieses kleinen verlassenen Ortes. Ich scheine mir also keine Gedanken darüber machen zu müssen, erwischt zu werden.

Schnell muss ich feststellen, dass die Gebäude verschlossen, dafür aber in einem ganz guten Zustand sind. Lediglich eine kleine Scheibe des großen grauen Turms ist eingeschlagen. Ob das Vandalismus war oder einfach der Zeit geschuldet ist, kann ich von hier unten nicht erkennen. Über die großen Betonplatten auf dem Boden gelange ich einmal um die Gebäude herum.

Durch schmale Spalten in den großen Holztoren kann man hin und wieder einen Blick ins Innere werfen.

Durch schmale Spalten in den großen Holztoren kann man hin und wieder einen Blick ins Innere werfen. In einer der Lagerhallen sind große Behälter und Säcke gestapelt. Was da wohl drin sein mag? Ein Schild am Tor gibt dazu Auskunft. Es muss sich um Düngemittel handeln. Viel mehr kann man von außen auch hier nicht erkennen. Ich beobachte die Frachtschiffe, die immer wieder auf dem Mittellandkanal an mir vorbeiziehen.

Dafür, dass dieser Lost Place bereits seit vier Jahren verlassen ist, ist er in einem sehr guten Zustand. Das mag daran liegen, dass er ordentlich verschlossen ist und sich vielleicht auch noch jemand um diesen Ort kümmert. Sonderlich viel soll ich auch im Nachhinein nicht über die Geschichte des kleinen verlassenen Hafens erfahren.

Nachdem ich mir alles angeschaut habe, mache ich eine kurze Pause und beschließe das Gelände auch noch einmal aus der Luft zu erkunden. Mit meiner Drohne fliege ich ein paar Mal hin und her. Die ungewöhnliche Perspektive ist immer wieder spannend. Bei ungefähr 30 Grad hält der Akku meiner Drohne nicht länger als 15 Minuten und zwingt mich zur Landung. Ich packe meine Sachen zusammen und breche wieder auf.

Die Geschichte

Zur Geschichte des verlassenen Hafens am Mittellandkanal konnte ich leider kaum Informationen finden. Fest steht, dass der Hafen im Jahr 2016 verkauft wurde und seitdem stillliegt. Hier legt niemand mehr an, Schiffe fahren nur noch daran vorbei.

Es wird aktuell darüber diskutiert, ob der alte Hafen abgerissen und dafür ein neuer gebaut werden soll. Weiterhin wurde über ein Containerterminal diskutiert, aber dafür fehlen möglichen Investoren die Mittel.

Motor bitte
abstellen

Achtung
Gefahr

LKW
Lagerung
Dreh nicht durch-
dreh Dragon...
SCHIEBER
UNTEN AUF
REDLER
LÄUFT
BELADUNG 2
RESERVE
RECHTS AUF
LINKS AUF
OBEN AUF
EATON

Schloßbräu
Berghotel
Waldfrieden
Schloßbräu
Coca-Cola

DAS ALTE BERGHOTEL

DAS ALTE BERGHOTEL

EIN LOST PLACE MIT AUSSICHT

SHORT FACTS

Kategorie: Gaststätten
Erkundet am: 04.06.2021
Baujahr: etwa 1930er-Jahre
Verlassen seit: 1994
Gesamtfläche: unbekannt
Weitere Informationen: pxgr.de/berghotel

Das verlassene Berghotel wurde vor mehr als 70 Jahren errichtet, mehrfach modernisiert und fiel vor einigen Jahren den Flammen zum Opfer. Wo einst Menschen die fantastische Aussicht genossen, ist ein faszinierender Lost Place entstanden.

Der Boden, der eben noch sehr solide wirkte, gibt auf einmal unter mir nach.

Nach etwas mehr als 300 Kilometern auf Autobahnen und Landstraßen erreiche ich mein Ziel und komme direkt vor dem verlassenen Berghotel zum Stehen. Schon nach dem ersten Blick ist klar, wie schön es hier einmal gewesen sein muss. Es ist noch sehr früh und so hört man hier nichts weiter als ein paar Vögel. Nur selten zischen ein paar andere Frühaufsteher mit ihren Autos an mir vorbei.

Da das Gebäude von außen bereits so aussieht, als würde nur wenig von dem eh schon spärlichen Sonnenlicht hereinfallen, habe ich meine Kamera bereits auf ein Stativ montiert. An der Außenwand des verlassenen Berghotels führt eine schmale Treppe auf die ehemalige Terrasse. Hier muss sich den Gästen vor vielen Jahren ein wunderschöner Ausblick auf die Weser geboten haben, während sie das eine oder andere Stück Kuchen verzehrten. Heute wachsen hier Bäume und Büsche und der Fliesenspiegel ist aufgeplatzt.

Bevor ich die Treppe hochsteige, wartet ein erster kleiner Raum auf mich. In diesem findet man die Überreste eines kleinen Tresens und jede Menge Gerümpel. Direkt im Eingang steht eine alte Jukebox, die schon einmal bessere Tage gesehen hat. Daneben finde ich eine Ausgabe der „Hannoverschen Allgemeinen" vom 5. März 1990. Diese und andere Überbleibsel deuten darauf hin, dass das Hotel irgendwann in den 1990er-Jahren verlassen worden sein muss. Warum weiß ich zu diesem Zeitpunkt noch nicht. Weiter hinten in diesem Raum wird es immer voller und die Luft immer dünner. Es riecht modrig, alt und muffig.

Hier hinten finde ich allerhand mit Früchten und Gemüse gefüllte Einweckgläser. Der Inhalt dürfte mittlerweile ungenießbar sein. Ausprobieren möchte ich das aber lieber nicht. Neben den Gläsern wurde hier auch noch einiges Inventar wie Bänke, Stühle und Tische abgestellt. Teilweise sehen die Möbelstücke noch recht gut aus. Ich habe genug gesehen und sehne mich nach frischer Luft.

Weiter geht es die kleine Treppe hinauf. Oben angekommen, halte ich kurz inne und schaue mich um. Noch immer ist es hier sehr ruhig und idyllisch. Das ehemalige Hotel ist nach wie vor ein unbeschreiblich schöner Ort, der nur leider irgendwann in Vergessenheit geraten ist.

Der erste Raum, der nun vor mir liegt, ist schwer zu erfassen. Es ist nicht ganz klar, was das hier einmal gewesen sein mag. An einigen Stellen könnte man vermuten, dass es sich um eine Art Lobby handelte, die sich nach dem Empfang über zwei größere Zimmer erstreckt. Auf dem Boden liegt ein alter Kinderwagen, in den Ecken stehen noch ein paar Möbel herum. So einen verlassenen Ort findet man nicht allzu häufig. Vieles lässt einen in Gedanken in eine längst vergangene Zeit eintauchen.

Die Holztreppe zum Obergeschoss hindert mich an weiteren Erkundungen im oberen Teil. Die Stufen sind durchgetreten und die Decke ist am Übergang zur Treppe zum Teil heruntergekommen. Ich gehe immer lieber auf Nummer sicher und riskiere an solchen Orten nichts, was ich nicht komplett absehen kann.

Durch die alte Küche, die immer noch mit großen Edelstahlmöbeln ausgestattet ist, führt mein Weg in den wohl früher sehr prunkvollen Speisesaal. Ein leichter Wind weht durch die eingeschmissenen Fensterscheiben. Viel Licht fällt hier nicht herein. Der Saal ist noch bestuhlt, nur einige Bänke sind zerstört oder durch Regenwasser auseinandergefallen. Ich mache einen weiteren Schritt nach vorne und schrecke zurück. Der Boden, der eben noch sehr solide wirkte, gibt auf einmal unter mir nach. Jetzt verstehe ich auch, warum vor mir ein kleiner Steg aus Holzresten auf dem Fußboden verteilt wurde. Ich muss mich vorsichtig über diese schmalen Holzbretter weiter durch den Saal bewegen.

In einer Ecke steht ein altes Klavier. Ein absolutes Highlight. Das andauernde Gegenlicht macht es aber nicht gerade einfach, dieses tolle Motiv einzufangen. Ich nehme mir die Zeit, die ich brauche, auch wenn ich bei jedem Geräusch ein bisschen zusammenzucke. Hinter dem Klavier endet der Speisesaal und eine Tür führt auf die Terrasse. Ich folge diesem Weg zurück ins Freie.

Es ist Zeit, einmal durchzuatmen und den Ort für einen kurzen Moment zu genießen.

Die Geschichte

Das verlassene Berghotel hat eine lange Vergangenheit, über die sich nur schwer Details herausfinden lassen. Es existieren Postkarten aus dem Jahr 1937, die man für viel Geld bei eBay ersteigern kann. Die Bilder zeigen ein

wunderschönes Fachwerkgebäude mit einem weiten Blick über das Tal und die dort fließende Weser.

Anfang der 1950er-Jahre wurde der Gebäudekomplex modernisiert und erweitert. Das Hotel bekam einen neuen Namen und wurde ein Ort für große Feste und die feine Gesellschaft der umliegenden Dörfer und Städte. In den darauffolgenden Jahren wurde man dort sogar von Angestellten im Smoking bedient. Als Kontrastprogramm dazu gab es Karnevalsveranstaltungen für Erwachsene und Kinder. Bei der Lage und dem Ausblick ist es kein Wunder, dass das Geschäft gut lief. Ein Highlight für Groß und Klein soll die Rutsche gewesen sein, die vom Obergeschoss direkt in die Kneipe, das sogenannte Zwischendeck, führte.

Ungefähr 15 Jahre nach der letzten Modernisierung wurde das Berghotel nochmals erweitert. Es wurden Gästezimmer angebaut, von denen man über das Wesertal blicken konnte. Weitere sehr gute Jahre folgten. Ganze Busse sollen mit Menschen herangefahren sein, die sich auf die Aussicht bei einem Stück Kuchen freuten.

Nach mehreren Besitzerwechseln ging es jedoch irgendwann bergab. Am 15. Januar 1994 brach im Gaststättenbereich ein großes Feuer aus. Durch den Brand wurden auch die Hotelräume im Obergeschoss und der Speisesaal in Mitleidenschaft gezogen. Zum Glück konnten sich in dieser Nacht alle Menschen mit nur leichten Verletzungen retten. Danach wurde das alte Berghotel zwar noch einmal notdürftig renoviert, aber nie wieder eröffnet. An vielen Stellen, an denen mittlerweile die Verkleidung heruntergekommen ist, kann man noch die Brandschäden sehen.

sich für die Reisesaison / Seite 3
Hannoversche Allgemeine
ZEITUNG
Genscher widerspricht Kohl: Polens Verzicht auf Reparationen gilt
Gegen Verknüpfung mit der Oder-Neiße-Grenze
KPN
Spiel ohne Grenzen?
Von Jens Gundlach
IG Metall: Kompromiß bei 35-Stunden-Woche
Rege Beteiligung an Wahlen in der UdSSR
Ein Teil-Friedensvertrag

Mon amour, la rose, mon amour
Udo Jürgens

DAS VERGESSENE WALDKRANKENHAUS

DAS VERGESSENE WALDKRANKENHAUS

BARACKEN ZWISCHEN SCHUTT UND GRAFFITI

SHORT FACTS

Kategorie: Gesundheit & Heilung
Erkundet am: 17.04.2021
Baujahr: 1941
Verlassen seit: 2005
Gesamtfläche: unbekannt
Weitere Informationen: pxgr.de/waldkrankenhaus

Eigentlich müsste ich mein Ziel, das alte Waldkrankenhaus, bald erreicht haben, doch es ist weit und breit nichts zu sehen. Ich halte bei der nächsten Gelegenheit an und schaue mich um. Nach einer Weile erkenne ich ein paar kaputte Dächer zwischen grünen Zweigen. Das muss es sein. Ich mache mich auf den Weg und schaue mir die Umgebung genauer an. Es wirkt fast so, als würde sich dieser verlassene Ort vor ungebetenen Gästen schützen, indem er sich tief im Wald vergraben hat.

Das erste Gebäude, das nun direkt vor mir liegt, ist stark in Mitleidenschaft gezogen. An einigen Stellen wirkt es fast wie ein Rohbau. Die Wände sind bunt bemalt und auf den Böden liegen allerhand leere Spraydosen herum. Wenigstens diese könnten die Künstler wieder mitnehmen, nachdem sie sich hier verewigt haben.

Da ich nicht sonderlich viele Informationen eingeholt hatte, bevor ich hierher aufbrach, wundere ich mich, weil das Gebäude nicht wirklich nach einem Krankenhaus aussieht. Mit Abständen dazwischen finden sich hier zumeist kleinere Holzbaracken. Ich bewege mich bei drückender Hitze durch die einzelnen Gebäudeteile und werde dann doch noch fündig. Ein altes Heft über Altenpflege steht auf einem Regal. Es ist mit Schimmel überzogen und trägt ein Datum von 2002.

Licht, Schatten und Farben wechseln sich ab und lassen so immer wieder einzigartige Aufnahmen entstehen.

Zwar wurde die Einrichtung in den meisten Gebäuden komplett entfernt, aber durch die Natur, die langsam immer weiter in die alten Gemäuer eindringt, ergeben sich fantastische Fotomotive. Licht, Schatten und Farben wechseln sich ab und lassen so immer wieder einzigartige Aufnahmen entstehen. Das Waldkrankenhaus ist ein andächtiger Ort. Ich bleibe kurz stehen, schließe meine Augen und lausche den rauschenden Blättern der Bäume und dem Vogelgezwitscher.

Die Eindrücke setzen sich auch in den anderen Gebäuden fort. Mich würde es nicht wundern, wenn dieser wunderschöne Lost Place in den nächsten Jahren komplett verschwinden würde.

Die Geschichte

Das mittlerweile in Vergessenheit geratene Waldkrankenhaus wurde im Jahr 1943 in der Lüneburger Heide von der Organisation Todt mithilfe von sowjetischen und wahrscheinlich auch polnischen Zwangsarbeitern errichtet und in Betrieb genommen. Zunächst standen rund 400 Betten zur Verfügung, nach der im Juli 1943 fertiggestellten Erweiterung stieg die Zahl auf 825.

Die Organisation Todt war eine paramilitärische Bautruppe im nationalsozialistischen Deutschland, die den Namen ihres Führers Fritz Todt trug. Die Organisation wurde 1938 gegründet und nach Beginn des Zweiten Weltkrieges vor allem für Baumaßnahmen in den von Deutschland besetzten Gebieten eingesetzt.

Im Zweiten Weltkrieg diente das alte Krankenhaus als Ausweichkrankenhaus der Stadt Hamburg. Nach dem Krieg wurden hier dann hauptsächlich an Tuberkulose erkrankte Menschen behandelt. Diese Art von Tuberkulosekliniken kann man in ganz Deutschland häufiger entdecken.

Ende 1975 wurde das Krankenhaus geschlossen und von der auf Knochen- und Gelenkchirugie spezialisierten ENDO-Klinik übernommen. Zu dieser Zeit fanden hier 305 Menschen Platz und die neue Klinik machte sich schnell einen Namen in der Region.

Nachdem auch dieser Klinikbetrieb nach über 22 Jahren 1997 eingestellt worden war, wurde das Gelände ein weiteres Mal umgenutzt. Es wurde zu einem Pflegezentrum für Senioren umgebaut, doch auch das sollte nur von kurzer Dauer sein. 2005 musste das Unternehmen Insolvenz anmelden und seitdem haben sich die vielen Baracken und anderen Gebäude in einen großen Lost Place mitten im Wald verwandelt.

Besuch
UNS!

NOVEMBER 2002
Altenpflege
www.vincentz.net
Sterben und Tod:

HIPOT
Honeywell

4

9.5.21 – 22:31

Ich habe Lena gefunden.
Sie war voller Blut und hat
mich angegriffen. Ich konnte
flüchten. Ich blute am Hals und
verstecke mich auf dem Dachboden
über Nacht. Wünscht mir Glück

ohne . . .

DIE ALTE
ZIEGELEIRUINE

DIE ALTE ZIEGELEIRUINE

GUT VERSTECKT IN EINEM KLEINEN WÄLDCHEN

SHORT FACTS

Kategorie: Industrie
Erkundet am: 19.06.2021
Baujahr: um 1868
Verlassen seit: 1967
Gesamtfläche: unbekannt
Weitere Informationen: pxgr.de/ziegeleiruine

Früh am Morgen, lange vor Sonnenaufgang beginnt die heutige Tour im dichten Nebel. Es hat die ganze Nacht gewittert und so langsam verdunstet die Feuchtigkeit auf den Straßen. Als sich die Morgensonne über den Horizont schiebt, ergeben sich wundervolle Farben.

Vor Ort angekommen, ist es bereits hell. Die Sonne strahlt vom Himmel, die Luft ist immer noch sehr drückend. Dass ich nun durch brusthohes Gras stapfen muss, macht es nicht besser. Hier steht die Luft und dazu kommen Tausende Insekten, die sich über meinen Besuch zu freuen scheinen. Auf jeden Fall weichen sie nicht mehr von meiner Seite. Ich schlage mich tiefer in das kleine Wäldchen und stehe vor einer großen Ruine. Sie ist ungefähr so hoch wie ein vierstöckiges Wohnhaus, aber lange nicht mehr so stabil. Die roten Klinker liegen idyllisch zwischen hohen Gräsern und scheinen hier vor langer Zeit vergessen worden zu sein.

Da überall große Löcher in den Außenwänden sind, kann man fast nicht mehr von einem Inneren sprechen.

Durch eine große Öffnung gelange ich ins Innere der alten Ziegelei. Da überall große Löcher in den Außenwänden sind, kann man fast nicht mehr von einem Inneren sprechen. Auf dem Boden verteilt liegen alte Autoreifen, auf einem Mauervorsprung stehen leere Schnapsfläschchen. Hier werden sich wohl hin und wieder Jugendliche zurückziehen und ein bisschen feiern. Ungestört ist man hier auf jeden Fall, denn die nächsten Häuser sind weit entfernt.

Von allen Seiten dringt das Sonnenlicht herein und sorgt damit für tolle Farb- und Schattenspiele. Im oberen Teil der alten Ziegelei ist eine Art zweite Ebene eingezogen. Früher muss diese einmal über eine Holztreppe erreichbar gewesen sein. Von dieser sind allerdings nur noch ein Stück Geländer und acht Stufen übrig. Sie zu erreichen ist ohne eine große Leiter unmöglich und auf dem übrigen Boden herumzulaufen wahrscheinlich lebensgefährlich.

Ich frage mich, wo die anderen Gebäudeteile standen. Ich habe das Gelände bereits mit meiner Drohne überflogen. Aus der Luft kann man erkennen, dass das Gebäude nicht das einzige gewesen sein kann. Dafür ist das Grundstück viel zu groß. Direkt neben dem Gebäude, in dem ich mich gerade befinde, steht ein großer Schornstein. Er wirkt etwas schief, aber trotzdem noch relativ stabil. Irgendwo muss es einen Ofen gegeben haben.

Auch wenn dieser verlassene Orte nicht groß ist, übt er doch eine ganz eigene Anziehungskraft auf mich aus. Ich mache noch ein paar weitere Bilder und kämpfe mich dann durch das Dickicht zurück.

Die Geschichte

Schon im Jahr 1868 existierten hier zwei Ziegeleien. Von der ersten steht heute noch das Maschinenhaus mit seinem hohen Schornstein. Der Ringofen sowie die offenen Trocknungshallen wurden bereits vor Jahren abgerissen. Von der zweiten konnte das Wohnhaus für Lippische Wanderziegler erhalten werden. Lippische Wanderziegler waren Menschen, die seit dem 17. bis in das 20. Jahrhundert hinein aus Not ihre Heimat verließen, um in Ziegeleien in Nordwestdeutschland, den Niederlanden oder in Dänemark zu arbeiten.

Im Hof des Wohnhauses befindet sich noch ein alter Brunnen. Aufgrund der Ehe zwischen den Kindern der beiden Inhaber wurden die Betriebe zusammengeführt und die vordere Ziegelei ausgebaut. Nach einer Zwangspause von 1940 bis 1947 aufgrund des Zweiten Weltkriegs kam es zu einem neuen Aufschwung. Zu dieser Zeit bot die Ziegelei hier 20 Arbeitsplätze. 1967 musste der Betrieb dann allerdings endgültig stillgelegt werden.

Die große Tonkuhle, die von beiden Ziegeleien genutzt wurde, ist heute ein Biotop und wird nur noch von Sportfischern genutzt. Lokal ist sie als Plötzensee bekannt.

MON

DIE VERLASSENE KURKLINIK

DIE VERLASSENE KURKLINIK

SCHIMMEL, FEUER UND FREMDE STIMMEN

SHORT FACTS

Kategorie: Gesundheit & Heilung
Erkundet am: 23.02.2020
Baujahr: 1970er-Jahre
Verlassen seit: 1996
Gesamtfläche: 5.700 m^2
Weitere Informationen: pxgr.de/kurklinik

Im strömenden Regen erreiche ich mein Ziel. Das dichte Blätterdach schützt mich beim Aussteigen davor, komplett nass zu werden. Direkt vor mir an einem Hang liegt die verlassene Kurklinik. Die Fassaden sind grau und dreckig, Regenwasser sammelt sich in großen Pfützen auf den alten Dächern.

Meine Entdeckungsreise beginnt in der alten Schwimmhalle. Dort ist zwar kein Wasser mehr zu finden, aber mir werden auf dieser Tour noch genug Räume mit Wasser begegnen, die eigentlich trocken sein sollten. Im Schwimmbecken steht ein Ergometer. Es liegen Scherben und Müll herum. Ich bin gespannt, wie es von hier aus weitergehen wird.

Die Matratzen wurden herumgedreht, Scheiben und Spiegel eingeworfen.

Der Weg führt mich durch einen schmalen Gang, der mit Lamellen gepflastert ist. Eigentlich sollten diese an den Wänden und Decken hängen. Ich vermute, dass hier Kabeldiebe ihr Unwesen getrieben haben. Ich gelange zu den ehemaligen Therapieräumen. An den Durchgangstüren ist das Wort „Physiotherapie" zu lesen. Einige Räume sind komplett leer, in anderen stehen Badewannen für Sauerstoffanwendungen und Behandlungsliegen. Draußen regnet es immer noch sehr stark und da viele der Oberlichter bereits eingeworfen wurden, läuft das Regenwasser direkt ins Innere und damit auch auf meinen Kopf, meine Kamera und die Objektive. Ich wate durch eine Mischung aus Müll, Glas und Regenwasser, um in den nächsten Bereich der ehemaligen Kurklinik zu gelangen.

Auf einmal wird es wieder stockdunkel. Ich schalte meine Taschenlampen ein und staune nicht schlecht. Ich stehe inmitten einer Kneipe. Die Wände und Decken sind mit Holz vertäfelt und es ist ausnahmsweise einmal trocken. Trocken und still. Ein toller Ort. Bis auf einen Stuhl, der mit dem Bein in die Decke gerammt wurde, ist hier noch alles in Ordnung. Wäre es nicht so dunkel, könnte man hier eine Pause einlegen.

Was wohl hinter der nächsten Tür auf mich wartet? Es ist die ehemalige Großküche. Eigentlich sieht alles fast so aus, als müsste man nur einmal gründlich durchwischen, den Edelstahl aufpolieren und dann könnte man hier direkt wieder kochen. Gut, ein paar Arbeitsflächen sind verbeult, aber darüber kann man ja mal hinwegsehen. Angeschlossen an die Großküche ist ein weiterer langer Gang. Von diesem gehen ein paar kleine Räume ab. Hier finde ich eine kleine Backstube und Vorratskammern. Auch die Wagen, in denen früher die Backwaren auskühlten, stehen dort noch herum. Dazwischen findet sich wie fast überall sehr viel Müll und Regenwasser.

Ich komme am nächsten Teil des Gebäudekomplexes an. Vor mir liegt ein langer Flur, von dem links und rechts Zimmer abgehen. Direkt daneben befindet sich ein Treppenhaus. Vermutlich bin ich nun dort angekommen, wo früher die Patientenzimmer waren. Insgesamt gab es hier 142 Betten und 125 Komfortzimmer. Ich laufe den Gang entlang und schaue mir die ersten Zimmer an. Ein Bett, ein Schrank, ein kleines Badezimmer und ein kleiner Balkon. Die Scheiben sind eingeschmissen und es riecht modrig. Die Tapete hat schwarze Flecken und damit ist auch klar, woher der Geruch kommt. Hier schimmelt es. Was sich bisher noch in Grenzen gehalten hat, kommt hier nun richtig hervor.

Ich arbeite mich Zimmer für Zimmer und Stockwerk für Stockwerk voran. Viele der ehemaligen Patientenzimmer sehen gleich aus. Die meisten wurden verwüstet. Die Matratzen wurden herumgedreht, Scheiben und Spiegel eingeworfen. Trotzdem kann man sich noch ein gutes Bild davon machen, wie es gewesen sein muss, für eine gewisse Zeit hier zu wohnen. Die Komfortzimmer unterscheiden sich deutlich von den normalen Zimmern. Sie sind wesentlich größer und die Einrichtung hochwertiger. Im Bereich zwischen Balkon, der in diesen Zimmern auch größer gewesen zu sein scheint, und Bett sind Sitzecken mit schweren Sesseln eingerichtet.

In jedem Stockwerk gibt es ein paar Zimmer, in denen sich das Regenwasser durch die Zimmerdecke gearbeitet hat. Der Teppich auf dem Fußboden hat sich vollgesaugt. Noch ein Stockwerk weiter oben entdecke ich einen großen Aufenthaltsraum. Hier stehen große Pfützen auf dem Boden, der mit einem grünen Teppich ausgelegt ist. Direkt über mir muss das ehemalige Kaminzimmer sein, in dem es 2013 gebrannt hat. Es riecht stark modrig und überall ist Schimmel zu finden. Ohne Atemschutzmaske möchte ich mich hier nicht allzu lange aufhalten.

Vom Flur aus geht eine weitere Treppe ab. Die Wände sind komplett schwarz. Es scheint eine Mischung aus Ruß und Schimmel zu sein. Am Ende dieser Treppe liegt das vermutete ausgebrannte Zimmer. Ich habe keinen Atemschutz dabei und verzichte daher auf diesen Raum. In den

umliegenden Räumen gibt es noch genug zu entdecken. Ich finde ein altes Büro. Überall liegen Akten herum. Darunter Patientendaten, Kontoauszüge und interne Mitteilungen. Datenschutz ist hier kein Thema mehr. Man hat diese sensiblen Daten einfach ihrem Schicksal überlassen.

Es geht noch weiter nach oben. Auch in den anderen Stockwerken finden sich die üblichen Patientenzimmer. Erstaunlicherweise ist hier noch ein kleines Zimmer, das völlig unberührt scheint. Das Bett ist in Ordnung, die Schränke sind geschlossen und sogar der kleine Röhrenfernseher steht noch auf der dafür vorgesehenen Halterung. Am Ende des Treppenhauses wartet eine kleine Aussichtsplattform auf mich. Ursprünglich war sie komplett von Glasscheiben umgeben. Von diesen sind nicht mehr viele übrig und deshalb ist es hier nicht gerade sehr gemütlich. Der Wind pfeift mir um die Ohren, es regnet herein. Man hat jedoch einen tollen Blick über das angrenzende Tal. Nach einer kurzen Pause geht es weiter.

Ich laufe die Treppen wieder hinab und höre plötzlich Stimmen. Ich bin hier nun also nicht mehr alleine. Das Gebäude ist allerdings so groß, dass es für den Moment bei den Stimmen bleibt. Nach kurzen

Orientierungsschwierigkeiten stelle ich fest, dass ich bereits alles erkundet habe. Es geht wieder in Richtung Ausgang.

Die Geschichte

Den Kurgästen bot sich hier einst eine tolle Aussicht, denn die verlassene Kurklinik liegt hoch oben auf einem Berg. Die Klinik war auf Rheumatologie und Innere Medizin spezialisiert und verfügte über insgesamt 142 Betten. Erbaut wurde sie in den 1970er-Jahren. Zu dieser Zeit gab es allerdings noch nicht alle Teile des jetzigen Gebäudekomplexes.

Die Klinik verfügte über 125 Komfortzimmer, ein Bewegungsbad, eine Sauna und über ein breit gefächertes Freizeitangebot. Insgesamt erstreckte sich die Klinik über 5.700 Quadratmeter, die sich auf neun Stockwerke verteilten. 1996 musste der Betrieb allerdings eingestellt werden.

Wie in so vielen Lost Places gab es auch hier bereits mehrere, teils schwere Brände. Im Jahr 2013 zerstörte ein Feuer das zu diesem Zeitpunkt noch komplett möblierte Kaminzimmer. 2014 wurden einem Bauausschuss Pläne vorgestellt, die vorsahen, aus der alten Klinik wieder eine neue werden zu lassen. 142 Betten, rund 80 Arbeitsplätze, ein Restaurant, eine zweistöckige Parkpalette und eine sehr hohe Investitionssumme gaben Anlass zur Hoffnung. Wann und ob diese Pläne allerdings umgesetzt werden, ist unklar. Momentan leidet das Gebäude stark unter Vandalismus und den bereits bestehenden Schäden und auch im Jahr 2020 hat es dort wieder gebrannt. Wie immer vermutet man Brandstiftung als Ursache. Immer mehr Regenwasser kann so in das verlassene Kurhaus eindringen und sorgt somit dafür, dass der Verfall stetig voranschreitet.

Bitte nicht mit
Straßenschuhen eintreten!

A K T E N N O T I Z

Kauf von weiteren Thermoskannen
Antrag der Frau vom 10. Oktober 1994

Lieber ,
sehr geehrte Frau

am Sonnabend, dem 22. Oktober 1994, wurde ich von zwei Patienten angesprochen, die sich selbst Teekannen gekauft haben, da in der Küche keine mehr zur Verfügung standen.

Ich habe daraufhin Frau angesprochen, die mir erklärte, daß ihr Antrag vom 10.10.1994 nicht bewilligt sei.

Zu den einzelnen Punkten erklärte mir Frau folgendes:

1. Die alten Kannen sind kaputt oder abgenutzt.
2. Wann die letzten Kannen gekauft wurden, kann sie nicht feststellen, da sie als Service-Leiterin hierüber keine Aufzeichnungen macht.
3. Die neuen Kannen werden beantragt, weil sehr viel Reduktionskost verordnet wird mit der Maßgabe, daß diese Patienten täglich 3 ltr. Flüssigkeit zu sich nehmen sollen.

   Hierfür werden die Teekannen benötigt.

Frau sagte mir, daß sie selbst in ihrer Freizeit herumläuft, um günstige Teekannen zu bekommen.

Beim letzten Einkauf hat sie Kannen für etwa DM 8,00 eingekauft.

Wir sollten dem Service die Angelegenheit nicht unnötig schwer machen, obwohl hierbei eine genaue Überwachung und Kontrolle nicht ausgeschlossen werden darf.

Ich kann mich daran erinnern, daß wir vor ein oder zwei Jahren das gleiche Thema schon einmal hatten.

Damals haben wir uns dahingehend geeinigt, daß zusätzlicher Tee von den Schwestern ausgegeben werden soll, da diese ja hierfür auch eine eigene Teeküche erhalten haben.

Den Schwestern haben wir dann Teebeutel gegeben und schlagartig ging die Verordnung von zusätzlichen Getränken herunter.

Ich stehe auch auf dem Standpunkt, daß wir bei einer großen Anzahl von Getränkeverordnungen den Schwesterndienst nicht auch noch mit Tee kochen beauftragen sollten.

Meines Erachtens sollte dieses Thema einmal Grund zu einer Aussprache zwischen Service, Schwestern, Geschäftsleitung und Buchhaltung einschließlich Chefarzt sein.

Ergo - Therapie

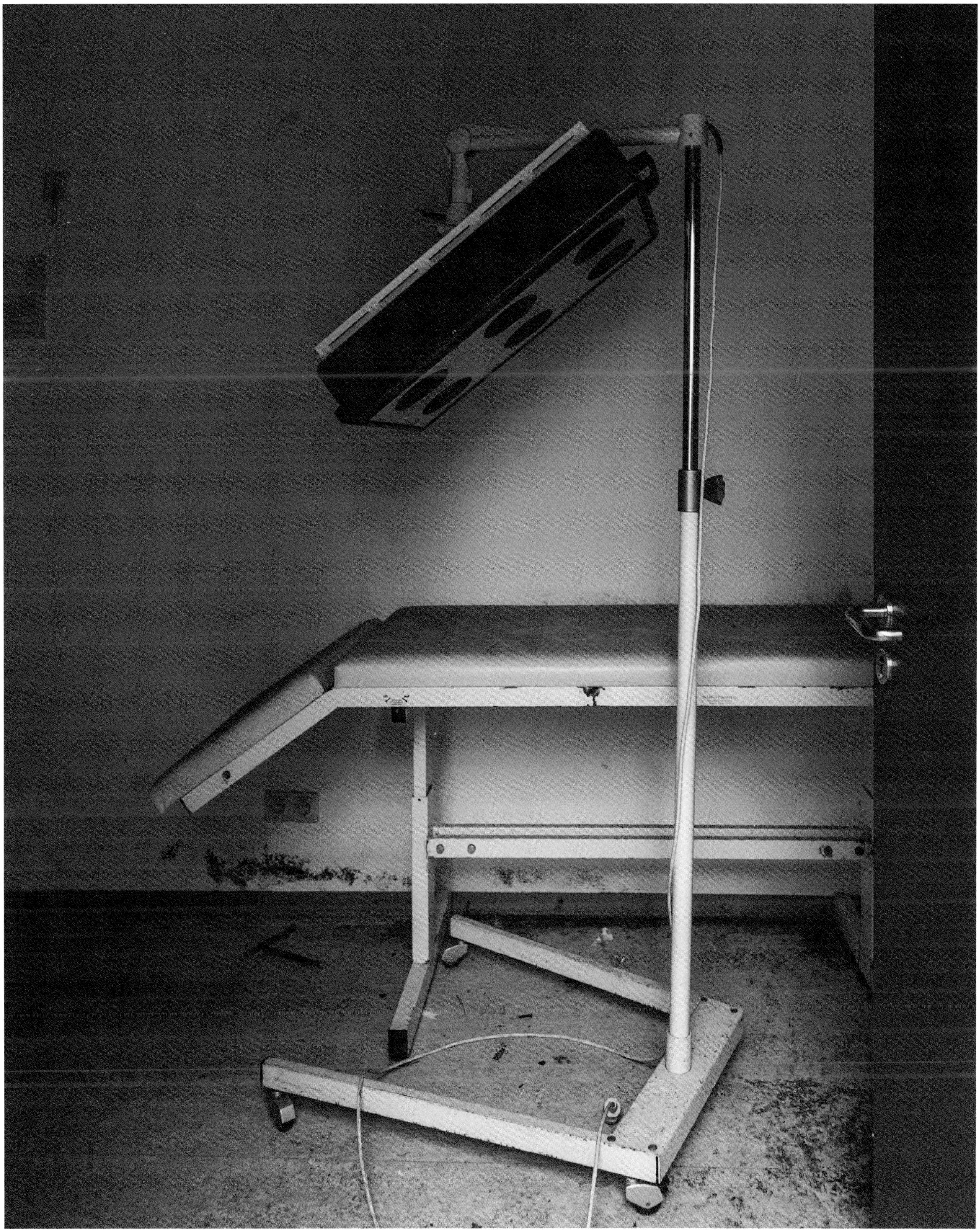

2017

DAS HAUS DES OLDTIMERSAMMLERS

DAS HAUS DES OLDTIMERSAMMLERS

EINSAM UND VERLASSEN

SHORT FACTS

Kategorie: Villen & Wohnhäuser
Erkundet am: 18.07.2021
Baujahr: unbekannt
Verlassen seit: unbekannt
Gesamtfläche: unbekannt
Weitere Informationen: pxgr.de/oldtimer

Das Haus des Oldtimersammlers liegt gut versteckt mitten im Wald nahe einer kleinen Ortschaft in Niedersachsen. Die Überreste der maroden Gebäude bewahren ihre Geschichte und laden zu Spekulationen ein.

Über eine löchrige Buckelpiste erreiche ich mein Ziel. Ein Blick in den Rückspiegel zeigt nur noch wenige Meter des Schotterweges, alles, was weiter entfernt ist, ist vom aufgewirbelten Staub verdeckt. Die kleine Straße, die mitten durch den Wald führt, ist eigentlich viel zu schmal, um hier das Auto abzustellen. Ich fahre so weit wie möglich an die Seite und habe dabei die Befürchtung, hier nicht mehr ohne Hilfe herauszukommen. Dieses Problem vertage ich aber nun erst einmal und schnappe mir meinen Rucksack.

Habe ich gerade Schritte gehört? Bis eben bin ich davon ausgegangen, dass ich hier allein bin.

Im Vorbeifahren habe ich bereits einen Blick auf das Gelände erhaschen können. Ich laufe zu der Einfahrt, an der ich vor wenigen Minuten vorbeigefahren bin. Vor mir liegt ein riesiger Hof. Er ist mit Gräsern bewachsen. Nur ein paar Reifenspuren zeugen davon, dass hier ab und zu auch andere neugierige Menschen vorbeischauen.

Über die Einfahrt und den Hof geht es einmal am Gebäude entlang. Ich möchte mir einen Überblick verschaffen. Es riecht nach Gräsern und man hört nur noch den Wind, der leise durch die Baumwipfel weht, und ein paar Vögel. Eine seltsam schöne Stille. Im hinteren Teil finde ich eine Art Schuppen. Er hat im Laufe der Jahre sein Dach verloren, aber die Holzwände stehen noch. Über das Wellblechdach, das vor mir auf dem Boden liegt, geht es in den Schuppen. Hier liegen einige alte Geräte herum.

In den kleinen Holzregalen finden sich diverse Farben und Lacke. Mit ihnen wurden vielleicht einmal Lackschäden an Fahrzeugen ausgebessert. Auf dem Boden liegt außerdem eine alte Leuchtreklame. In drei großen roten Lettern springt mir das Wort „Eis“ ins Gesicht. Ob es hier für die Besucher einmal Eis gab oder es einfach nur ein Souvenir war, werde ich heute nicht mehr in Erfahrung bringen.

Weiter geht es für mich in Richtung des kleinen Wohnhauses. Es schließt sich direkt an die verfallene

Werkstatt an. Der Hintereingang steht offen und schon stehe ich in einem sehr schmalen Flur. Rechts von mir liegen überall Scherben herum. Auf einer kleinen Kommode liegt ein Zettel mit einer Handynummer. Darüber steht geschrieben, dass die Person, der die Nummer gehört, mehr über das Gebäude wisse. Hier hat sich wahrscheinlich jemand einen kleinen Scherz erlaubt. Der Zettel kann hier noch nicht sehr lange liegen, er passt überhaupt nicht zu den übrigen Dingen, die im Haus herumstehen.

Der Flur bietet ein paar tolle Fotomotive und während ich gerade auf den Auslöser drücke, höre ich ein Geräusch. Ich halte inne und lausche in die nun wiedergekehrte Stille. Habe ich gerade Schritte gehört? Bis eben bin ich davon ausgegangen, dass ich hier allein bin. Ein ungutes Gefühl überkommt mich. Schnell mache ich noch ein paar Fotos und mich danach davon.

Die Geschichte

Erzählungen zufolge gab es hier bis vor kurzer Zeit noch einige alte Autos. Daher rührt auch der Name dieses verlassenen Ortes. Mittlerweile sind die Fahrzeuge verschwunden und das kleine Anwesen verfällt von Tag zu Tag mehr. Zur Geschichte der Menschen, die hier einmal gelebt haben, lässt sich leider nichts herausfinden.

Einige Werbeschilder und der große Parkplatz auf dem Hof deuten darauf hin, dass hier einst sogar Besucher empfangen wurden. Natürlich sind das alles nur Vermutungen. Die maroden Gemäuer bewahren ihre Geschichte und geben sie nicht so einfach preis.

F<K
EU

F<K
EU

EIS

GA
1992
Freilichtmuseum
am Kiekeberg

PILSNER

DIE OKKULTE ZIEGELEI

DIE OKKULTE ZIEGELEI

DÜSTERE RITUALE AUF DEM DACHBODEN

SHORT FACTS

Kategorie: Industrie
Erkundet am: 27.06.2021
Baujahr: unbekannt

Verlassen seit: unbekannt
Gesamtfläche: unbekannt
Weitere Informationen: pxgr.de/okkult

Die alte Ziegelei liegt verloren an einer einsamen Landstraße. Ringsherum nichts als weite Felder. Am Horizont kann man vereinzelt kleinere Siedlungen und Bauernhöfe erahnen. Was mich hier heute wohl erwarten wird?

Von der direkt danebenliegenden Landstraße sieht das alte Ziegeleigelände eher nach einem kleinen Bauernhaus aus. Davon gibt es in dieser Region etliche und daher ist die Überraschung umso größer, als ich herausfinde, dass es sich hierbei um eine Ziegelei gehandelt hat.

Über einen großen Haufen von Ästen und Sträuchern geht es in den Innenhof. Der Haufen, der bereits den ganzen Tag in der prallen Sommersonne lag, stinkt bestialisch. Ich möchte gar nicht wissen, was sich hierunter alles verbirgt und bin froh, als ich von dem Haufen auf einen kleinen Holzsteg hüpfen kann. Die Gräser sind hier teilweise höher als ich und dazwischen immer wieder Dornenranken. Diese bereiten mir keinen besonders schönen Empfang.

In solchen Situationen frage ich mich manchmal, warum ich mir das eigentlich alles antue. Bei deutlich mehr als 30 Grad kämpfe ich mich durch meterhohes Unkraut und lasse mich dabei schwitzend von Insekten zerstechen. Hoffentlich werde ich dafür mit tollen Motiven belohnt.

Die Tür, die mich ins Innere führen soll, steht offen. Efeu wächst hier herein und ergibt zusammen mit der Mittagssonne ein tolles Bild. Im Eingangsbereich stehen ein paar alte Holzmöbel herum und zwei weitere Stufen zeigen mir den Weg tiefer ins Gebäude. Ich mache noch ein paar Schritte und zucke zusammen. Was war das? Ich höre ein Ticken und kann zuerst nicht ausmachen, woher es kommt. Mein Blick fällt in eine Ecke des Raums, dort liegt die Geräuschquelle. Ein kleiner weißer Wecker, der offenbar noch funktioniert. Warum liegt er dort? Ist hier noch jemand? Es muss vor Kurzem jemand hier gewesen sein, der diesen Wecker dort hingeworfen hat. Mit leisen, vorsichtigen Schritten geht es weiter voran.

Efeu wächst hier herein und ergibt zusammen mit der Mittagssonne ein tolles Bild.

Ich komme in einen Raum, der vielleicht einmal ein Wohn- oder Esszimmer war. Die Tapeten an den Wänden und der Deckenleuchter deuten zumindest daraufhin. Aus diesem Zimmer führt eine Treppe in das Obergeschoss. Bereits von unten kann man erkennen, dass die Zeit nicht spurlos an den Böden und Decken vorbeigegangen ist. Sehr vorsichtig taste ich mich Stufe für Stufe weiter hinauf. Die Stufen sind schmal und bieten nicht genug Platz für meine großen Stiefel. Oben angekommen, mache ich große, aber langsame Schritte. Die Dielen knarren und ich stehe auf

dem Dachboden. Vor mir ein großes Hexagramm mit einer 666 darunter. Davor stehen auf dem Boden, um ein großes schwarzes Pentagramm verteilt, silberne Kelche. Irgendjemand hat hier Rituale durchgeführt. Auch wenn ich zu solchen Themen gar keinen Bezug habe, überkommt mich ein mulmiges Gefühl. Das einzigartige Licht, das durch die losen Dachziegel fällt, lässt mich aber schnell wieder an etwas anderes denken.

Im Obergeschoss befindet sich noch ein Badezimmer, in dem allerdings bereits alles zertrümmert worden ist. Das weiße Porzellan liegt überall auf den Bodenfliesen verteilt. Es ist heiß hier oben und da es außer einer kleinen Abstellkammer nichts mehr zu entdecken gibt, steige ich die marode Treppe vorsichtig wieder hinab.

Durch die Efeu bewachsene Tür gelange ich wieder in den grünen schwülen Dschungel aus Dornen und Unkraut. Von hier kämpfe ich mich zum Nebengebäude durch. Leider ist es in einem noch viel schlechteren Zustand als das Haupthaus. Hier findet sich auch nicht mehr viel. Einzig ein Wohnzimmer kann ich noch entdecken, in dem ein Sessel steht, ein Teil der Decke ist eingestürzt. Weiter hinein gehe ich lieber nicht.

Die Geschichte

Die Geschichte dieses Ortes ist leider aktuell nicht zu recherchieren. Das einzige, was man dazu finden kann, sind Zeitungsberichte über einen Brand im Jahr 2019. Die örtliche Feuerwehr konnte allerdings verhindern, dass der Brand auf die einsturzgefährdeten Ruinen übergriff. Mit Wasser aus zwei Rohren wurde der Brand binnen weniger Minuten gelöscht. Auch ohne dass das Feuer die Gebäude beschädigte, sind diese stark heruntergekommen. Rein optisch erinnert hier auch nur noch ein kleines Blechschild daran, dass es sich um eine Ziegelei gehandelt hat. Im Inneren sieht es eher nach einem Bauernhaus aus. Gerne hätte ich gewusst, was für Geschichten diese alten Gemäuer zu erzählen haben.

DUKE

666

PHILIPS

Impressum

Sutton Verlag GmbH
Arnstädter Straße 8
99096 Erfurt
www.suttonverlag.de

Gestaltung und Herstellung: Markus Drapatz
Druck: Florjančič Tisk d.o.o. / Slowenien
ISBN: 978-3-96303-347-6

In diesem Buch wird aus Gründen der besseren Lesbarkeit das generische Maskulinum verwendet. Weibliche und anderweitige Geschlechteridentitäten werden dabei ausdrücklich mitgemeint, soweit es für die Aussage erforderlich ist.

Verlassene Orte Nordrhein-Westfalen
Die Faszination des Verfalls

Daniel Boberg

978-3-96303-192-2
29,99 €

Verlassene Orte im Ruhrgebiet
Lost Places – Die Faszination des Vergänglichen

Daniel Boberg

978-3-96303-348-3
29,99 €